Beitrag der Medien zum politischen Erfolg

Umweltbildung, Umweltkommunikation und Nachhaltigkeit

herausgegeben von Walter Leal Filho

Band 17

PETER LANG
Frankfurt am Main · Berlin · Bern · Bruxelles · New York · Oxford · Wien

Daniela Krumland

Beitrag der Medien zum politischen Erfolg

Forstwirtschaft und Naturschutz im Politikfeld Wald

PETER LANG
Europäischer Verlag der Wissenschaften

Bibliografische Information Der Deutschen Bibliothek
Die Deutsche Bibliothek verzeichnet diese Publikation in der Deutschen Nationalbibliografie; detaillierte bibliografische Daten sind im Internet über <http://dnb.ddb.de> abrufbar.

Zugl.: Göttingen, Univ., Diss., 2003

D 7
ISSN 1434-3819
ISBN 3-631-52404-8

www.peterlang.de

Geleitwort

„Der Wald hat ein Problem, wir haben die Lösung“ – Mit diesem Slogan haben sich Naturschützer in den letzten zwei Jahrzehnten erfolgreich in die Sache des Waldes eingemischt. Die Forstwirtschaft musste mit nicht geringem Erstaunen und wachsender Sorge feststellen, dass in aktuellen Fragen des Waldes immer häufiger nicht auf sie und ihr in der Praxis bewährtes Fachwissen gehört wurde, sondern Fachleute des Naturschutzes die Richtung vorgeben, in die nachhaltige Waldbewirtschaftung zu gehen hat.

Dieser Trendwende in der öffentlichen Diskussion um den Schutz des Waldes ist Frau Dr. Daniela Krumland auf den Grund gegangen. Sie hat gefragt, wer in der Diskussion die Nase vorne hat und warum dem so ist. Das erstaunliche Ergebnis der umfassenden Analyse von Qualitätszeitungen und Bürgermeinungen ist, dass die öffentliche Diskussion in Medien und bei den Bürgern völlig unterschiedlich läuft. Der Naturschutz hat die Herzen der Bürger erobert, aber die Zeitungen halten die Forstwirtschaft für den kompetenten Akteur, wenn es um den Wald geht. Im Konfliktfall kann die Forstwirtschaft mit Unterstützung der Medien, der Naturschutz eher mit Unterstützung beim Bürger rechnen. Die Politik des einzelnen Sektors wird umso erfolgreicher sein, je mehr sie die für den Sektor günstige Ebene der Öffentlichkeit wählt.

Dank der Analyse der Mechanismen, die zu der Positionierung der Sektoren in den Medien führen, zeigt die Arbeit zusätzlich jene Faktoren auf, an denen die Akteure in der Medienarbeit ansetzen können, um ihre Positionen zu verbessern. Die Ursachenanalyse stützt sich auf eine fruchtbare Verbindung politikwissenschaftlicher und publizistischer Theorien. Sie ist theoretisch anspruchsvoll und hat gestützt auf umfangreiche Empirie zu für die Praxis der Medien und Öffentlichkeitsarbeit sehr relevanten Einsichten geführt.

Hohe theoretische und methodische Qualität und das praxisrelevante Ergebnis waren auch ausschlaggebend, dass die Arbeit mit „summa cum laude“ bewertet wurde. Trotz dieser hohen wissenschaftlichen Ansprüche ist das vorliegende Werk gut lesbar und voll von Einsichten, die für Medienarbeiter, Naturschutz- und Forstpolitiker und Medienforscher von großem Nutzen sind. Die Reihe „Umweltbildung, Umweltkommunikation und Nachhaltigkeit - Environmental Education, Communication and Sustainability“ herausgegeben von Prof. Walter Leal Filho gibt zur Hoffnung Anlass, dass das Buch seine Leserschaft sowohl in der Forschung als auch in der Praxis finden wird.

Prof. Dr. Max Krott
Institut für Forstpolitik und Naturschutz
Georg-August Universität Göttingen

Vorwort

Die Medien sind ein allgegenwärtiger Teil unserer Gesellschaft. Ihr Einfluss auf den politischen Prozess ist unabhängig vom Wahrheitsgehalt der Nachrichten beträchtlich.

In dieser Arbeit soll nicht durch kritisches Betrachten der Publikationsinhalte auf dem Pfad der Medienethik gewandelt werden. Es ist das Ziel, am Beispiel des Politikfeldes Wald und dem darin verorteten Konflikt zwischen Forstwirtschaft und Naturschutz den Einfluss der Medien im politischen Prozess und die Bedeutung für die beiden involvierten Sektoren aufzuzeigen.

Für das Zustandekommen einer Dissertation in diesem spannenden Themengebiet, gilt es mehreren Personen zu danken. Zuerst danke ich meinem Doktorvater Prof. Dr. Max Krott. Mit seiner stetigen Bereitschaft zu anregenden und kompetenten Diskussionen hat er maßgeblich zum Gelingen der Arbeit beigetragen. Er hat mir den für die Motivation so wertvollen wissenschaftlichen Rückhalt und Freiraum gegeben. Mein Dank gilt auch dem zweiten Gutachter Prof. Dr. Bernhard Möhring, durch dessen wertvolle Anregungen die Arbeit wesentlich verbessert werden konnte.

Finanzielle Unterstützung erhielt ich durch das Land Niedersachsen, dass mir ein Stipendium im Rahmen der Graduiertenförderung bewilligte.

Für die unkomplizierte und hilfreiche Überprüfung des Kategoriensystems danke ich Herrn Alfons Geis vom Zentrum für Umfragen, Methoden und Analysen in Mannheim (ZUMA). Dem Kolloquium am Zentrum für interdisziplinäre Medienwissenschaft möchte ich stellvertretend durch Prof. Dr. Elisabeth Klaus danken; die Themen und Diskussionen haben meinen Horizont erweitert und mich inspiriert. Von meinen Kolleginnen und Kollegen aus dem Institut für Forstpolitik habe ich viele Anregungen erhalten und freundschaftliche Unterstützung erfahren. Bei der Lösung verschiedener Probleme, insbesondere zum Ende der Dissertation, haben mir meine Familie und Freunde geholfen. Besonders herauszuheben sind Jörg Kleinschmit, , Claus Behn, Beate Kücking, Peter Laufmann und Frank Zander, die mir mit viel Engagement zur Seite gestanden haben. Ihnen allen danke ich herzlich.

Ein ganz besonderer Dank gilt meinen Eltern Änne und Eckart Krumland, denen diese Arbeit gewidmet ist. Durch ihren unerschütterlichen Glauben an mich und den Rückhalt, den sie mir in jeglicher Hinsicht geboten haben, konnte ich mich ungetrübt und mit voller Freude meiner Aufgabe widmen.

Hamburg, April 2003 Daniela Krumland

Inhaltsverzeichnis

Abbildungsverzeichnis

Tabellenverzeichnis

„Wie kaum ein anderes Kommunikationsinstrument können die Massenmedien Umweltprobleme ‚politikfähig' machen."

(Luhmann 1986, 68)

1 Einleitung und Problemdarstellung

Der Wald ist Zielobjekt von Interessen unterschiedlicher Akteure, z.B. von Spaziergängern, die im Wald Erholung suchen, Sportlern, die im Wald einen Raum zur körperlichen Ertüchtigung sehen, Waldbesitzern, die mit ihrem Eigentum effizient wirtschaften wollen oder Naturbeobachtern, die in der Ruhe des Waldes Tiere und Pflanzen betrachten möchten. Diese und andere Interessen, die den Wald zum Ziel haben, können, wenn sie aufeinander treffen, zu Konflikten führen. Ein durch seine Komplexität und Dauerhaftigkeit hervorstechender Konflikt um den Wald herrscht zwischen den Sektoren Forstwirtschaft und Naturschutz. Gegenstand dieser aus mehreren Konflikten bestehenden Auseinandersetzung sind u.a. Fragen zu Schutz, Pflege und Bewirtschaftung des Waldes (Hellström/Welp 1996, 51). Beide Sektoren setzen sich dafür ein, dass der Wald im Sinne ihrer Interessen behandelt wird. Notwendige Voraussetzung, dieses Ziel erreichen zu können und sich gegen die gegnerischen Interessen durchzusetzen, ist eine Vorrangstellung im politischen Prozess.

Bei der Durchsetzung im politischen Prozess kommt der Unterstützung durch die Öffentlichkeit eine zunehmend größere Bedeutung zu. Zum einen erhöht sich auf Grund der wachsenden Staatstätigkeit und der gleichzeitig ansteigenden Transparenzansprüche der Bürger der Legitimationsbedarf für politisches Handeln und politische Akteure (Sarcinelli 1987, 27). Zum anderen machen es die Aufweichung traditioneller Konfliktlinien und der damit verbundene Rückgang von Parteibindungen für die einzelnen Gruppen immer notwendiger, Zustimmung in der Öffentlichkeit zu erreichen (Klingemann/Wattenberg 1990).

Öffentlichkeit über gesellschaftliche Probleme wird heute zum größten Teil durch Massenmedien, wie Zeitungen, Fernsehen oder Radio hergestellt. Wer ein Problem in das gesellschaftliche Bewusstsein rücken will, versucht in aller Regel, die Medien zu einer Veröffentlichung seiner Deutungen zu bewegen. Die meisten politischen Akteure sehen in den Massenmedien das wichtigste Forum für ihre Anliegen und die Darstellung der eigenen Position und Interessen. Dieser Respekt vor den Massenmedien und der in ihr veröffentlichten Meinung scheint berechtigt zu sein. Täglich werden bestimmte Themen und Ereignisse durch die Darstellung in den Medien hinsichtlich ihrer Bedeutung für das öffentliche Interesse verstärkt und verbreitet. Sie finden somit sowohl in der Agenda der Bevölkerung als auch in der politischen Agenda Beachtung und zwingen damit zu politischen Handlungen. Zudem können die Akteure durch die Verbreitung ihrer Deutungen in den Massenmedien Legitimation aufbauen, indem die von ihnen vertretene Position öffentliche Anerkennung erfährt.

Die Relevanz der Massenmedien wird von den Sektoren Forstwirtschaft und Naturschutz gleichermaßen anerkannt, wie zunehmende Investitionen und Professionalisierung der Öffentlichkeitsarbeit, insbesondere aber der Pressearbeit zeigen. Beide Sektoren hoffen durch aktive Mitgestaltung der von den Medien hergestellten Öffentlichkeit Unterstützung für ihre spezifischen waldpolitischen Ziele zu gewinnen. Auf diesem Wege versuchen sie den politischen Prozess in ihrem Sinne, mittelbar über die Medien zu beeinflussen. Inwieweit die Medien in ihrer Waldberichterstattung die politischen Positionen der beiden Sektoren stärken oder schwächen, ist eine leitende Frage dieser Arbeit.

Obwohl die Konfliktakteure über unterschiedliche strukturelle Faktoren, wie Ressourcen von Budget, Personal und Fachwissen verfügen, besitzt der Mediendiskurs doch eine von einzelnen Akteuren niemals völlig steuerbare Eigendynamik (Brand 1995, 47). Denn Massenmedien sind nicht ein bloßes Forum der Selbstdarstellung konkurrierender Akteure, sondern ein eigenständiger politischer Akteur mit spezifischen Interessen. Sie reflektieren gesellschaftliche Konflikte in einer spezifischen Selektivität und schaffen dadurch eine spezielle Dynamik öffentlicher Konfliktdiskurse (Gerhards/Neidhardt/Rucht 1998, 39). Welche Faktoren die Selektionsmechanismen in der Waldberichterstattung bestimmen, gilt es in dieser Arbeit zu untersuchen.

Mit einer gelungenen Darstellung in den Medien erhoffen sich die Akteure vielfach die Gesellschaftsmeinung zu ihren Gunsten beeinflussen zu können. Die Meinungsbildung beruht jedoch nicht allein auf den in den Medien vorgetragenen Themen und deren Tenor, sondern ist vielmehr ein komplexer Prozess, der von unterschiedlichen Faktoren beeinflusst wird. Insbesondere die Einstellung zum Wald beruht auf eigenen und eigenwilligen Vorstellungen der Bevölkerung, die geprägt sind durch Gefühle und persönliche Erlebnisse (Krott 1994, 142). Bleibt die emotionale Vorstellung der Bevölkerung vom Wald unbeachtet und verläuft die Argumentation der Sektoren Forstwirtschaft und Naturschutz stattdessen auf einer rein fachlichen Ebene, so wird die Beeinflussung der Bevölkerung weiter erschwert. Ob Medienöffentlichkeit und Gesellschaftsmeinung zum Thema Wald Analogien aufweisen oder deutliche Differenzen zeigen, kann für die Position der Sektoren im politischen Prozess von Bedeutung sein und ist daher Teil der Fragestellung dieser Arbeit.

Politik- und medienwissenschaftliche Arbeiten beschäftigen sich in ihren Fallstudien in erster Linie mit bestimmten herausragenden Ereignissen (Meier 1993). Auch die wissenschaftliche Betrachtung der Medienwirkung in der Umweltpolitik ist geprägt von den Schlüsselereignissen der letzten Dekaden, wie z.B. Tschernobyl oder das Waldsterben. Letzteres ist als einziges Waldthema in verschiedenen Studien untersucht worden, die die Medienberichterstattung einbeziehen (Krämer/Suda 1987, Krott 1987, Holzberger 1995, Zierhofer 1998). Schlüsselereignisse stellen Kristallisationspunkte im Mediendiskurs dar, die kurzzeitig Aufmerksamkeit erzeugen und eine neue Folge der Langzeiterzählung entstehen lassen. Nach kurzer Zeit ist die Episode abgeschlossen, tritt in der Gesamtheit des Medieninhalts in den Hintergrund (Weßler 1999, 43) und verliert damit auch an Wirkung im politischen Prozess. Der spezifische Charakter der politischen Wirkung von Schlüsselereignissen schlägt sich in den Ergebnissen der wissenschaftlichen Studien zu diesen Themen nieder. Gegenstand dieser Arbeit soll daher nicht ein einzelnes Schlüsselereignis sein, sondern eine von medialen Aufmerksamkeitszyklen unabhängige Wirkung der Medienberichterstattung auf den Prozess im Politikfeld Wald.

Anhand dieses Untersuchungsgegenstandes soll, wie oben dargestellt, der Einfluss der Waldberichterstattung auf die politische Position der Sektoren Forstwirtschaft und Naturschutz geklärt werden. Des weiteren ist das Interesse dieser Arbeit auf die Faktoren gerichtet, die die Medienberichtertsattung über den Wald bestimmen und auf die Analogien und Differenzen zwischen dieser Berichterstattung und der Gesellschaftsmeinung.

Erst durch theoretische Fundierung kann die Untersuchung dieser Fragestellung Erkenntnisse bringen, die einen Erklärungsansatz bieten, der über eine reine Beschreibung vergangener Ereignisse hinausgeht. Im Theorieteil (Kapitel 2) werden die relevanten politik- und medienwissenschaftlichen Theorien und Modelle erläutert und miteinander verknüpft. Daraus abgeleitet ergeben sich Merkmale, deren empirische Betrachtung zur Beantwortung der Fragestellung beitragen. Das Kapitel Forschungsdesign (Kapitel 3) beinhaltet das für die empirische Erhebung notwendige Datenmaterial und die anzuwendenden Auswertungsverfahren. Im 4. Kapitel werden die Ergebnisse der empirischen Auswertung dargestellt und theoretisch interpretiert. Das abschließende Kapitel Schlussfolgerungen (Kapitel 5) fokussiert die gewonnen Ergebnisse auf die zentrale Fragestellung dieser Arbeit.

2 Theoretische Grundlagen

In diesem Kapitel soll die in der Einleitung dargestellte leitende Fragestellung in einen theoretischen Rahmen eingebunden werden. Da das forschungsleitende Interesse vornehmlich in der politischen Relevanz der Waldberichterstattung für die Sektoren Forstwirtschaft und Naturschutz liegt, ist die Verwendung eines politikwissenschaftlichen Ansatzes nötig, um die Bedingungen der Waldpolitik systematisch aufzuarbeiten. Aus der Fragestellung wird deutlich, dass der Fokus dieser Arbeit zum einen auf den Akteuren der Sektoren Forstwirtschaft und Naturschutz liegt. Zum anderen ist er auf die Auswirkungen der Medienkommunikation auf die Position dieser Sektoren gerichtet. Der theoretische Ansatz der Politikfeldanalyse bietet die Möglichkeit, Akteure und den politischen Prozess gleichermaßen in die Betrachtung einzubeziehen (Krott 2001, 235). Im Kapitel 2.1 wird die Position eines Sektors im politischen Prozess durch entscheidende Faktoren aus dem theoretischen Ansatz der Politikfeldanalyse erklärt. Ziel dieser Arbeit ist es jedoch nicht allein, die Auswirkung der Waldberichterstattung auf die Position der Sektoren zu analysieren, sondern auch einen Erklärungsansatz für diese Mediendarstellung zu liefern. In Kapitel 2.2 werden die aus den Kommunikationswissenschaften bekannten Ansätze zu den Selektionsmechanismen in den Medien dargelegt. Die Akteure des Politikfeldes Wald hoffen, durch die Medien die Meinung der Bevölkerung beeinflussen zu können und dadurch einen Vorteil im politischen Prozess zu erlangen. Kapitel 2.3 stellt daher sowohl Theorien zur Wirkung der Medien auf die Gesellschaftsmeinung als auch zum unterschiedlichen Einfluss der beiden Öffentlichkeiten auf den politischen Prozess vor. Abschließend werden die aus der Theorie gewonnenen Faktoren, deren empirische Betrachtung zur Beantwortung der Fragestellung dient, zusammenfassend dargestellt (Kapitel 2.4).

2.1 Merkmale für die politische Position eines Sektors

Es gibt drei politische Dimensionen, die unter dem Begriff Politik zusammengefasst werden. Abgeleitet aus dem englischen Sprachgebrauch, werden sie in *polity*, die formale, institutionelle Ordnung, *politics*, den konflikthaltigen Prozess der Politikgestaltung und *policy*, den tatsächlichen konkreten Inhalt, eingeteilt (Schubert 1991, 12ff.). Die Politikfeldanalyse umfasst in ihrer Betrachtung alle drei Dimensionen. Damit ist sie keine in sich geschlossene Theorie, die eine umfassende Erklärung der Politik bietet (Krott 2001, 217), sondern eine Verknüpfung, die eine systematische Untersuchung des Zusammenspiels der Dimensionen erlaubt.

Wie der Begriff Politikfeldanalyse verrät, beschränkt sich die Betrachtung auf ein bestimmtes Politikfeld, das bereits mit der Problemstellung ausgewählt wird und im weiteren Verlauf des Forschungsprozesses genau abzugrenzen ist. In dieser Arbeit stehen das Politikfeld Wald und die darin dominierenden Sektoren Forstwirtschaft und Naturschutz im Mittelpunkt der Betrachtung. Eine Eingrenzung erfährt das Politikfeld Wald durch den Raum der Medienöffentlichkeit. In Kapitel 2.1.1 wird der Begriff der Medienöffentlichkeit theoretisch definiert und seine Wirkung auf den politischen Prozess und damit auch auf die Positionen der Sektoren Forstwirtschaft und Naturschutz dargestellt.

Woraus sich eine gute politische Position für einen Sektor ergibt, lässt sich aus den Faktoren generieren, die zur Beschreibung eines Politikfeldes maßgeblich sind. Im Folgenden werden die Faktoren kurz skizziert, um einen Überblick zu geben. Ihre detaillierte theoretische Einordnung ist den angegebenen Kapiteln zu entnehmen.

Politische Prozesse vollziehen sich durch das Handeln politischer Akteure (von Prittwitz 1994, 14). Die Organisationsstruktur, d.h. die Struktur politischer Akteure, aus denen sich ein Sektor zusammensetzt und die von diesen Akteuren in der Medienöffentlichkeit eingenommene Interessenpositionen sind grundlegende Faktoren der Politikfeldanalyse und ausschlaggebend für die politische Position eines Sektors (Kapitel 2.1.2). Aus den unterschiedlichen Interessen der Sektoren und ihrer Akteure im Politikfeld Wald ergeben sich Konflikte. Die Konfliktaussagen in den Medien wirken als politisches Programm des jeweiligen Sektors (Krott 2001, 17) und können je nach Darstellung seine Position stärken oder schwächen (Kapitel 2.1.3). Um die Akzeptanz der eigenen Programme zu steigern, verwenden die politischen Akteure verschiedene Strategien (Krott 2001, 24). Eine empirisch belegbare und in der Medienöffentlichkeit verbreitete Strategie zur Akzeptanzsteigerung ist die Verwendung kollektiver Symbole (Kapitel 2.1.4). Zur Lösung der im Politikfeld bestehenden Probleme werden Instrumente eingesetzt, welche auf die Akteure des Politikfelds Wald unterschiedlich wirken. Der Einsatz eines bestimmten Instruments kann sich positiv oder negativ auf die Position eines Sektors auswirken. Die Darstellung in den Medien kann die Akzeptanz eines Instruments steigern (Hütte 1999, 152) und damit zur Positionsverbesserung des Sektors beitragen, der Vorteile durch den Einsatz dieses Instruments erlangen kann (Kapitel 2.1.5). Abschließend werden die ausschlaggebenden Faktoren für die politische Position eines Sektors noch einmal kurz zusammenfassend dargestellt (Kapitel 2.1.6).

2.1.1 Medienöffentlichkeit und ihre Wirkung auf den politischen Prozess

Das zu untersuchende Politikfeld Wald wird durch die Problemstellung der Arbeit auf den Raum der Medienöffentlichkeit eingegrenzt. Auf Grund der großen Bandbreite an wissenschaftlichen Definitionen für Öffentlichkeit und Medienöffentlichkeit ist es notwendig, diese Begriffe theoretisch abgeleitet zu operationalisieren, um eine eindeutige Abgrenzung des Politikfeldes zu ermöglichen.

Öffentlichkeit gehört zu den Begrifflichkeiten, die auf Grund ihrer großen Bedeutung für verschiedene Wissenschaftszweige zwar schon häufig definiert wurden, trotzdem aber wissenschaftlich unklar bleiben. An dieser Stelle sollen nicht die Wurzeln und das verzweigte Wachstum des Begriffs Öffentlichkeit rekonstruiert, sondern eine für diese Arbeit zweckmäßige und sinnvolle Definition aufgezeigt werden.

Die folgenden Definitionen der Begriffe Öffentlichkeit, öffentliche Meinung, Medienöffentlichkeit und veröffentlichte Meinung folgen in großen Teilen der Darstellung von Gerhards (1993). In der theoretischen Definition wird die Öffentlichkeit als ein frei zugänglicher Kommunikationsraum betrachtet, in dem zum einen Sprecher bestimmte Themen und Meinungen von sich geben und zum anderen das Publikum beobachten und wahrnehmen kann (Gerhards/ Neidhardt/Rucht 1998, 38). Diese vereinfachende Definition des komplexen Systems Öffentlichkeit lässt unberücksichtigt, dass es nicht eine Öffentlichkeit, sondern mehrere Teilöffentlichkeiten gibt. Weiterhin ist die Zugangsmöglichkeit nicht vollkommen frei, sondern hängt unter anderem von der Kommunikationsfähigkeit und den Ressourcen der Akteure ab (Krott 2001, 125). Solche Einschränkungen zeigen sich insbesondere bei der Betrachtung der Medienöffentlichkeit. Diese werden im Kapitel 2.2 theoretisch detaillierter erläutert und in der empirischen Untersuchung berücksichtigt.

Teilöffentlichkeiten können nach verschiedenen Kriterien unterschieden werden. Zum einen können sie durch ihre Inhalte charakterisiert werden (Gerhards 1993). Demnach existiert die politische Öffentlichkeit als eine neben vielen, etwa der Kunst- oder der Wissenschaftsöffentlichkeit. Da sowohl das theoretische Erkenntnisinteresse dieser Arbeit als auch die empirische Betrachtung der Waldprobleme in den Bereich der politischen Öffentlichkeit einzuordnen sind, wird im folgenden auf diesen Aspekt fokussiert. Die politische Öffentlichkeit wird dazu definiert als Kommunikationsraum, in dem Themen und Problemstellungen zwischen Politik und Gesellschaft angesprochen und wahrgenommen werden können. Das Produkt der politischen Öffentlichkeit bildet die politische öffentliche Meinung (im weiteren vereinfachend öffentliche Meinung genannt). Sie ist das Ergebnis von Kommunikationsaktionen der Akteure im Öffentlichkeitssystem. Von diesem Begriff abzugrenzen ist die Gesellschaftsmeinung. Diese wird als eine Summe von Einzelmeinungen verstanden, die in den Resultaten der Meinungsforschungsinstitute als ein einheitliches Ganzes Darstellung findet.

Teilöffentlichkeiten können weiterhin nach ihren Arenen unterschieden werden, d.h. nach den Akteuren, die den Öffentlichkeitsraum anbieten (Krott 2001, 125).

Krott unterscheidet u.a. zwischen der Öffentlichkeit der Bürger und der Öffentlichkeit der Medien. Letzterer kommt im politischen Prozess eine besondere Bedeutung zu, da sie die nahezu einzige Möglichkeit bietet, eine Verbindung zwischen Sprecher und Publikum herzustellen. Öffentlichkeit ist daher in erster Linie eine Medienöffentlichkeit (Gerhards/Neidhardt/Rucht 1998, 38). Im Sinne der oben beschriebenen Definition funktioniert die Medienöffentlichkeit als der mediale Kommunikationsraum, in dem Sprecher Mitteilungen senden, in denen Themen und Problemstellungen zwischen Politik und Gesellschaft angesprochen werden und in dem das Publikum Mitteilungen empfangen kann. Daraus abgeleitet wird die veröffentlichte Meinung definiert als das Ergebnis von Kommunikationsaktionen von Akteuren im Kommunikationsraum Medien. Dass Medien selektierend zwischen den eingehenden und den veröffentlichten Mitteilungen stehen, und dass bereits der Input von Nachrichten durch die Möglichkeit der Berichterstattung Veränderungen unterliegt, ist nicht Teil der Definition von Medienöffentlichkeit. Dieser Punkt wird in Kapitel 2.2 gesondert betrachtet.

Auf der Bedeutung der veröffentlichten Meinung (siehe auch Kapitel 2.3) basiert der Grundgedanke dieser Arbeit, die Wirkung der Waldberichterstattung auf die politischen Positionen der Sektoren Forstwirtschaft und Naturschutz empirisch zu prüfen. Dass der veröffentlichten Meinung auch im Politikfeld Wald eine zentrale Stellung zukommt, konnte bereits durch mehrere Studien belegt werden. Eine Vielzahl der durchgeführten Arbeiten zeigt die Wirkung der Medienöffentlichkeit anhand der Waldsterbensproblematik (Krott 1987; Holzberger 1995 und Zierhofer 1998). Die Arbeit von Nusser (1994) beschäftigt sich mit dem Walderhaltungskonflikt Hainburg in Österreich, der gekennzeichnet ist durch aufeinander treffende Forst- und Naturschutzinteressen. Dieser Konflikt findet in den Medien ebenfalls ein großes Echo, das nicht ohne Wirkung auf den politischen Prozess und die Position der beteiligten Sektoren bleibt. Auch wenn in den genannten Studien spezifische Probleme innerhalb des Politikfelds Wald den Gegenstand der Untersuchung bilden, wird deutlich, dass das Thema Wald von der Medienöffentlichkeit wahrgenommen wird.

2.1.2 Akteurstheorie

Der Versuch, eine geeignete Definition für den Akteursbegriff zu finden, wird in den politikwissenschaftlichen Ansätzen weitestgehend vernachlässigt, obwohl er, genau wie der Öffentlichkeitsbegriff, in den Theorien oft erwähnt wird. Eine Begriffsbildung ist in diesem Zusammenhang unerlässlich, da die Position eines Sektors im politischen Prozess entscheidend von seiner Organisationsstruktur, also von den ihn vertretenden politischen Akteuren und den ihnen zugeordneten Merkmalen, abhängt. Von Prittwitz (1994, 14) definiert politische Akteure als Individuen, Gruppen oder Organisationen, die am politischen Prozess teilnehmen. In dieser weit gefassten Definition sind somit nicht nur Akteure enthalten, die handeln, sondern auch diejenigen, die sich ausschließlich „verhalten" (Schiller 1995, 429). Da auch diese „stillen Teilhaber" im politischen Prozess nachweislich nicht ohne Wirkung bleiben, ist es notwendig sie in den Begriff der politischen Akteure einzuschließen. Dennoch fehlt es der Definition an Präzision, da der Organisationsbegriff wissenschaftlich nicht eindeutig ist und eine Handlungsorientierung, die das bezeichnende Merkmal von Akteuren darstellt (Scharpf 2000, 86), nicht benannt wird. An dieser Stelle soll daher eine Definition für den Begriff der politischen Akteure festgelegt werden, die nicht den Anspruch auf Allgemeingültigkeit erhebt, aber eine solide Basis für diese Arbeit darstellt. Politische Akteure werden hier definiert als Individuen oder Individuengemeinschaften, deren Handlungsorientierungen durch Interessen, die einen Einfluss auf den politischen Prozess ausüben, bestimmt sind. Individuen sind einzelne Personen, bei Individuengemeinschaften handelt es sich um Gruppen von Personen, die durch deren Interessen konstituiert werden. Interessen werden nach Krott (2001, 5) definiert als Handlungsorientierungen, die den Nutzen bezeichnen, der aus einem bestimmten Objekt gezogen werden kann.

2.1.2.1 Akteursgemeinschaften und ihre Form der Legitimation

Durch ihr Handeln können politische Akteure den Verlauf des politischen Prozesses mitbestimmen. Nach Lipset (Lipset/Trow/Colemanl 1962, 85ff.) wird den Akteuren jedoch erst durch Einbindung in eine Gemeinschaft ein über die Wahlen hinausgehender politischer Einfluss ermöglicht. Um wissenschaftliche Aussagen über politische Prozesse treffen zu können, werden Akteure anhand diskreter Merkmale klassifiziert. Da die Einteilung für die jeweilige wissenschaftliche Arbeit theoretisch sinnvoll und empirisch praktikabel sein muss, ist eine Fülle von Klassifizierungssystemen entstanden. Als Merkmale des Klassifizierungssystems dieser Arbeit dienen die Interessen, die eine Akteursgemeinschaft verbindet. Im Folgenden werden die Akteursgemeinschaften und ihre Interessen, die zum Netzwerk des Politikfelds Wald gehören, theoretisch dargestellt. Im anschließenden Kapitel wird die Teilnahme dieser Akteursgemeinschaften am Netzwerk des Politikfeldes Wald empirisch belegt.

Verbände bündeln die Interessen der von ihnen vertretenen Individuengemeinschaft, artikulieren sie, und versuchen sie durch Einflussnahme auf politische Entscheidungsträger durchzusetzen (nach Krott 2001, 53). Trotz der Unterschiede in der internen Organisationsstruktur zu den „klassischen" Verbänden werden in dieser Arbeit auch Interessengemeinschaften und soziale Bewegungen hinzugezählt, da die Interessen als äquivalent betrachtet werden können (Gerhards 1993, 36).

Politische Parteien bündeln ebenso wie Verbände die Interessen ihrer Individuengemeinschaft und bringen sie in den politischen Prozess ein. Die Abgrenzung zu den Verbänden besteht aus dem vornehmlichen Interesse an der Regierungsbildung bzw. des Regierungserhalts. Zudem beschränkt sich der Einfluss auf den politischen Prozess nicht auf die Problemdefinition, sondern umfasst auch die Formulierung von Programmen und Gesetzen.

Verwaltungen gehören nach ihrer Organisationsform zu den öffentlichen Institutionen. Nach der traditionellen Bürokratietheorie (Roppel 1979) sind idealtypisch funktionierende Verwaltungen neutral und dienen lediglich der Umsetzung politischer Entscheidungen. In politikwissenschaftlichen Betrachtungen werden sie daher häufig der Akteursgemeinschaft politischer Parteien zugerechnet. Die Verwaltungen weichen jedoch deutlich von ihrer idealtypischen Funktion ab, indem sie die ihr übertragenen Aufgaben zur Begünstigung ihrer eigenen Interessen selektieren (Abromeit 1993, 46). Ihr vornehmliches Interesse gilt der Wahrung des Status quo, d.h. die Einschränkung des eigenen Kompetenzbereichs zu verhindern. Um dieses Ziel zu erreichen, versuchen sie, durch Selektion der Aufgaben, aber auch durch Teilnahme am Diskurs, den politischen Prozess zu beeinflussen.

Die Interessen der Wissenschaft bezüglich der Einwirkungen auf den politischen Prozess bestehen in einer objektiven Darstellung der Probleme sowie im Generieren von Lösungsansätzen, die in der Programmformulierung Berücksichtigung finden sollen. Nelkin (1987) zeigt, dass sich die Wissenschaftsakteure vermehrt um Darstellung in den Medien bemühen, um ihr Image zu verbessern und ihre Arbeit zu legitimieren. Die Ursache sieht Nelkin (Nelkin 1987, 158) in der Vergabe von Forschungsgeldern, die auch durch politische Entscheidungen beeinflusst wird. Bei der Beziehung zwischen Politik und Wissenschaft kann von einem wechselseitigen Einfluss ausgegangen werden, denn wissenschaftliche Erkenntnisse wirken ihrerseits auch auf den politischen Prozess (Weingart 1983).

Eine weitere Akteursgemeinschaft, die insbesondere in der Umweltpolitik von Bedeutung ist, bilden die privaten Vertreter wirtschaftlicher Interessen. Das Interesse der Akteursgemeinschaft, die im folgenden Wirtschaft genannt wird, gilt vornehmlich der Gewinnmaximierung. Die Wirkungsweise mit der Politik ist hier, wie im Falle der Wissenschaftsakteure auch, deutlich wechselseitig. Auf der einen Seite sind die Akteure der Wirtschaft durch politische Entscheidungen, wie z.B. in der Finanz-, Steuer-, Regional-, Investitions- oder eben auch der Umweltpolitik betroffen. Auf der anderen Seite nehmen Wirtschaftsakteure durch ihre Macht über Arbeitplätze, Steuerabgaben und die Erstellung marktfähiger Produkte Einfluss auf politische Entscheidungen.

Die Medien stellen einen eigenständigen Akteur im politischen Prozess dar. Ihre Interessen liegen in der Information der Bevölkerung begründet, doch sie sind mehr als nur eine Plattform der öffentlichen Kommunikation, da sie ebenfalls das Interesse der Mitwirkung an der Meinungsbildung, der Kontrolle und der Kritik verfolgen (Meyn 1996, 25). Insbesondere durch aktive Selektion und durch eigene Beiträge geben die Medien den veröffentlichten Diskursen einen ihren Interessen folgenden spezifischen Bias. Dadurch nehmen sie Einfluss auf den politischen Prozess und tragen zur Stärkung oder Schwächung der beteiligten Akteure und Sektoren des Politikfeld bei.

Die Akteursgemeinschaften können nach Habermas Modell der Öffentlichkeit herrschaftstheoretisch in zwei Akteursklassen unterteilt werden, mit denen unterschiedliche Formen von Öffentlichkeit verbunden werden (Habermas 1997, 430). Das „Zentrum" des politischen Systems, zu dem Gerichtswesen, politische Parteien und Verwaltung gehören (Habermas 1997, 430), zeichnet sich aus durch strategische Kommunikation in einer „vermachteten" Öffentlichkeit (Gerhards/Neidhardt/Rucht 1998, 33). Deren Anliegen liegt in erster Linie in der Stärkung der eigenen Position durch die mehrheitliche Zustimmung der Bevölkerung. Die „Peripherie" des politischen Systems wird vornehmlich durch Verbände gebildet (Habermas 1997, 430ff.). Ihr Merkmal ist eine autonome Öffentlichkeit, die frei ist vom Zwang Entscheidungen zu treffen und daher praktische Überzeugungen verbreitet (Habermas 1989, 474). In der politischen Öffentlichkeit treffen beide Akteursklassen mit ihren spezifischen Kommunikationsmustern aufeinander. Die Akteure der Peripherie, die legitime Macht durch Kommunikation erzeugen und die Akteure des Zentrums, die durch organisierte Herstellung einer Mehrheitsmeinung ihre politische errungene Legitimation widerspiegeln (Habermas 1989, 472). Dieses Modell zeigt die unterschiedliche Nutzung der Öffentlichkeit durch Akteursgemeinschaften, die durch die errungene oder gefestigte Legitimation ihre Position im politischen Prozess verbessern.

2.1.2.2 Akteursgemeinschaften im Politikfeld Wald

Die beschriebenen Akteure versuchen durch Kommunikationsaktionen die veröffentlichte Meinung mitzugestalten und dadurch auf den politischen Prozess einzuwirken. Im Folgenden wird anhand empirischer Daten dargestellt, dass diese Akteursgemeinschaften auch im Politikfeld Wald von Bedeutung sind. Um die Fragestellung dieser Arbeit angemessen zu berücksichtigen, werden die Akteursgemeinschaften zusätzlich nach ihren speziellen, den Wald betreffenden Interessen getrennt. Dazu werden die Sektoren Forst und Naturschutz unterschieden, da es sich hierbei um die im Politikfeld Wald hauptsächlich aufeinander treffenden Interessen handelt, die zudem in Konkurrenz stehen und damit Konfliktpotential bergen. Die Interessen der Akteure aus dem Forstsektor sind insbesondere gekennzeichnet durch eine hohe Wertschätzung der Holzproduktion, aber auch in zunehmendem Maße durch die Wertschätzung der Natur an sich (Glück 1987; Krott 1989). Die Interessen des Naturschutzes gründen hingegen auf dem postmaterialistischen Wertesystem. Sie stehen der Nutzung von Energie und anderen Rohstoffressourcen kritisch gegenüber und richten ihr Interesse auf den Schutz und die Bewahrung der Natur (Nusser 1994, 32) und damit, bezogen auf den Gegenstand dieser Arbeit, auf den Wald.

Im Politikfeld Wald sind Verbände unterschiedlicher Sektoren vertreten. Dazu gehören Arbeitnehmer- und Arbeitgeberverbände, klassische etablierte Verbände, aber auch Zusammenschlüsse der neuen sozialen Bewegung, z.B. Bürgerinitiativen. Verbände, die dem Sektor Forst zuzuordnen sind, sind Forstvereine, Waldbesitzerverbände und Berufsvertretungen forstlicher Arbeitnehmer (Sohns 2002, 54). Die in der Forstpolitik bedeutendsten Forstverbände werden von Krott (2001, 54) wie folgt dargestellt. Zu den Forstvereinen, die das Brancheninteresse der Forst- und Holzwirtschaft vertreten, zählen der Deutsche Forstwirtschaftsrat (DFWR), der Deutsche Forstverein (DFV) und die Arbeitsgemeinschaft Naturgemäßer Waldwirtschaft (ANW). Die Arbeitsgemeinschaft deutscher Waldbesitzer (AGDW) ist die Vertretung des privaten und kommunalen Waldeigentums. Die Seite der Arbeitnehmer wird in der Forstpolitik vom Bund Deutscher Forstleute (BDF) und der Industriegewerkschaft Bauen-Agrar-Umwelt (IG BAU) vertreten.

Der Verband "Schutzgemeinschaft Deutscher Wald", der sich zwar für eine nachhaltige Nutzung des Waldes ausspricht, gleichzeitig aber als anerkannter Naturschutzverein arbeitet, wird auf Grund seiner nicht eindeutigen Interessen in dieser Arbeit weder dem Forst- noch dem Naturschutzsektor zugeordnet. Aug Grund seiner Relevanz im Politikfeld Wald wird ihm eine eigene Kategorie gewidmet. Andere, nicht eindeutig zuzuordnenden, Verbände werden unter „sonstige Verbände“ verzeichnet (siehe Anhang 2).

Aus dem Sektor Naturschutz beschäftigt sich eine Vielzahl von Verbänden im Politikfeld Wald. Sie arbeiten auf Gemeinde-, Kreis-, Landes- und Bundesebene. Ihre Interessen beschränken sich nicht ausschließlich auf den Schutz der Natur, sondern schließen häufig die gesamte Umwelt mit ein. Insgesamt zählen die Umwelt- und Naturschutzverbände in Deutschland ungefähr vier Millionen Mitglieder (Jänicke/Kunig/Stitzel 1999, 36). Auf Grund ihres kulturellen Hintergrundes und ihrer Entstehungsgeschichte können traditionelle Naturschutzverbände, marktorientierte Naturschutzverbände und Verbände mit integriertem Naturschutz, wie z.B. Heimatverbände, unterschieden werden (Sohns 2002, 54). Zu den Verbänden mit großem Engagement und Einfluss in der Waldpolitik zählen der Bund für Umwelt und Naturschutz Deutschland (BUND), der Naturschutzbund Deutschland (NABU), Greenpeace und die Umweltstiftung WWF Deutschland (Krott 2001, 78).

Verbände, die weder dem Forst- noch dem Naturschutzsektor zugeordnet werden können, vertreten in erster Linie Interessen, die nicht hauptsächlich waldpolitische Themengebiete zum Gegenstand haben, aber dennoch von ihnen berührt werden. Beispiele für diese Verbände sind Automobilclubs, die insbesondere in der Waldschadensproblematik involviert sind, oder Freizeit- bzw. Sportvereine, deren Interesse in erster Linie der Erholungsfunktion der Wälder gilt (Nießlein 1985a, 53).

Politische Parteien können zwar nicht eindeutig bestimmten Sektorinteressen zugeordnet werden, dennoch gibt es Vertreter dieser Akteursgemeinschaft, die auf Grund ihrer Position speziell für die Interessen des Forst- oder Naturschutzsektors eintreten, wie z.B. der Minister für Umweltschutz oder der Minister für Landwirtschaft, Ernährung und Forsten. Akteure dieser Position tragen sowohl auf Landes- als auch Bundesebene, zum Teil aber auch auf Regionalebene zur Waldpolitik bei. Diese Akteure sind nicht der ihnen unterstellten Behörde zuzurechnen, da ihre Interessen vornehmlich dem Regierungserhalt dienen. Akteure der politischen Parteien, die weder dem Forst- noch dem Naturschutzsektor angehören, bekleiden politische Ämter, die keine Sektorinteressen vertreten, wie z.B. der Finanzminister. Obwohl das Interesse dieser Akteure nicht hauptsächlich auf die Fragen der Waldpolitik gerichtet ist, haben sie Einfluss auf den ihn betreffenden politischen Prozess (Martin 2002), beziehungsweise werden in ihrem politischen Handeln durch ihn beeinflusst (Nießlein 1985b).

Verwaltungen können im Politikfeld Wald ebenfalls Forst- oder Naturschutz- aber auch allgemeine, nicht dem Sektor zuzuordnende Interessen vertreten (Sohns 2002, 54). Den Forstverwaltungen kommt in der Waldpolitik eine besondere Bedeutung zu. Sie wirken auf lokaler Ebene, Bezirks-, Landes- und Bundesebene und verwalten über ein Drittel der deutschen Waldflächen (Krott 2001, 33). Die Forstverwaltung erfüllt nicht nur Hoheitsaufgaben und bewirtschaftet Flächen, sie hat auch eine mehr oder weniger weitreichende Funktion in der Forstpolitik (Nießlein 1985, 106). Die Verwaltungen der Naturschutzinteressen sind ebenfalls auf allen politischen Ebenen angeordnet. Insbesondere den Verwaltungen auf Bundesebene, wie dem Bundesministerium für Umwelt, Naturschutz und Reaktorsicherheit (BMU), dem Umweltbundesamt (UBA) und dem Bundesamt für Naturschutz (BfN) kommt im politischen Prozess eine größere Bedeutung zu (Jänicke/Kunig/Stitzel 1999, 36). Behörden, die weder spezifische Forst- noch Naturschutzinteressen vertreten und dennoch Teil der Waldpolitik sind, sind ebenfalls auf allen politischen Ebenen anzutreffen. Zu diesen gehören beispielsweise die Wasserverwaltung oder die Baubehören.

Der Akteur Wissenschaft in der Waldpolitik kann, wie die zuvor erwähnten Akteure auch, nach seinen vornehmlichen Interessen dem Sektor Forst und Naturschutz, aber auch dem nicht näher spezifizierten Sektor zugeordnet werden (Sohns 2002, 54). Die Bedeutung der Forstwissenschaftler wird insbesondere bei der Betrachtung des Waldsterbenphänomens der 80er Jahre deutlich. Der Diskurs und der dadurch entstandene politische Prozess wurde zum einen durch forstwissenschaftliche Erkenntnisse begründet. Zum anderen gehörte die finanzielle Förderung der forstlichen Forschung zum Problemlösungsansatz des Waldsterbens (Holzberger 1995). Die Natur- und Umweltschutzwissenschaft kann nicht auf eine Tradition wie die Forstwissenschaft zurückblicken, da diese Forschungsinstitutionen erst mit der zunehmenden Verbreitung postmaterialistischer Werte entstanden sind. Die Wissenschaftsakteure, die nicht die Interessen einer der beiden Sektoren vertreten, sind in der Waldpolitik von großer Bedeutung, da es vielfach spezielle naturwissenschaftliche Fragen sind, die mit den Waldproblemen auftreten. In der CO_2-Problematik, die auch in der Waldpolitik eine bedeutende Rolle spielt, sind es beispielsweise Klimaforscher, aber auch Biologen, Physiker, Chemiker oder Geologen, die ihre Erkenntnisse einbringen und damit einen Einfluss auf den politischen Prozess nehmen.

Dem Akteur Wirtschaft muss ebenfalls ein Einfluss auf die Waldpolitik eingeräumt werden. Dieser Akteur vertritt weder spezifisch die Interessen des Naturschutzes, noch die der Forstwirtschaft. Die Forstwirtschaft ist zwar ebenfalls durch ihr wirtschaftliches Interesse gekennzeichnet, wird in dieser Arbeit aber von den reinen Wirtschaftbetrieben abgegrenzt, da sie ebenfalls ein Interesse an der Natur zeigen, das nicht einem monetären Nutzen folgt. Dass Wirtschafts- oder Industriebetriebe in der Waldpolitik von Bedeutung sind, zeigte sich in der Waldsterbensdiskussion ebenfalls deutlich. Die Waldschäden wurden u.a. auf Industrieemissionen zurückgeführt. Sowohl bei den Gesetzen zur Vermeidung von Emissionen, die zugunsten der Waldes erlassen wurden, als beispielsweise auch bei Neuerungen des Produkts Auto zeigt sich die komplexe Verzahnung zwischen Wirtschaftsakteuren und politischen Prozessen.

Der Einfluss der Medien auf die Waldpolitik wurde bereits in Kapitel 2.1.1 dargestellt. Die in diesem Zusammenhang erwähnten Studien beschäftigen sich in erster Linie mit den allgemeinen Massenmedien, die weder spezifische Interessen des Forst- noch des Naturschutzsektors vertreten (Krott 1987; Holzberger 1995; Zierhofer 1998; Nusser 1994). Dass jedoch auch die Fachmedien der Sektoren Einfluss auf den politischen Waldprozess nehmen können, zeigt die Arbeit von Hütte zum Nachhaltigkeitsdiskurs (Hütte 1999).

Besonderheiten im Politikfeld Wald stellen die Natur und die Gesellschaft dar. Beide zählen nicht zu den Akteursgemeinschaften im eigentlichen Sinn. Die Natur ist keine Gruppe von Akteuren und kann somit auch nicht die Voraussetzungen einer Akteursgemeinschaft erfüllen. Die Gesellschaft stellt zwar eine Gruppe von Akteuren dar, dieser kann jedoch kein gemeinsames Interesse unterstellt werden, womit ebenfalls eine Voraussetzung für einer Akteursgemeinschaft unerfüllt bleibt. Dennoch ist es notwenig, die Gruppe Natur und die Gruppe Gesellschaft zu berücksichtigen, da sie im Politikfeld Wald eine bedeutende Rolle haben. Eine forstfachliche Diskursanalyse hat gezeigt, dass andere Akteure des Politikfeldes beiden Gruppen verschiedene Interessenpositionen (siehe folgendes Kapitel) zuschreiben. So wird z.B. die Gesellschaft häufig in der Verursacherposition gesehen (Hütte 1999, 228ff.).

Die vorangegangene Darstellung empirisch ermittelter Akteure des Politikfeldes Wald zeigt die Bandbreite der beteiligten Akteursgemeinschaften mit unterschiedlichen Interessen. In den Sektoren Forstwirtschaft und Naturschutz werden die Akteursgemeinschaften zusammengefasst, die demselben Leitinteresse folgen. Für einen langen Zeitraum wurde das Politikfeld Wald dominiert durch das „Zentrum" des politischen Systems. Inzwischen ist jedoch auch hier eine zunehmende Beteiligung von Gruppierungen zu erkennen, die der „Periherie" des Systems angehören (Volz 1998, 39).Die Beteiligung am veröffentlichten Walddiskurs durch Kommunikationsaktionen bietet den Akteuren die Möglichkeit, ihre Interessen in den politischen Prozess einzubringen. Welche Deutung der Waldprobleme in der veröffentlichten Meinung dargestellt wird, ist abhängig von den Akteursgemeinschaften, die auf Grund unterschiedlicher Faktoren Zugang zur Medienöffentlichkeit erhalten haben. Um Aussagen über die Stärkung und Schwächung der Position eines Sektors durch das in den Medien veröffentlichte Waldbild treffen zu können, sind daher Akteursgemeinschaften und ihre Häufigkeit von Kommunikationsaktionen in der Waldberichterstattung ein zu prüfendes Merkmal dieser Arbeit.

2.1.2.3 Interessenpositionen

In einer Gesellschaft sind viele Akteursgemeinschaften mit ihren unterschiedlichen, speziellen Interessen vertreten. Hinzu kommt, dass die Interessenpositionen der Akteure nicht statisch sind, sondern sich mit der Zeit verändern können. Trotz dieses scheinbar unüberschaubaren, wechselhaften Interessenkonglomerats lassen sich nach von Prittwitz (1990, 116) in der Umweltpolitik drei allgemeine Interessen unterscheiden, die von ihm als das „Interessendreieck der Umweltpolitik" bezeichnet werden. Hierzu gehören Verursacherinteressen, Betroffeneninteressen und Helferinteressen. Die folgende Darstellung macht deutlich, dass sich diese drei Gruppen in ihrem Ziel und in ihrer Außenwirkung unterscheiden. Je nachdem, in welcher Position sich eine Akteursgemeinschaft in den Medien präsentiert, kann es zur Stärkung oder Schwächung des von ihm vertretenen Sektors im politischen Prozess führen.

Verursacherinteressen sind darauf ausgerichtet, ihren Nutzen aus einer Ressourcen belastenden beziehungsweise vernichtenden Tätigkeit oder Struktur zu ziehen, und die für sie daraus entstehenden Kosten möglichst gering zu halten. Problemverursacher werden in der Öffentlichkeit nur in Ausnahmefällen auf Zustimmung stoßen. Als Problemverursacher dargestellt zu werden, bedeutet einen Legitimierungs- und Imageverlust und damit auf längere Sicht einen abnehmenden Einfluss auf den politischen Prozess.

Ziel der Betroffeneninteressen, im Folgenden Opferinteressen genannt, ist es, die schädigenden oder vernichtenden Tätigkeiten und Strukturen schnell zu beseitigen. Nach Hütte (1999, 43) ist die Darstellung als Problemopfer nicht eindeutig positiv oder negativ. In der Öffentlichkeit in der Rolle des Opfers dargestellt zu werden, kann einen moralischen Vorteil einbringen, kann aber auch als ein Zeichen von Machtlosigkeit gelten, die zu Legitimierungsverlusten führt.

Ziel der Helferinteressen ist es, aus der Lösung der bestehenden Waldprobleme einen Vorteil zu ziehen. Helferinteressen profitieren insbesondere in der Öffentlichkeit, da sie durch ihre kommunizierte Bereitschaft, an der Lösung der Probleme mitzuwirken, Zustimmung in der Bevölkerung erlangen. Dadurch wird ihre Legitimation und auf lange Sicht auch ihr Einfluss auf den politischen Prozess gesteigert.

2.1.2.4 Interessenpositionen im Politikfeld Wald

Ergebnisse empirischer Studien zeigen, dass sich die im medialen Walddiskurs dargestellten Akteure auf Grund ihrer Interessen in die genannten Kategorien von Interessenpositionen einordnen lassen. Eine Untersuchung der österreichischen überregionalen Printmedien zur Waldschadensverbesserung (Krumland 2000) macht deutlich, dass die Interessenpositionen im Politikfeld Wald nicht bestimmten Akteuren vorbehalten sind. Dennoch sind den jeweiligen Interessenpositionen bestimmte Akteure häufiger zuzuordnen als andere. In der Opferrolle wird beispielsweise vornehmlich die Natur gesehen, die Position des Helfers wird dominiert von Akteuren der politischen Parteien und der Verwaltung. Ähnliche Ergebnisse gehen auch aus einer Analyse des Walddiskurses im Magazin "Der Spiegel" hervor (Müther 2002). Zusätzlich zeigt die Auswertung, dass Akteure aus dem Sektor Forstwirtschaft wesentlich öfter als Verursacher der Waldprobleme beschrieben werden als Akteure aus dem Sektor Naturschutz. In der Interessenposition des Helfers werden hingegen Akteure beider Sektoren ähnlich häufig benannt.

Außerhalb des Interessendreiecks gibt es noch eine Vielzahl anderer Interessen, die im Zusammenhang mit Waldproblemen in Form einer der genannten Interessenpositionen auftreten. Die einzelnen Interessen des umweltpolitischen Dreiecks sind nicht bestimmten Akteursgemeinschaften vorbehalten. Daraus resultiert der Faktor Interessenposition, den es empirisch zu prüfen gilt, um Aussagen über die Stärkung oder Schwächung der Positionen der Sektoren Forstwirtschaft und Naturschutz im Politikfeld Wald treffen zu können.

Aus den Ergebnissen der genannten Studien (Krumland 2000; Müther 2002) geht hervor, dass die Interessenposition, in der eine Akteursgemeinschaft dargestellt wird, abhängig ist von der Perspektive des Betrachters. Je nach Akteur, der in der Medienöffentlichkeit seine Deutung der Waldprobleme darstellt, können demnach andere Akteursgemeinschaften eine Interessenposition zugewiesen bekommen. Daher wird die Frage, welche Akteursgemeinschaften in der Waldberichterstattung in den jeweiligen Interessenpositionen dargestellt werden, um die Dimension des Darstellenden erweitert. Die Position des Problemdefinierers kann zur Erlangung von Deutungsmacht, z.B. durch Besetzung von Schlüsselbegriffen beitragen und insbesondere in der Auseinandersetzung zwischen Forstwirtschaft und Naturschutz Bedeutung erlangen (Suda/Klins 1996, 1181). Anhand der Auswertung können Folgerungen über Allianzen und Gegnerschaften der Waldpolitik gezogen werden. Diese Fragestellung zeigt bereits, dass die Arbeit nicht auf der Grundannahme einer ganzheitlichen, in guter Ordnung aufgebauten, harmonischen Gesellschaft beruht (Krott 2001, 8). Vielmehr geht sie davon aus, dass aus der Vielzahl der unterschiedlichen Interessen in einem Politikfeld an einem knappen Gut, in diesem Fall dem Wald, Konkurrenz und damit Konflikte resultieren.

2.1.3 Interessenkonflikte

Die politikwissenschaftliche Betrachtung des Konflikts hat sich seit den 50er Jahren gewandelt. Prätorius (1995, 337ff.) gibt einen Überblick über die grundlegende Änderung der Kategorie des Konflikts seit der strukturell-funktionalen Theorie von Talcott Parsons (Parsons 1951). Galt bei Parsons der Konflikt noch als Störgröße der Stabilität und Integrationskraft von Gesellschaften, wurde er spätestens durch Dahrendorf (1972) aus einem geänderten Blickwinkel betrachtet. Dieser sieht den Konflikt als einen dauerhaften Bestandteil des gesellschaftlichen Wandels, der als geregelt interpretierbar ist und Gleichgewichtskonstellationen zulässt.

Der Konfliktbegriff findet Verwendung in den theoretischen Ansätzen verschiedener Wissenschaftsdisziplinen. Je nach Betrachtungsstandpunkt werden andere Konfliktmerkmale in den Vordergrund gestellt, beispielsweise psychologische oder soziologische. In dieser Arbeit werden sowohl politikwissenschaftliche als auch medienwissenschaftliche Konflikttheorien berücksichtigt.

Der hier verwendete politiktheoretische Ansatz definiert einen Konflikt unter der Annahme knapper Ressourcen als ein Aufeinandertreffen von Verteilungsinteressen (Krott 2001, 9). Nach von Prittwitz (von Prittwitz 1994, 25) kann zwischen ein- und mehrdimensionalen Verteilungskonflikten unterschieden werden. In einem eindimensionalen Verteilungskonflikt folgt aus dem Nutzengewinn für eine Akteursgruppe automatisch der Nutzenverlust für eine andere.

Auch Wald ist ein knappes Gut, in dem verschiedene Interessen aufeinander treffen (Krott 1994, 39). Nach Annahme der „Kielwassertheorie" folgen der Holzproduktion im Großen und Ganzen alle übrigen Funktionen, und damit auch die Schutzfunktion des Waldes (vgl. Glück 1982). Doch tatsächlich fällt diese nur zum Teil als Koppelprodukt der Holzproduktion an. Bei der nachhaltigen aber gewinnbringenden Nutzung des Waldes richtet sich die Holzernte überwiegend nach wirtschaftlichen Überlegungen und nicht nach Naturschutzzielen (Sagl 1993). Im Zuge des Ende der 60er Jahre begründeten Postmaterialismus etablierte sich ein verändertes Wertesystem (Inglehardt 1989), das sich u.a. durch Hervorheben des Umweltschutzes gegenüber dem Wirtschaftswachstum auszeichnet (Krott 1988, 5). Die zunehmenden Natur- und Umweltschutzinteressen stehen den traditionell wirtschaftlichen Interessen des Forstsektors in verschiedenen Fragen der Waldbehandlung, wie z.B. bei der Erstaufforstung, der Bewirtschaftung und dem Wegebau entgegen (Nießlein 1985 a, 58ff.). Da die Waldflächen begrenzt sind und damit der Nutzengewinn für einen der beiden Sektoren gleichzeitig ein Nutzenentgang für den anderen bedeutet, ist der eindimensionale Verteilungskonflikt im Interessengegensatz von Forst und Naturschutz gegeben.

Obwohl die Konkurrenz zwischen den Sektoren Forstwirtschaft und Naturschutz um die Deutungsmacht der Waldprobleme in den Medien ein wesentliches Merkmal der aufeinander treffenden Verteilungsinteressen darstellt (Hellström/Welp 1996, 26), wird die Rolle der Massenmedien in den bisher durchgeführten Studien mit politiktheoretischen Ansätzen zu Interessenkonflikten weitestgehend vernachlässigt.

Konflikte werden ebenfalls in der Kommunikationswissenschaft untersucht. So können nach Roloff (1987) drei Ansätze unterschieden werden, die die Massenmedien in ihrer Betrachtung einbeziehen: Studien zur Darstellung von Konflikten, Studien zur Stimulierung von Konflikten und Studien zur Rolle der Massenmedien im Verlauf von Konflikten. Während die ersten beiden Studien vornehmlich die Gewalt in den Medien und ihre Wirkung zum Untersuchungsgegenstand haben, befasst sich letztere mit der Rolle der Massenmedien und ihren spezifischen Eigenschaften und Auswirkungen auf die Darstellung von Konflikten. Dabei werden Massenmedien nicht als unabhängige, sondern als intervenierende Variable betrachtet, die der Konfliktdarstellung eine zusätzliche Dynamik oder eine andere Richtung geben können (Kepplinger 1989, 200).

Im kommunikationstheoretischen Ansatz zur Rolle der Massenmedien im Verlauf von Konflikten werden Kommunikationskonflikte nach Kepplinger als gewaltlose, mit Informationen ausgetragene, Kontroverse zwischen mindestens zwei Kontrahenten über einen Konfliktgegenstand definiert. Die dieser Defintion zugrunde liegende Annahme geht davon aus, dass es sich bei Kommunikationskonflikten um Interessenkonflikte (Güterverteilung) und um Wertkonflikte (Geltung von Normen) handeln kann, da zwischen beiden Konflikttypen Interdependenzen bestehen (Kepplinger 1989, 199). Damit wird die waldrelevante, politiktheoretische Dimension des Verteilungskonflikts in die kommunikationswissenschaftliche Konfliktbetrachtung einbezogen. Kommunikationskonflikte können nach den an ihnen beteiligten Akteuren in drei Typen unterschieden werden: Private Konflikte werden zwischen mindestens zwei Kontrahenten ausgetragen. Öffentliche Konflikte werden zwischen mindestens zwei Kontrahenten vor einem Publikum ausgetragen und publizistische Konflikte werden via Massenmedien vor einem Publikum ausgetragen. Da das in den Medien veröffentlichte Waldbild Gegenstand dieser Arbeit ist, wird im Weiteren auf publizistische Konflikte fokussiert. Durch programmatische Aussagen der Akteursgemeinschaften in den Medien wird der Interessenkonflikt zwischen den Sektoren Forstwirtschaft und Naturschutz zu einem publizistischen Konflikt. Für die Position der Sektoren ist nicht nur die Häufigkeit der Darstellung der eigenen Programme, sondern auch die Wertung der Programmaussagen entscheidend. Das für die Stärkung oder Schwächung der Position eines Sektors relevante Merkmal der Konfliktinteressen bezieht sich auf die Häufigkeit und Wertung von Programmaussagen aus dem Forst- und Naturschutzsektor. Da ein Sektor die Möglichkeit hat, in den Medien die Programme des gegnerischen Sektors anzugreifen, damit dessen Position zu schwächen und die eigene Position zu stabilisieren, ist es in der empirischen Untersuchung außerdem von Bedeutung, welche Akteursgemeinschaft die Programmaussagen getroffen hat.

2.1.4 Kollektive Symbole

Akteure verwenden unterschiedliche Strategien zur Steigerung der Akzeptanz von Programmaussagen (Krott 2001, 28). Für die in den Medien veröffentlichten Aussagen ist insbesondere die Strategie der Einbindung kollektiver Symbole von Bedeutung. Die zentrale Stellung der Medien im politischen Prozess wird von den politischen Akteuren genutzt, um durch Anpassung an die Medienregeln mit Hilfe symbolischer inszenierter Ereignisse Deutungsmacht zu erlangen. Es ist der Anspruch der Medien, komplexe Sachverhalte vereinfacht darzustellen, da sie sich an ein Laienpublikum richten (Gerhards/Neidhardt 1991, 47). Zu diesem Zweck werden symbolisch aufgeladene Begriffe und Bilder genutzt, um dem Publikum abstrakte Inhalte anschaulich zu präsentieren (Niederhauser 1999). Des Weiteren dient die bildhafte Beschreibung in der Medienkommunikation dazu, die Aufmerksamkeit der Rezipienten zu wecken und das Interesse an den dargelegten Inhalten zu steigern (Pansegrau 2000, 62). Stilmittel, die diese Funktion erfüllen sind Metaphern, Bilder, Stereotype oder Vergleiche. Diesen sprachlichen Instrumenten ist gemeinsam, dass ihnen über den deskriptiven, d.h. beschreibenden und den deontischen, d.h. bewertenden Bedeutungsaspekt hinaus eine konnotative Bedeutung, d.h. eine emotionale assoziative Wirkung zukommt (Klein 1991, 50). Stilmittel, die diese drei Bedeutungsaspekte vereinen, werden im Folgenden vereinfachend kollektive Symbole genannt.

Kollektive Symbole sind insbesondere in publizistischen Konflikten von Bedeutung (Weiß 1989, 477), denn die Positionen in zumeist komplexen Streitfragen können in der Medienöffentlichkeit nicht in aller Breite dargestellt werden. Die Akteure versuchen daher durch den Gebrauch weniger eingängiger Fakten und kollektiver Symbole eine Vereinfachung der Streitfragen zu erwirken (Meier/Schanne 1992, 272). Dieses Vorgehen wird von den Medien unterstützt, da ihre Funktion nicht darin besteht, rationale und wissenschaftliche Erklärungen zu liefern, sondern ein Forum für symbolische Auseinandersetzungen zu bieten (Brand/Fürst. 1997, 35). Ergebnisse von Analysen ökologischer Mediendiskurse zeigen, dass die Verwendung kollektiver Symbole einen Ausweg aus der dezidierten, wissenschaftlich abgesicherten Darstellung von Konfliktpositionen bildet. Die beteiligten Akteure nutzen diese Möglichkeit und tragen damit zu einer Intensivierung des Diskurses bei (Brand/Fürst 1997, 35). Dass der Wald ein guter Nährboden für Bilder, Metapher und Mythen ist, zeigen soziologische (Braun 1999) und volkskundliche Studien (Lehmann 1999). Auch Konfliktsituationen im Politikfeld Wald machen deutlich, dass Symbole den Fakten vorgezogen werden, wie im medialen Waldsterbensdiskurs beobachtetet (Holzberger 1995; Krott 1987). Die Verwendung kollektiver Symbole in der Waldberichterstattung kann zur Stärkung der politischen Position beitragen und wird daher in dieser Arbeit empirisch überprüft.

Eine Voraussetzung, um Deutungsmuster in einen ökologischen Mediendiskurs einbringen zu können, ist nach Brand (Brand/Fürst 1997, 26), dass sie sich an die vorhandenen Interpretationsmuster der Welt anpassen. Er beschreibt den Umweltdiskurs als einen Kommunikationsprozess mit eingebauten kulturellen Restriktionen. Das bedeutet, die im Diskurs behandelten ökologischen Probleme müssen an bestehende kulturelle Vorstellungen anschließen können. Annahme dieser „Diskurstheorie ökologischer Kommunikation“ ist jedoch nicht, dass der aktuelle Umweltdiskurs automatisch aus dem historischen Naturverständnis erwächst, sondern dass die historischen Traditionen von den politischen Akteuren genutzt werden, um einen spezifischen Umweltdiskurs zu produzieren (Brand et al. 1997, 27f). Daraus folgt, dass kulturelle Traditionen weniger die Ursache des Umweltdiskurses als vielmehr ein Mittel der am Diskurs beteiligten Akteure darstellen. Welche kulturellen Traditionen zum Einsatz kommen, ist abhängig von den Akteuren und deren eigenen kulturellen Traditionen. Die Annahme, dass kulturelle Traditionen nicht selbstverständliche Auswirkungen auf den Diskurs haben, sondern von politischen Akteuren eingesetzt werden, um die Akzeptanz ihrer Programme zu steigern, soll anhand des Waldiskurses empirisch überprüft werden. Hierzu wird untersucht, ob die am Walddiskurs beteiligten Akteursgemeinschaften eines Sektors spezifische kollektive Symbole aus ihrer jeweiligen kulturellen Tradition verwenden.

2.1.5 Politische Instrumente

Das politische Instrumentarium wird hier als die Gesamtheit aller generellen Handlungsoptionen verstanden, die von politischen Akteuren eingesetzt werden können, um die Lösung eines politischen Problems zu erreichen. Instrumente können nach unterschiedlichen Kriterien unterschieden werden. Howlett und Ramesh differenzieren beispielsweise nach der Rolle der öffentlichen Finanzen und dem Grad der Verhaltensbestimmung (Howlett/Ramesh 1995, 80ff.). Die Einbeziehung der Verhaltensbestimmung, d.h. des Grades der Freiwilligkeit, ist auch in dieser Arbeit sinnvoll, da in dem zu untersuchenden Politikfeld das Augenmerk nicht allein auf den Staat und die Verwaltung gerichtet ist, sondern auch andere Akteursgemeinschaften Beachtung finden, die Instrumente zur Lösung der Waldprobleme einsetzen können. Howlett und Ramesh sprechen von einem freiwilligen Beitrag zur Lösung der politischen Probleme, wenn er von anderen Akteursgemeinschaften als dem Staat oder der Verwaltung ausgeht (Howlett/Ramesh 1995, 82). Zu den politischen Instrumenten gehören regulative, planerische und ökonomische Instrumente, Sachinstrumente und informationelle Instrumente[1]. Der Einsatz spezieller Instrumente kann für bestimme Akteursgemeinschaften eine Positionsverbesserung bewirken. Im Folgenden werden die politischen Instrumente im Einzelnen definiert und ihre Bedeutung für die Akteursgemeinschaften im Politikfeld Wald beispielhaft dargestellt.

Regulative Instrumente sind ein politisches Mittel, das durch verbindliche Regeln auf die Akteure des Politikfelds einwirkt (Krott 2001, 168). Dieses Instrument wird hauptsächlich durch die Politik beeinflusst, der in Deutschland die legislative Gewalt zukommt. Die Verwaltungen sind durch die Durchsetzung der Gesetze ebenfalls am Einsatz regulativer Instrumente beteiligt. Anreize, die die-

[1] Die Instrumente sind in der Reihenfolge nach abnehmender staatlicher Einflussnahme aufgeführt.

ses Instrument zur Durchsetzung bietet, sind in erster Linie negativer Art, wie z.B. Sanktionen, Auflagen, Ver- und Gebote, seltener neutraler Art. Positive Anreize werden durch regulative Instrumente nicht gesetzt (von Prittwitz 1994, 73). Für den Forstsektor beginnt der Einfluss regulativer Instrumente bereits mit der Bestimmung, welcher Teil der nutzbaren Bodenfläche als Wald zu definieren ist. Des weiteren werden u.a. der Erhalt der Waldflächen, die Bewirtschaftung des Waldes und die freie Erholungsmöglichkeit gesetzlich geregelt, d.h. durch den Einsatz des regulativen Instruments der Bundes- und Landeswaldgesetze gesteuert. Insbesondere für private Waldbesitzer können regulative Eingriffe in Form von Naturschutzauflagen negative Folgen haben, beispielsweise durch die Verkehrswertminderung (Wagner/Jönsson 2001, 102). Für den Naturschutzsektor sind regulative Instrumente in Form von Ge- und Verboten das bevorzugte Mittel zur Lösung von Problemen, da dadurch Umweltbeeinträchtigungen zu vermeiden und Umweltgefahren abzuwenden sind, beispielsweise durch die Festlegung von Grenzwerten beim Ausstoß von Emissionen (Jänicke/Kunig/Stitzel 1999, 101). Sowohl für den Forst- als auch für den Naturschutzsektor beschränken sich regulative Instrumente nicht allein auf die Gesetze. Der informale Einsatz regulativer Instrumente ist nicht ausschließlich den Akteuren aus Politik und Verwaltung vorbehalten. Das Beispiel der Aushandlung macht deutlich, dass die am Problem beteiligten Akteure bereits in informalen Vorverhandlungen das jeweilige Machtpotential der Gegenseite ausloten, bevor das formale Verfahren eingeleitet wird (Krott 1990, 443ff.).

Planerische Instrumente sind ein politisches Mittel, das durch vorausschauende Darstellung und Gestaltung eine Lösung der raumbezogenen Probleme anstrebt. Der Einfluss von Politik, in diesem Fall besonders der Verwaltung, ist, wie bei den regulativen Instrumenten, hoch einzuschätzen (Jänicke/Kunig/Stitzel 1999, 100). In Deutschland gibt es eine flächendeckende Planung, die auf jeder Ebene von einer entsprechenden Behörde geleitet wird (Spitzer 1995). Zum waldrelevanten Gesamtplanungsinstrumentarium gehören auf Landesebene das Landesentwicklungsprogramm und das Raumordnungsprogramm, auf regionaler Ebene der Regionalplan und der regionale Raumordnungsplan und auf Gemeindeebene der Flächennutzungsplan (Plachter 1991, 371). Das planerische Instrumentarium wird unterstützt durch eine Vielzahl von Fachplanungen, die auch außerhalb der Sektoren Forstwirtschaft und Naturschutz Einfluss auf den Wald haben können, wie z.B. die Abfallbeseitigungs- oder Wasserwirtschaftsplanung. Der forstliche Sektor hat eigene räumliche Planungen entwickelt, die sich in das System der Gesamtplanung einfügen und damit Mitbestimmungsmöglichkeiten bieten, z.B. durch die Waldfunktionenkartierung, Standortkartierung, Waldbiotopkartierung und die übergeordnete forstliche Rahmenplanung (Krott 2001, 189ff.). Der Naturschutzsektor hat durch die Landschaftsplanung ebenfalls Einfluss auf die räumliche Gesamtplanung. Sie durchzieht alle Verwaltungsebenen, vom Landschaftsprogramm und dem Landschaftsrahmenprogramm auf Bundesebene bis hin zum Grünordnungsplan auf Gemeindeebene (Plachter 1991, 370ff.). Zur Naturschutzplanung im engeren Sinne, die sich in die Landschaftsplanung eingliedert, gehören z.B. Artenschutzprogramme, Biotopschutzprogramm sowie Pflege- und Entwicklungsprogramme (Bürger-Arndt 1998). Die Bandbreite der Planungsbeteiligung innerhalb der Sektoren macht deutlich, dass dieses Instrument genutzt wird, um die eigenen Interessen in den politischen Prozess einzubringen.

Ökonomische Instrumente sind alle politischen Regelungseingriffe, die durch den Austausch finanzieller Werte die Handlungen der Akteure des Politikfelds beeinflussen (nach Krott 2001, 146). Instrumente können sowohl durch negative Anreize, z.B. durch Steuern und Abgaben, als auch durch positive Anreize, wie z.B. durch Subventionen, wirken (von Prittwitz 1994, 73). Im Forstsektor spielen finanzielle Förderungen des Staates eine bedeutende Rolle, da die Forstbetriebe zum einen durch die Finanzhilfe in dem Ziel unterstützt werden, alle Waldfunktionen gleichermaßen zu fördern (Krott 2001, 153). Zum anderen sind viele private Forstbetriebe auf staatliche Förderung angewiesen, um einen positiven Reinertrag erwirtschaften zu können (Agrarbericht 1997-2003; Kaul/Leefken 2001). Auf der anderen Seite ist, insbesondere für private Forstbetriebe, auch eine Vielzahl von Steuern, wie z.B. Einkommens-, Grund-, Erbschafts-, Schenkungs- und Umsatzsteuer, von Bedeutung (Möhring 1994). Auch für den Naturschutzsektor haben ökonomische Instrumente zur Umsetzung ihrer politischen Interessen eine große Bedeutung. Aktuelles Beispiel ist die Ökosteuer, die einen eingeschränkten Ressourcenverbrauch, die Förderung energiesparender, ressourcenschonender Energiequellen und darüber hinaus die Kompensation steigender Lohnnebenkosten zum Ziel hat.

Sachinstrumente sind alle politischen Regelungseingriffe, die durch den Austausch ökonomischer Werte in Form von Dienstleistungen oder Sachspenden die Handlungen des Politikfeldes beeinflussen. Eine Trennung von ökonomischen Instrumenten und Sachinstrumenten ist in dieser Arbeit sinnvoll, da sich der Einsatz von Sachinstrumenten in den Sektoren Forstwirtschaft und Naturschutz deutlich unterscheidet. Regelungseingriffe, in Form von Dienstleistungen, die der Umsetzung politischer Ziele im Politikfeld Wald dienen, setzen zum einen Eingriffsmöglichkeiten und zum anderen Ressourcen für die Dienstleistungen voraus. Beide Bedingungen sind im Forstsektor erfüllt, für den Naturschutzsektor hingegen nur schwer zu ermöglichen.

Informationelle Instrumente sind politische Eingriffe, die auf formaler Ebene über Informationen das Handeln der am Politikfeld beteiligten Akteure beeinflussen (Krott 2001, 115). Der staatliche Einfluss ist gegenüber den regulativen Instrumenten als gering einzustufen. Informationelle Instrumente können, ebenso wie ökonomische Instrumente, sowohl über negative Anreize, wie z.B. Druck, als auch über positive Anreize, wie z.B. Verstärkung, angelegt sein (von

Prittwitz 1994, 73). Zu den informationellen Instrumenten im forstlichen Sektor gehören die forstliche Beratung, forstliche Aus- und Fortbildung, und Öffentlichkeitsarbeit (Krott 2001, 116). Letztere richtet sich mit ihren Informationen an die gesamte Gesellschaft, häufig unter Zuhilfenahme der Medien. Der Naturschutzsektor bedient sich ebenfalls häufig der Information, um ein politisches Ziel zu erreichen. Es kann sich dabei um Aufklärung handeln, wie etwa bei der Warnung vor gesundheitsschädlichen Stoffen. Ein praxisnahes Beispiel ist die öffentliche Darstellung der Wirkung von Schädlingsbekämpfungsmitteln auf die Gesundheit des Menschen, mit der erreicht werden soll, dass der Einsatz solcher Schädlingsbekämpfungen unterbleibt. Auch das Instrument Öffentlichkeitsarbeit wird im Sektor Naturschutz professionell eingesetzt, wie u.a. immer wieder durch spektakuläre Aktionen von Greenpeace belegt wird.

Die Darstellung der einzelnen politischen Instrumente und ihres Einsatzspektrums im Politikfeld Wald geben einen Eindruck ihrer Wirkungsmöglichkeiten, die sich je nach Instrument und Akteursgemeinschaft unterscheiden. Die Steigerung der Akzeptanz eines bestimmten Instruments durch die Darstellung in der Medienberichterstattung kann damit zu einer Verbesserung der Situation eines Sektors führen. Mit dem Merkmal politisches Instrument ist in der empirischen Erhebung die Frage nach der Häufigkeit der Darstellung der genannten Instrumente und den Akteursgemeinschaften, durch die dieses Instrument in der Waldberichterstattung Erwähnung findet, verknüpft.

2.1.6 Übersicht der Faktoren mit Einfluss auf die politische Position der Sektoren

In diesem Abschnitt sollen die oben beschriebenen Faktoren der Politikfeldanalyse, die einen Einfluss auf die politische Position der Sektoren Forstwirtschaft und Naturschutz haben, noch einmal kurz zusammenfassend dargestellt werden.

Die politische Stellung der Sektoren wird in erster Linie beeinflusst durch die ***Akteursgemeinschaften***, die sie vertreten. Diese können unterschiedliche ***Interessenpositionen*** einnehmen. Je nachdem, in welcher sie sich zeigen oder gezeigt werden, schwächen oder stärken sie die Stellung ihres Sektors. Die ***Konfliktinteressen*** können, je nach Darstellung, ebenfalls positiv oder negativ auf die Stellung der Sektoren im politischen Prozess wirken. Mit dem Einsatz ***kollektiver Symbole*** kann die Akzeptanz von Programmaussagen eines Sektors gesteigert werden. ***Instrumente*** beeinflussen die politische Situation der Akteursgemeinschaften und damit auch die der Sektoren in unterschiedlicher Weise. Durch die Darstellung in den Medien kann die Akzeptanz bestimmter Instrumente gesteigert werden.

2.2 Medienselektion

Massenmedien nehmen in den publizistischen Konflikten eine Schlüsselstellung ein, weil sie zwischen die Kontrahenten und das Publikum treten. Die Massenmedien sind jedoch nicht nur eine Plattform für Kommunikationsaktionen politischer Akteure, sondern sie stellen selbst einen eigenständigen Akteur dar, der bestimmten Regeln folgt. Daraus folgt, dass der Verlauf des publizistischen Konflikts nicht nur von den Kontrahenten, sondern insbesondere auch von den Medien abhängig ist. In einem publizistischen Konflikt beruht der Erfolg der Konfliktgegner deshalb unter Umständen eher auf ihrem mediengerechten Verhalten als auf der sachlichen Richtigkeit ihrer Argumente. Grundlage dieser Annahme ist, dass die Massenmedien die Komplexität der Gesellschaft nicht in ihrer Gesamtheit wiedergeben können, und daher nach spezifischen Kriterien selektieren.

Der Forschungsstand der Massenkommunikationsforschung bezüglich der Selektionskriterien der Medien lässt sich nach Schmitt-Beck (1990) und Gerhards (1993) in die folgenden drei verschiedenen Variabelenkomplexe unterscheiden. Sie stehen nicht in einem sich gegenseitig ausschließenden, sondern sich ergänzenden Verhältnis zueinander: der Inputansatz (Kapitel 2.2.1), die Nachrichtenwerttheorie (Kapitel 2.2.2) und der Medienbias-Ansatz (Kapitel 2.2.3).

2.2.1 Input-Ansatz

Die Selektion wird unter anderem bestimmt durch das Nachrichtenangebot, das den Medien zur Verfügung steht, also durch den Input, der das Mediensystem erreicht. Dieser wiederum ist nicht bedingt durch die in der Realität vorherrschenden Verhältnisse, sondern hängt ab von den Ereignissen und von den Akteursgemeinschaften, die Ereignisse produzieren und vermitteln. Dies geschieht z.B. mit Hilfe von Pressemitteilungen und Pressekonferenzen. Nach Kepplinger (1992, 49) machen sich die gesellschaftlichen Akteure die Kenntnisse der journalistischen Selektionskriterien zunutze, um die Berichterstattung zu beeinflussen. Sie betreiben ein gezieltes Ereignismanagement, d.h. sie inszenieren Ereignisse eigens für die Berichterstattung. Ob gezieltes Ereignismanagement von Waldakteuren positive Auswirkungen auf die Problemdeutungsmacht in den Medien nach sich zieht, soll in dieser Arbeit untersucht werden.

Die Fähigkeit der Akteure, Informationen zu produzieren und zu vermitteln, hängt wiederum von der Ressourcenausstattung der Akteure ab: Budget für Öffentlichkeitsarbeit, technische Ausrüstung und die Menge an professionellem Personal sind wesentliche Größen, die die Chance von Akteuren mitbestimmen, die Massenmedien mit Information zu versorgen. Je besser die Ausstattung der Akteursgemeinschaften für die Öffentlichkeitsarbeit ist, desto größer und qualitativ besser wird ihr Output an Informationen für die Medien sein, und umso eher wird es ihnen gelingen, sich mit ihren Themen und Meinungen dauerhaft in den Medien zu platzieren. Voraussetzung bleibt dabei, dass der produzierte Output zugleich einen Nachrichten– und einen Neuigkeitswert besitzt, damit er von den Medien transportiert wird. Nach Gerhards (1993, 162) können etablierte politische Akteure, die selbst über ausdifferenzierte Presseabteilungen und entsprechende materielle und personelle Ressourcen verfügen, mehr und „bessere" Informationen produzieren und damit die Medien besser bedienen, als geringer organisierte Akteure. Weiterhin ist es von Bedeutung welchen Status dem Akteur im politischen Prozess zukommt. Nach Habermas (Habermas 1989) haben Akteure des Zentrums bessere Chancen Medienaufmerksamkeit zu erlangen als Akteure der Peripherie.

Auf Grund des zunehmenden Zeitmangels ist es aus der Perspektive der Massenmedien und der Journalisten immer notwendiger sich bei der Auswahl der Meldungen in erster Linie auf das in die Redaktionen übermittelte Informationsangebot zu konzentrieren. Dies erspart arbeitsaufwendige Eigenrecherchen und füllt somit kostengünstig die Seiten. Aus diesem theoretischen Ansatz folgt anhand des empirischen Materials die zu untersuchende Frage, welche Akteursgemeinschaften sich in der Waldberichterstattung durch gezieltes Ereignismanagement auszeichnen.

Um erfassen zu können, ob die Anpassung der politischen Akteure an die Regeln der Massenmedien so weit geht, dass sich Auswirkungen im politischen Handeln bemerkbar machen, muss die Verflechtung der Phasen Politikherstellung und -darstellung detaillierter betrachtet werden.

Wird unter Politik das verstanden, was im politisch-administrativen System (paS) geschieht, ist der Einfluss der Medien auf den politischen Prozess als eher gering einzuschätzen. Denn politische Entscheidungen finden bereits Legitimation, wenn sie durch entsprechend festgelegte Entscheidungsregeln und im Rahmen geregelter institutioneller Ordnungen zustande gekommen sind. Nach diesem soziologischen Ansatz über die "Legitimation durch Verfahren" (Luhmann 1993) wird politischen Entscheidungen, unabhängig von ihrem Wahrheitsgehalt oder der Zufriedenheit mit den jeweiligen Entscheidungen, einzig auf Grund des Verfahrens generelle Anerkennung zugesprochen. Luhmann schildert in diesem Zusammenhang das Beispiel der freien demokratischen Wahlen, deren Ziel es sein sollte, Entscheidungsträger zu ermitteln, die das Land repräsentativ und möglichst optimal vertreten sollen. Unabhängig vom Ausgang der Wahl findet das Ergebnis Anerkennung, da das Wahlverfahren festgelegten Entscheidungsregeln und den demokratischen Grundnormen folgt. Dass das Wahlverfahren nicht unbedingt geeignet ist, den besten Entscheidungsträger zu ermitteln, wird vernachlässigt. Diese Abkehr von den Inhalten zugunsten der Fassade zeigt bereits eine Diskrepanz zwischen Politikherstellung und Politikdarstellung.

Die Abweichung zwischen Politikherstellung und -darstellung ist Gegenstand mehrerer politik- und medientheoretischer Betrachtungen. Sarcinelli (1994, 41) spricht sich für eine analytische Trennung von Politikherstellung und -darstellung aus, basierend auf den von Luhmann (1970) definierten Begriffen der zwei Politikfunktionen „Entscheidungsregeln“ und „Aufmerksamkeitsregeln“. Dahingegen wird von Edelmann (1990) und Schmitt-Beck/Pfetsch (1994) die Verschmelzung von Politikherstellung und -Darstellung angenommen. Jarren/Donges/Weßler (1996, 10ff.) zeigen anhand mehrerer Faktoren, dass die Darstellung von Politik nicht losgelöst von der Herstellung zu betrachten ist. Hierzu ist insbesondere der Politikbegriff zu beachten, der sich nicht auf die Akteure des paS beschränkt, sondern nach von Alemann (1994, 148) als ein öffentlicher Konflikt von Interessen unter den Bedingungen von öffentlichem Machtgebrauch und Konsensbedarf definiert wird. Nach dieser Begriffsbestimmung kommt den anderen politischen Akteuren die gleiche Bedeutung in der Politik zu, wie dem paS. Da sie keinen direkten Zugang zum paS haben, müssen sie auf indirektem Weg über die veröffentlichte Meinung versuchen, politischen Einfluss zu erreichen und Legitimität zu erhalten (Schmitt-Beck 1990, 657). Die Bedeutung der Darstellung von Politik ist speziell für diese Akteure von so großer Bedeutung, dass sie sich nicht mehr vom übrigen politischen Handeln trennen lässt (Jarren/Donges/Weßler 1996, 11). Da sie um die zentrale Stellung der Medien im politischen Prozess wissen, passen sie ihre Handlungsweise den Regeln der Medien an. Die Massenmedien sind der Binnenlogik ihrer Handlungsmaximen verpflichtet und nehmen sich daher in besonderer Weise den öffentlichkeitswirksamen Themen der symbolischen Politik an (von Beyme 1994, 331). Das motiviert die politischen Akteure zunehmend dazu, ein gezieltes Ereignismanagement zu betreiben (Kepplinger 1992, 49).

Nach Meyer (1994) erreicht die symbolische Dimension in den Medien ihren Höhepunkt, wenn politisches Handeln nicht mehr das Thema berührt, sondern die Darstellung einzig zum Zweck der Legitimierung dient und über die Berichterstattung ein Realitätsbezug dargestellt wird, der faktisch gar nicht besteht. Damit beschreibt er die Funktion inszenierter Ereignisse, die nach den medientheoretischen Annahmen zum Ereignismanagement eigens zum Zweck der Berichterstattung herbeigeführt werden (Kepplinger 1992, 52). Durch die Inszenierung wird das Verfahren an sich zum Inhalt, bzw. zur Botschaft. Ein Beispiel aus dem Politikfeld Wald für diese Art der Ereignisse ist das Projekt "Baum des Jahres". Alljährlich wird ein Baum ausgewählt, der zum Baum des Jahres gekürt wird. Dieses Ereignis findet nur statt, da eine Berichterstattung zu erwarten ist.

Inwieweit das Wissen der politischen Akteure um die zentrale Stellung der Medien und die daraus folgende Bedeutung der symbolischen inszenierten Politik auch die Inhalte der Entscheidungspolitik mitbestimmen, ist bisher wenig erforscht (Kaase 1998, 49). Doch obwohl keine eindeutigen und umfassenden Ergebnisse vorliegen, wird deutlich, dass die politischen Leistungen von der zunehmenden Mediatisierung der Politik[2] nicht unbeeinflusst bleiben (Manheim 1997, Sarcinelli 1994).

Dieser Einfluss wird insbesondere in publizistischen Konfliktsituationen deutlich, da sich das kommunikative Handeln der Akteure stärker an der Erzielung der Medienresonanz als am Konfliktgegenstand oder am Kontrahenten orientiert (Kepplinger 1994, 220). Nach Kepplinger werden publizistische Konflikte deshalb häufig zu Lasten der Konfliktgegenstände entschieden und „Scheinlösungen" zur Beruhigung der Öffentlichkeit vorgeschoben, auch wenn das Problem bestehen bleibt (Kepplinger 1994, 220ff.). Ob die zunehmende Orientierung der politischen Akteure an den Regeln der Massenmedien mit einer Verringerung des Bemühens um konkrete Problemlösungen einhergeht, soll in dieser Arbeit überprüft werden. Sie soll damit einen Einblick in die mögliche Einflussnahme der Massenmedien auf die Entscheidungspolitik im Politikfeld Wald geben.

2.2.2 Nachrichtenwerttheorie

Die Informationen, die als Input die Medien erreichen, werden in einem zweiten Schritt nach medienspezifischen Kriterien selektiert. Es gehört zum relativ gesicherten Wissensstand der Massenkommunikationsforschung, dass die Nachrichtenfaktoren der jeweiligen Information eine entscheidende Größe für die Selektion von Nachrichten darstellen (Galtung/Ruge 1965). Je mehr Nachrichtenfaktoren eine Information aufweist, desto wahrscheinlicher ist es, dass die Medien diese transportieren.

Nachrichtenfaktoren dienen als Selektionskriterium, da die Massenmedien ihre Informationen zum größten Teil an ein Laienpublikum verbreiten. Dessen Aufmerksamkeit muss, vor allem unter Konkurrenzbedingungen, erst erzeugt werden. Nachrichtenfaktoren sind Elemente, die die Aufmerksamkeit eines Publikums, insbesondere eines Laienpublikums sichern. Die Orientierung an Nachrichtenfaktoren ist letztlich eine Orientierung am Publikum (Erbring 1989, 304). Die Orientierung am Publikum bedeutet jedoch nicht, dass die Relevanzkriterien der Nachrichtenfaktoren von Publikum und Journalisten auch tatsächlich übereinstimmen, da die Journalisten und Redakteure nur annehmen, was die Leser-

---

[2] Der Schwerpunkt mediatisierter Politik ist, mit dem Ziel des Stimmengewinns, in erster Linie auf die öffentliche, mediale Repräsentation von Politik gerichtet.

schaft zur Wahrnehmung eines Beitrags motiviert (Donsbach 1991, 141). Nachrichtenfaktoren als Selektionskriterium für Informationen finden sich in den Ereignissen und Meldungen selbst nur begrenzt, sie können aber erzeugt und instrumentalisiert werden. Die Tatsache, dass Nachrichtenfaktoren die Auswahl von Nachrichten zur Veröffentlichung begünstigen, hat zur Folge, dass Akteursgemeinschaften zur Wahrung ihrer Interessen Ereignisse mit vielen Nachrichtenfaktoren schaffen, um Informationen in den Medien zu lancieren. Ob sich die Waldberichterstattung durch bestimmte Nachrichtenfaktoren auszeichnet, wird empirisch überprüft.

Eine besondere Bedeutung kommt dem Faktor Nähe zu, da die Medieninhalte insgesamt geprägt sind von ihren kulturell spezifischen Systemfeldern (Kriener/Meckel 1996, 16). D.h., dass in erster Line aus der Perspektive der eigenen Kultur berichtet wird, heimische Ereignisse im Mittelpunkt stehen und periphere Länder nur Thema sind, wenn Katastrophen, Umstürze oder Gewalt vermeldet werden (Kleinsteuber 1994, 564). Eine Begründung für die ungleichmäßige Berichterstattung wurde im Zusammenhang mit der Diskussion um eine „New World Information Order" der siebziger Jahre im Nord-Süd-Gefälle der Auslandsberichterstattung vermutet. Diese Annahme konnte jedoch wissenschaftlich nicht bestätigt werden (Hagen et al. 1998, 60). Stattdessen konnte der Einfluss des Faktors Nähe auf die Auslandsberichterstattung nachgewiesen werden. Ergebnisse von über 200 Studien zeigen, dass in der Auslandsberichterstattung am häufigsten über Staaten aus der eigenen Region berichtet wird (Schenk 1987). Die Nähe wird dabei in drei, beziehungsweise vier Dimensionen unterteilt: räumliche, politische, kulturelle (Schulz 1976, 41ff.) und wirtschaftliche Dimension (Staab 1990, 120). Auch in der Auslandsberichterstattung über umweltpolitische Themen kommt dem Faktor räumliche Nähe eine besondere Bedeutung zu (Persitzky 1997, 10). Dieser hat im Politikfeld Wald jedoch bisher keine Überprüfung gefunden. Der Faktor Status, aber auch die Dimensionen politische und wirtschaftliche Nähe, sind in der Umweltberichterstattung zu vernachlässigen (Persitzky 1997, 10). Anhand des empirischen Materials soll daher in dieser Arbeit überprüft werden, ob Waldprobleme anderer Länder in der Berichterstattung Erwähnung finden, und ob die räumliche Dimension des Faktors Nähe die Berichterstattung beeinflusst.

Dem Faktor Negativität wird in vielen Studien ebenfalls ein großer Einfluss auf die Auslandsberichterstattung zugeschrieben. Dieser Faktor ist jedoch Merkmal eines bestimmten Ereignistyps, nicht aber für einzelne Länder (Hagen et al. 1998, 63). Dennoch bildet die Berichterstattung über Krisen und Konflikte einen festen Bestandteil der Auslandsberichterstattung[3]. Dass insbesondere negative

3 Dem Faktor Negativität kommt nicht nur in der Auslands- sondern auch in der Inlandsberichterstattung Bedeutung zu (Kepplinger/Weißbecker 1999).

Ereignisse aus den Entwicklungsländern in den Medien dargestellt werden, lässt sich vornehmlich auf den sozioökonomischen Status dieser Länder zurückführen (Hagen et al. 1998, 62). Ob in der Berichterstattung über ausländische Waldprobleme vornehmlich Ereignisse mit negativer Valenz Erwähnung finden, wird ebenfalls in dieser Arbeit überprüft.

2.2.3 Medienbias-Ansatz

Neben dem Input an Informationen und den Nachrichtenfaktoren bildet die institutionelle und ideologische Verankerung der Medien einen dritten Faktor, der sie Selektivität der Medien bestimmt (Hagen 1992). Massenmedien können unterschiedlich institutionell verankert sein und eine unterschiedliche ideologische Orientierung aufweisen. Sie können von ihrer politischen Linie eher dem linken oder rechtem Spektrum nahe stehen. Auch diese ideologische und institutionelle Ausrichtung wird die Selektivität der Medien beeinflussen. Sie wird dazu führen, dass bestimmte Informationen den Filter leichter passieren als andere. Ob der theoretische Ansatz der Medienbiashypothese, dass die Selektivität aus der redaktionellen Linie des Mediums resultiert, auch zu unterschiedlichen Darstellungen der Konfliktinteressen von Forstwirtschaft und Naturschutz führt, wird empirisch geprüft.

2.3 Wirkung der Teilöffentlichkeiten im politischen Prozess

Die Öffentlichkeit ist kein konsistenter Kommunikationsraum sondern setzt sich aus mehreren Teilöffentlichkeiten zusammen, die von verschiedenen Akteuren gebildet werden (Kapitel 2.1.1). Der Öffentlichkeit der Bürger und der Öffentlichkeit der Medien wird sowohl in den politikwissenschaftlichen als auch in den medienwissenschaftlichen Ansätzen eine große Bedeutung zugemessen. Im Folgenden wird der direkte Einfluss von Medienöffentlichkeit und der indirekte Einfluss über die Gesellschaftsmeinung auf die Entscheidungsträger und Entscheidungen des politischen Systems mit Hilfe politik- und medienwissenschaftlicher Erklärungsansätze dargestellt.

Trotz der Erkenntnis, dass politische Entscheidungsträger nicht als Stellvertreter der Bevölkerung handeln (Brand/Fürst 2002, 49ff.), wird in politikwissenschaftlichen Ansätzen der öffentlichen Meinung auf Grund von Wahlen insbesondere in der Demokratie eine grundlegende Bedeutung zugemessen (Krott 2001, 125). Basierend auf der ökonomischen Theorie der Politik (Downs 1986) gilt die Gewinnung maximaler Wählerstimmen als oberstes Handlungsziel politischer Entscheidungsträger. Um es erreichen zu können, müssen sie ihre Handlungen auf die Erwartungen und Bedürfnisse ihrer möglichen Wählerschaft ausrichten. In diesem Zusammenhang dient ihnen die veröffentlichte Meinung als Indikator für die Bedürfnispräferenzen der Bürger (Gerhards 1995, 151). Dieser Einfluss wird nach Krott (Krott 2001, 133) durch die Selbsttäuschung der Politiker verstärkt, da sie der Medienberichterstattung und ihrer Wirkung auf die Bevölkerung mehr Bedeutung zumessen als tatsächlich besteht. In den Medienwissenschaftlichen Theorien erklärt der Policy-Agenda-Setting-Ansatz den direkten Einfluss der Medien-Agenda auf die Agenda politischer Eliten (Linsky 1986; Rogers/Dearing/Chang 1991). Dieser Ansatz basiert auf den Ergebnissen einer Vorher-Nachher-Befragung von Cooks et al. (1983), die gesteigertes Problembewusstsein und erhöhte Handlungsbereitschaft bei den Politikern zeigen, die einen Bericht über Missstände im gesundheitspolitischen Bereich gesehen hatten.

Der indirekte Einfluss der Massenmedien auf die Entscheidungsträger und Entscheidungen des politischen Systems ist wissenschaftlich umstritten. Sowohl die Erkenntnisse zur Wirkung der Massenmedien auf die Gesellschaftsmeinung als auch die Ergebnisse von Studien zum Einfluss der Gesellschaftsmeinung auf die Handlungen politischer Entscheidungsträger sind geprägt durch eine Vielzahl von Faktoren, die Voraussetzung für eine eindeutige Aussage sind. So geht der Public-Agenda-Setting Ansatz davon aus, dass die Medien zwar die Kognition, nicht aber die Einstellung der Rezipienten beeinflusst (Brettschneider 1994, 212). Doch selbst diese Wirkung wird nach den Erkenntnissen der Medienwirkungsforschung durch mehrere Faktoren limitiert.

Voraussetzung für eine Medienwirkung auf die Gesellschaftsmeinung ist die Aufmerksamkeit des Rezipienten auf die veröffentlichten Inhalte. Schulz (Schulz 1984) stellt vier Faktoren vor, die diese Aufmerksamkeit hervorrufen können. Zwei dieser Merkmale beziehen sich auf die Mediendarstellung. Das ist zum einen die Platzierung der Inhalte, die der Agenda-Setting Theorie zufolge die Wahrnehmung der dargestellten Probleme und die Einschätzung ihrer Bedeutsamkeit beeinflussen (Iyengar/Kinder 1987). Zum anderen spielt die Konsonanz der Berichterstattung, d.h. eine weitestgehend übereinstimmende Darstellung in den verschiedenen Medien, eine Rolle (Mathes 1989, 442). Den zwei folgenden, auf die Rezipienten bezogenen, Merkmalen schreibt Schulz (Schulz 1984) ebenfalls einen Einfluss auf die Medienwirkung zu. Gemäß der Theorie der kognitiven Dissonanz wenden sich Rezipienten vornehmlich den Informationen zu, die inhaltlich ihrer Einstellung nahe liegen. Der zweite Rezipientenfaktor beschreibt die Wechselwirkung zwischen Rezipientenmotivation und Medienzuwendung nach dem dynamisch-transaktionalen Kommunikationsansatz (Früh 1994, 68ff.).

In der Agenda-Setting Forschung konnten eine Vielzahl von Untersuchungen den Einfluss der Medienberichterstattung auf die "Public Agenda" demonstrieren. Die Annahme einer Wirkung beschränkt sich demnach zumeist auf einen allgemeiner gehaltenen Themenbereich. Eine Untersuchung des Themenbereichs Umweltpolitik hat jedoch gezeigt, dass auch auf der Ebene der Subprobleme, wie z.B. Naturschutz, Wasser- oder Bodenqualität, ein Zusammenhang zwischen Medien- und Public Agenda besteht (Atwater/Salwen/Anderson 1985, 397). Bei spezifischen Problemen sind die Ergebnisse nicht so eindeutig. Gormley (1975) stellt auf dieser Ebene nur einen sehr schwachen Effekt fest, Benton und Frazier (1976) schränken den Effekt zusätzlich auf die Wirkung von Printmedien ein.

Mathes (1989, 456) hat für die Wirkung der Konfliktberichterstattung ein Drei-Ebenen- Modell erstellt (Abbildung 2.3-1). Darin schreibt er jeder Ebene eine Medienfunktion zu, der eine spezielle Wirkung auf die Rezipientenmeinung zukommt. Dieses Modell erweitert die im Agenda-Setting Ansatz zugestandene Wirkung der Medien auf die Kognition um die Wirkung auf die Einstellung und ist damit nach aktuellen kommunikationswissenschaftlichen Erkenntnissen umstritten.

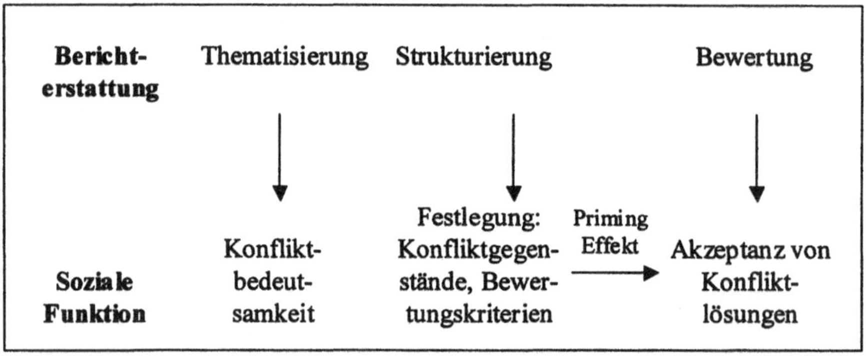

Abbildung 2.3-1: *Ebenen der Konflikt-Berichterstattung und ihre soziale Funktion (Quelle: Mathes 1989, 456)*

Die vorangegangene Darstellung von Ergebnissen aus der Medienwirkungsforschung zeigt bereits eine Vielfalt von Faktoren, die Berücksichtigung finden müssen. Je nachdem, welche der genannten Faktoren auf den jeweiligen Medienrezeptionsprozess zutreffen, kann von einer stärkeren oder schwächeren Wirkung der Medien auf die Gesellschaftsmeinung ausgegangen werden. Eine Voraussetzung bleibt jedoch für alle Wirkungsforschungsansätze bestehen: Die Rezipienten haben nur in wenigen Fällen die Möglichkeit, sich direkt über das politischen Geschehen zu informieren, daher sind sie auf die Medienberichterstattung angewiesen. Daraus ergibt sich nicht, dass die Gesellschaftsmeinung der veröffentlichten Meinung entspricht, sondern nur, dass die Medien einen

Einfluss darauf haben, welche Themen in der Gesellschaftsmeinung Beachtung finden. Dieser in der Agenda-Setting Forschung verfolgte Ansatz wird durch folgendes Zitat geprägt: „The press (...) may not be successful much of the time in telling the people what to think, but it is stunningly successful in telling the readers what to think about." (Cohen 1963, 13).

Der zweite Schritt der indirekten Wirkung der Medien, der Einfluss der Gesellschaftsmeinung auf politische Entscheidungsträger, nach dem bottom-up Modell (von Alemann 1997, 489ff.), ist Ausdruck einer radikal demokratischen Auffassung. Die Responsivität der politischen Elite wird demnach ermöglicht durch Ergebnisse demoskopischer Untersuchungen, welche die politischen Präferenzen der Bevölkerung wiedergeben. Brettschneider konnte in einer Responsivitätsanalyse Übereinstimmungen zwischen parlamentarischem Handeln und öffentlicher Meinung nachweisen (Brettschneider 1995, 223), jedoch ist es in erster Linie das parlamentarische Handeln, das zu einer Veränderung der Bevölkerungsmeinung führt, und nicht umgekehrt (Brettschneider 1995, 226).

Aus den dargestellten Ergebnissen der politik- und medienwissenschaftlichen Forschung geht hervor, dass es sich bei der Beziehung zwischen Medienöffentlichkeit und Gesellschaftsmeinung um eine komplexe Verflechtung handelt, die in Abhängigkeit zu einer Vielzahl von Faktoren steht. Beide Teilöffentlichkeiten können jedoch unabhängig voneinander Einfluss auf politische Entscheidungsträger und damit auf den politischen Prozess nehmen. Für eine Rekonstruktion der politischen Positionierung von Akteuren im Politikfeld Wald ergibt sich daraus die Frage nach Analogien und Differenzen zwischen Medienöffentlichkeit und Gesellschaftsmeinung.

2.4 Forschungsleitendes Modell

In den Kapiteln 2.1 bis 2.3 sind die drei, in der Einleitung dargestellten, leitenden Fragen dieser Arbeit a) nach dem Einfluss der Medienberichterstattung auf die politische Positionen der Sektoren Forstwirtschaft und Naturschutz, b) nach den Faktoren, die die Medienberichterstattung bestimmen und c) nach Analogien und Differenzen zwischen Medienberichterstattung und Gesellschaftsmeinung, in ein Gerüst ineinandergreifender politik- und medienwissenschaftlicher Theorien eingehängt worden. Tabelle 2.4-1 zeigt die Fragen und die aus der Theorie abgeleiteten jeweiligen Faktoren, durch deren empirische Überprüfung notwendige Erkenntnisse zur Beantwortung der Fragen gewonnen werden.

Tabelle 2.4-1: *Leitende Fragestellung dieser Arbeit und ihre theoretisch abgeleitete Operationalisierung*

Leitende Fragestellung	Faktoren
a) Welchen Einfluss hat die Waldberichterstattung auf die politische Position der Sektoren Forstwirtschaft und Naturschutz?	1 Akteursgemeinschaften 2 Interessenpositionen 3 Konfliktinteressen 4 Kollektive Symbole 5 Instrumente
b) Welche Faktoren bestimmen die Medienberichterstattung über den Wald?	6 Ereignismanagement 7 Nachrichtenfaktoren 8 Redaktionelle Linie der Zeitung
c) Wie sehen die Analogien und Differenzen zwischen Medienberichterstattung und Gesellschaftsmeinung aus?	9 Einstellung zum Konflikt

Aus den dargestellten Faktoren werden im Folgenden Einzelfragen generiert, die direkt durch die empirische Erhebung beantwortet werden können:

Faktor 1:

- Welche Akteursgemeinschaften sind mit ihren Kommunikationsaktionen zum Thema Wald in der Berichterstattung vertreten?

Faktor 2:

- In welcher Interessenposition werden die Akteursgemeinschaften in der Waldberichterstattung dargestellt?
- Durch die Kommunikationshandlung welcher Akteure finden die Akteursgemeinschaften Darstellung in den Interessenpositionen?

Faktor 3:

- Wie wird der Konflikt zwischen Forstwirtschaft und Naturschutz in den Medien dargestellt?

Faktor 4:

- Zeichnet sich die Waldberichterstattung durch die Verwendung spezieller kollektiver Symbole aus?
- Werden von den Akteursgemeinschaften spezielle kollektive Symbole aus ihrer kulturellen Tradition verwendet?

Faktor 5:

- Mit welcher Häufigkeit finden politische Instrumente zur Lösung der Waldprobleme in der Waldberichterstattung Erwähnung?
- Durch die Kommunikationshandlungen welcher Akteure finden die Instrumente Darstellung in den Medien?

Faktor 6:

- Hat das gezielte Ereignismanagement von Akteuren positive Auswirkungen auf ihre Problemdeutungsmacht in den Medien?
- Zeichnen sich die in der Waldberichterstattung stark vertretenen Akteure durch gezieltes Ereignismanagement aus?
- Folgt aus der zunehmenden Orientierung der Akteure an den Regeln der Medien eine Verringerung des Bemühens um konkrete Problemlösungen?
- Sind es vornehmlich Akteure mit einer guten Ressourcenausstattung, die in der Waldberichterstattung stark vertreten sind?

Faktor 7:

- Gibt es bestimmte charakteristische Nachrichtenfaktoren in der Waldberichterstattung?
- Finden in der Berichterstattung Waldprobleme anderer Länder Erwähnung?
- Ist die Valenz der Berichterstattung abhängig vom Ort der Waldprobleme?

Faktor 8:

- Hat die redaktionelle Linie eines Mediums Einfluss auf die Darstellung der Konfliktinteressen von Forst und Naturschutz?

Faktor 9:

- Werden die politischen Positionierungen des Forst- und Naturschutzsektors durch die Gesellschaftsmeinung in gleicher Weise gestärkt oder geschwächt wie durch die Medienöffentlichkeit?

3 Forschungsdesign

Nach Atteslander (Atteslander 1995, 66) ist unter dem Begriff "Forschungsdesign" der Vorgang der empirischen Überprüfung theoretischer Hypothesen zu verstehen. Obwohl in der Forschungspraxis deduktive und induktive Methodenschritte nicht immer eindeutig von einander zu trennen sind (Pregernig 1999, 104), wird in dieser Arbeit, soweit möglich, deduktiv vorgegangen, d.h. allgemeine Theorien werden anhand spezieller Fakten überprüft. Die zugrunde liegenden Theorien und die daraus abgeleiteten zu überprüfenden Faktoren sind bereits in Kapitel 2 eingehend beschrieben worden. Bevor in Kapitel 3.2 die anzuwendenden Untersuchungsmethoden erläutert werden, wird in Kapitel 3.1 das Analysematerial dargestellt.

3.1 Untersuchungsmaterial

Bei der Auswahl des zu analysierenden Materials ist zu beachten, dass es für die Fragestellung relevant und zugänglich ist (Kromrey 1994, 248). Gegenstand der leitenden Fragestellung dieser Arbeit ist die politische Wirkung der Medienberichterstattung auf die Positionen der Sektoren Forstwirtschaft und Naturschutz. In Kapitel 3.1.1 wird die Auswahl des zu analysierenden Medienmaterials dokumentiert. Für die Untersuchung von Analogien und Differenzen zwischen veröffentlichter und Gesellschaftsmeinung sind zusätzlich zum Medienmaterial auch Daten über die Bevölkerungsmeinung zum Wald notwendig. Diese sind in dieser Arbeit aus ausgewählten Studien gewonnen worden, die in Kapitel 3.1.2 vorgestellt werden.

3.1.1 Medienmaterial

Der Presse kommt, trotz immer neuer Medientechnologien, eine bedeutende Rolle in der Politikvermittlung und in der Wirkung auf den politischen Prozess zu (Wilke 1998, 146). Die Untersuchungen dieses Teils der Arbeit[4] basieren auf Artikeln der vier überregionalen deutschen Elite-Medien „Frankfurter Allgemeine Zeitung“, „Frankfurter Rundschau“, „Süddeutsche Zeitung“ und „Die Welt“, da diese Zeitungen in ihrer Verbreitung, dem Umfang der Berichterstattung und der Auflagenstärke von bundesweiter Relevanz sind. Elite-Medien erreichen über die Masse der Leser hinaus noch zwei weitere Publikumsgruppen. Zum einen werden sie von anderen Medien und Journalisten wahrgenommen, die ihre Themen aufgreifen (Kepplinger 1994). Damit werden die Inhalte auf

---

4 Ausgenommen sind die Fallstudien "FAZ" und "Waldgipfel", deren Untersuchungsmaterial in den Kapiteln 3.1.1.1 und 3.1.1.3 extra dargestellt wird.

eine erweiterte Massenmedienarena abgestrahlt (Gerhards/Neidhardt/Rucht 1998, 191). Zum anderen werden die Elite-Medien von politischen Entscheidungsträgern, wie z.B. von den Abgeordneten des Deutschen Bundestages rezipiert, was ihnen eine zentrale Stellung im politischen Prozess einbringt (Wittkämper et al. 1992; Herzog et al. 1990). Darüber hinaus weisen die vier genannten Tageszeitungen unterschiedliche redaktionelle Linien auf und stehen dadurch für verschiedene Segmente des Journalismus (Kepplinger 1998, 46). Die redaktionelle Linie einer Zeitung beschreibt ihre Ausrichtung innerhalb des politisch-publizistischen Spektrums. Die Frankfurter Allgemeine Zeitung, die Süddeutsche Zeitung, die Frankfurter Rundschau und die Welt sind so genannte „Spektrumszeitungen“, d.h. gemeinsam spiegeln sie das gesamte links-rechts-politische Spektrum der deutschen Tagespresse wider (Wilke 1998, 154; Kepplinger 1985, 22ff.).

Im engeren Sinn gehören nur die Frankfurter Allgemeine Zeitung und die Welt zu den überregionalen Zeitungen[5], da ihre Verbreitung nicht auf ein Gebiet eingeschränkt ist, sondern bundesweit stattfindet. Jedoch werden auch die Süddeutsche Zeitung und die Frankfurter Rundschau - trotz ihres Schwerpunktes im Raum München respektive Frankfurt - auf Grund ihres Elite-Medien-Status und der Gesamtabdeckung des politischen Spektrums zu den überregionalen Tageszeitungen hinzugerechnet (Wilke 1998, 154ff.). Im Folgenden werden die vier ausgewählten Tageszeitungen detaillierter vorgestellt.

Die Frankfurter Allgemeine Zeitung (FAZ) erscheint seit November 1949. Ihr charakteristisches Merkmal ist die Organisation nach dem Kollegialprinzip, das ohne die Besetzung der Position des Chefredakteurs auskommt. Sie gilt als Qualitätszeitung, da sie einen großen Anteil eigenständiger Beiträge liefert und damit eine gewisse Unabhängigkeit von den Nachrichtenagenturen bewahrt. Ihre redaktionelle Linie ist rechts von der politischen Mitte einzuordnen, wobei, wie bei den Zeitungen insgesamt, Unterschiede zwischen den einzelnen Ressorts zu berücksichtigen sind (Wilke 1999, 311). Besondere Bedeutung kommt dem Wirtschaftsteil der FAZ zu, zu dem täglich noch eine Ausgabe „Blick durch die Wirtschaft“ herausgegeben wird. Die Leserschaft der FAZ hat, im Vergleich zu den anderen Zeitungen, den höchsten Bildungsstand (Wilke 1999, 311).

Seit 1946 ist die Hamburger Tageszeitung "Die Welt" auf dem Markt. Bis 1953 im britischen Besitz, wurde die Welt an den Axel Springer Verlag verkauft, wo sie bis heute ein Zuschussobjekt darstellt. Mit ihrer redaktionellen Linie deckt

[5] Von einer überregionalen Zeitung im engeren Sinne ist nur zu sprechen, wenn mindestens die Hälfte der Auflage außerhalb des Erscheinungsgebietes vertrieben wird (Wilke 1999, 312).

sie den rechten Rand des politisch-publizistischen Spektrums ab (Kepplinger 1998, 43).

Dahingegen wird die 1945 erstmals erscheinende Süddeutsche Zeitung (SZ) als sozialliberal angesehen, d.h. in einer politischen Position, die sich als Mitte-links umschreiben lässt. Die Stellung als Elite-Medium verdankt die Süddeutsche Zeitung der großen Anzahl anderer Journalisten und Presseorganen, die Umfragen zur Folge die Süddeutsche Zeitung gemeinsam mit dem Magazin "Der Spiegel" als wichtigste Basislektüre beschreiben (Wilke 1999, 312). Durch diesen so genannten Media-Agenda-Setting-Effekt wird die Reichweite der Themen der Süddeutschen Zeitung über die Anzahl ihrer direkten Leser hinaus erweitert. Zudem wird die Süddeutsche Zeitung, ebenso wie die FAZ, von den politischen Entscheidungsträgern, insbesondere den Abgeordneten des Deutschen Bundestages am häufigsten gelesen (Gerhards/Neidhardt/Rucht 1998, 191; Eichhorn 1995, 184).

Die Frankfurter Rundschau (FR) erschien bereits zwei Monate vor der Süddeutschen Zeitung, am 1. August 1945. Die Frankfurter Rundschau deckt durch ihre redaktionelle Linie den linken Flügel des politisch-publizistischen Spektrums ab (Kepplinger 1998, 43). Besonderes Merkmal der Zeitung sind umfangreiche Dokumentationen (Meyn 1996, 78). Obwohl das Hauptverbreitungsgebiet in Hessen liegt[6], zählt die Frankfurter Rundschau zu den überregionalen Tageszeitungen im weiteren Sinn.

Bei der Untersuchung der vier ausgewählten Zeitungen gilt es zu berücksichtigen, dass es sich um Qualitätszeitungen handelt, welche ein überdurchschnittlich hohes Kommunikationsniveau erwarten lassen. Damit wird ein relativ anspruchsvoller Ausschnitt aus der Medienkommunikation erfasst, dem eine verstärkte Wirkung auf politische Entscheidungsträger zugeschrieben werden kann.

Neben dem Material ist auch die Auswahl des Beobachtungszeitraums von Bedeutung. Um mögliche Unterschiede herauszufiltern, die durch spezifische sensationelle Ereignisse entstehen und damit die Berichterstattung dominieren, wird ein Erscheinungs-Zeitraum der Tageszeitungen von fünf Jahren untersucht. Die Zeitspanne von Januar 1994 bis Dezember 1998 ist gewählt worden, da während dieser Periode auch unterschiedliche Bevölkerungsbefragungen durchgeführt wurden, deren Ergebnisse zu den Resultaten dieser Arbeit in Beziehung gesetzt werden können. Tabelle 3.1-1 zeigt die Auflagenstärke der Zeitungen in den fünf zu untersuchenden Jahren.

---

6 Zwei Drittel der Auflage wird in Hessen verkauft, im Jahr 1997 waren das 175.000 Exemplare (Wilke 1999, 313).

Tabelle 3.1-1: *Auflagenstärke der vier überregionalen Tageszeitungen von 1994-1998 (Quelle: Stamm 1995- 1999; *Errechnet aus dem Durchschnitt der an Wochentagen gedruckten Auflagen des 3. Quartals des Jahres)*

Zeitung	1994* in 1.000	1995* in 1.000	1996* in 1.000	1997* in 1.000	1998* in 1.000
Frankfurter Allgemeine Zeitung	471.9	464.4	471.0	484.5	509.7
Frankfurter Rundschau	207.1	198.8	201.6	200.1	202.5
Süddeutsche Zeitung	458.9	457.0	470.2	481.1	495.4
Die Welt	278.8	277.3	289.5	289.2	290.1

In den folgenden Kapiteln wird das zu untersuchende Material und die Erhebung des Materials für die Fallstudien (Kapitel 3.1.1.1 und Kapitel 3.1.1.3) und die Hauptuntersuchung (Kapitel 3.1.1.2) detailliert dargestellt.

3.1.1.1 Fallstudie FAZ

In der FAZ- Fallstudie werden ausschließlich Artikel der Frankfurter Allgemeinen Zeitung untersucht. Um allgemeine Aussagen über das mediale Waldbild treffen zu können, in das sich das durch spezielle Sektoren des Politikfelds dominierte mediale Waldbild einfügt, darf das ausgewählte Material nicht zu stark eingegrenzt werden. Die Artikel der FAZ sind auf elektronischen Datenträgern gespeichert, d.h. alle Artikel, die in dem jeweiligen Jahr in der FAZ veröffentlicht worden sind, befinden sich auf einer Jahres- CD-Rom. Die Auswahl des zu untersuchenden FAZ Materials wurde mit Hilfe der elektronischen Volltextsuche vorgenommen. Nach Eingabe des Begriffs „Wald“ wurden alle Artikel aufgeführt, in denen dieses Wort oder dieser Wortteil enthalten ist. Von diesen Beiträgen bezieht die Untersuchung nur diejenigen ein, die sich auch auf den Wald als solchen beziehen. Artikel, die „Wald“ als Eigennamen beinhalten, wie z.B. in „Waldhof Mannheim“ oder „Waldemar“, werden manuell aussortiert. Es verbleibt eine zu untersuchende Grundgesamtheit von 2529 Artikeln aus dem Zeitraum von 1994 bis 1998.

3.1.1.2 Hauptuntersuchung der Waldberichterstattung

Material der Untersuchung sind alle Artikel der vier ausgewählten Tageszeitungen aus dem Zeitraum 1994 bis 1998, in denen der Wald mindestens in einem Absatz thematisiert wird. Der Absatz wird als Mindestgrenze gewählt, da in kleineren Einheiten der Wald nicht als zentraler Gegenstand behandelt wird, und damit keine verwertbaren Aussagen zum Politikfeld Wald enthalten sind. Die Erhebungsmethode unterscheidet sich je nach Art der Archivierung der Zeitungen. Die FAZ, die SZ und zwei Jahrgänge der FR sind auf elektronischen Datenträgern gespeichert. Hier können mit Hilfe der Volltextsuche alle Artikel erhoben werden, in denen das Wort "Wald" Erwähnung findet[7]. Anschließend wird manuell ausgewählt, welche Artikel in mindestens einem Absatz über den Wald berichten. Die Artikel der Jahre 1994 bis 1996 der Frankfurter Rundschau und alle Jahrgänge der Welt müssen dagegen direkt aus dem Archiv der Frankfurter Rundschau und dem des Axel Springer Verlages entnommen werden. Der Anspruch der Archive ist die vollständige Ablage aller veröffentlichten Artikel zum jeweiligen Themenbereich. Im Gegensatz zum elektronischen Archiv werden jedoch keine Angaben zum Ressort und zur Erscheinungsseite gemacht. Insgesamt sind im Zeitraum von 1994 bis 1998 in den vier Zeitungen 2492 Artikel veröffentlicht worden, die mindestens einen Absatz enthalten, in dem der "Wald" Erwähnung findet. Diese Artikel bilden die Grundgesamtheit der Hauptuntersuchung.

3.1.1.3 Fallstudie Waldgipfel

Um Aussagen über die Möglichkeiten von gezieltem Ereignismanagement auf die Problemdeutungsmacht in den Medien und damit auf die politische Position eines Sektors treffen zu können, bedarf es der Untersuchung eines inszenierten Waldereignisses. Der 1. deutsche Waldgipfel bietet sich aus mehreren Gründen als optimales Fallbeispiel an. Zum einen handelt es sich um ein eindeutig inszeniertes Ereignis, da das Motiv nicht im Erreichen gesteckter Ziele liegt, sondern einzig in der Erlangung öffentlicher Aufmerksamkeit (DFWR 2001). Zum anderen handelt es sich um ein Ereignis aus dem Politikfeld Wald, das aktuell und deutschlandweit von Bedeutung ist. Des Weiteren gehören sowohl der Sektor Forstwirtschaft, der dieses Ereignis inszeniert und organisiert, als auch der Sektor Naturschutz zum Teilnehmerkreis.

Das zu untersuchende Material bezieht sich in der Fallstudie Waldgipfel nicht allein auf Beiträge der überregionalen Tageszeitungen. In eine Vollaufnahme

---

7 Es wird ausschließlich nach dem Wort „Wald“ gesucht da andere Wörter wie z.B. „der Forst“ bereits einen Bias aufweisen können, der die gleichberechtige Nutzung durch die Sektoren Forstwirtschaft und Naturschutz in Frage stellt.

gehen alle Artikel ein, deren Erscheinungsdatum zwischen dem Tag der 1.Veröffentlichung zum Thema "Waldgipfel" und dem Ende des fünften Monats nach dem Ereignis liegt. Die Artikel wurden von einem professionellen Ausschneidedienst gesichtet, der sowohl lokale, regionale und überregionale Zeitungen und Zeitschriften als auch Fachzeitungen in die Erhebung einbezog. Daraus ergab sich eine Anzahl von 87 Artikeln, die die Grundgesamtheit der Untersuchung der Fallstudie Waldgipfel bilden.

3.1.2 Bevölkerungsumfrage Wald

Um Aussagen über Analogien und Differenzen zwischen veröffentlichter und Gesellschaftsmeinung im Politikfeld Wald, insbesondere zum Konflikt der Sektoren Forstwirtschaft und Naturschutz, treffen zu können, sind zusätzlich zum Medienmaterial auch Daten zur Bevölkerungsmeinung zum Wald erforderlich. Eine deutschlandweite Umfrage durchzuführen ist jedoch aus Zeit- und Kostengründen in einem Dissertationsvorhaben wie diesem nicht möglich. Daher werden die Daten aus forschungspraktischen Gründen aus bereits durchgeführten Studien gewonnen. Welche Studien zu diesem Zweck herangezogen werden, wird im Folgenden detailliert dargestellt.

Die meisten Daten zur Bevölkerungsmeinung zum Thema "Wald" werden einer Studie von Pauli entnommen, die den Wald und die Forstwirtschaft in der Gesellschaftsmeinung zum Thema hat (Pauli 2000). Grundlage der Studie sind repräsentative Bevölkerungsbefragungen, die in den Jahren 1997 und 1998 durch das Markt- und Meinungsforschungsinstitut FORSA im Rahmen einer Telefonbefragung erhoben wurden. Die Befragungen wurden in zwei Staffeln durchgeführt, in denen jeweils 1000 Personen nach ihrer Einstellung zu den Themenbereichen Wald, Forstwirtschaft und Holz sowie nach ihrem Verhältnis zum Wald und seiner forstlichen Nutzung gefragt wurden. Die Ergebnisse der Befragung erlauben Rückschlüsse über die Ansicht der deutschen Bevölkerung zu den Interessenpositionen von Akteursgemeinschaften, die am Politikfeld Wald beteiligt sind, insbesondere der Sektoren Forstwirtschaft und Naturschutz. Des Weiteren können Aussagen zur Bewertung der Interessen der Sektoren Forstwirtschaft und Naturschutz getroffen werden. Auch Assoziationen der Bevölkerung mit bestimmten kollektiven Symbolen zum Thema "Wald" gehen aus den Ergebnissen der Studie hervor.

Eine Studie von Rametsteiner beschäftigt sich mit der Einstellung der Bevölkerung zu Wald, Umwelt, Waldbewirtschaftung, Holz und Zertifizierung in mehreren Ländern (Rametsteiner 2000). Dazu wurden 1997 in Deutschland 2400 Personen durch das Meinungsforschungsinstitut Fessl & GfK persönlich interviewt. Die Stichprobengröße gewährleistet repräsentative Umfrageergebnisse, die Aussagen über die Zufriedenheit mit dem Waldzustand in Deutschland und im Ausland sowie über Akteursgemeinschaften in der Interessenposition des Verursachers von Waldproblemen zulassen.

Vergleiche zwischen den in den Medien genutzten und den von der Bevölkerung assoziierten kollektiven Symbolen sind nur auf qualitativer Basis möglich. Die Studien von Lehmann und Braun, die sich mit der symbolhaften Bevölkerungswahrnehmung des Waldes beschäftigen, sind nicht statistisch repräsentativ. Dennoch gehen die Ergebnisse über Einzelfälle hinaus und erheben den Anspruch, eine kollektive Auffassung der deutschen Bevölkerung zu vermitteln. Lehmanns Studie geht zurück auf Interviews mit 120 Personen (Lehmann 1999). Brauns Arbeit basiert auf Interviews, die 1996 mit 80 Personen aus vier Städten im süddeutschen Raum durchgeführt wurden (Braun 1999).

3.2 Untersuchungsmethoden

Methoden sind aus der Theorie abgeleitete Mittel zur Erfassung der Realität und führen zu Aussagen, die auf bestimmten Stichproben aus dem Ganzen beruhen (Friedrichs 1973, 189). Die Vielzahl an Methoden, die in den Sozialwissenschaften bekannt sind und Einsatz finden, können zusammenfassend in die vier Typen Beobachtung, Befragung, Experiment und Inhaltsanalyse unterschieden werden (Atteslander 1995, 71). Da das Hauptaugenmerk der vorliegenden Arbeit auf die Darstellung der Waldberichterstattung gerichtet ist, findet in erster Linie die Methode Inhaltsanalyse Anwendung, wie in Kapitel 3.2.1 näher beschrieben wird. Um Analogien und Differenzen zwischen der Medienberichterstattung und der Gesellschaftsmeinung festzustellen, werden die Ergebnisse bereits vorliegender Umfragen mit den Ergebnissen der inhaltsanalytischen Untersuchung, wie in Kapitel 3.2.2 dargestellt, miteinander verglichen.

3.2.1 Inhaltsanalyse

Wie bei den anderen Methoden der Sozialwissenschaft auch, ist die Inhaltsanalyse die Systematisierung eines alltäglichen, gebräuchlichen Vorgehens, aus dem intersubjektiv nachprüfbare Erkenntnisse generiert werden können. Mertens Definition der Inhaltsanalyse erweitert das zu erreichende Ziel um den „nichtmanifesten Kontext“: „Die Inhaltsanalyse ist eine Methode zur Erhebung sozialer Wirklichkeit, bei der von Merkmalen eines manifesten Textes auf Merkmale eines nicht-manifesten Kontextes geschlossen wird.“ (Merten 1995, 59). Die Begrifflichkeit des „manifesten Textes“ gilt bereits seit den 50er Jahren als umstritten (Berelson 1952, 19). Prinzipiell können auch nicht–manifeste, also latente Inhalte inhaltsanalytisch untersucht werden, wenn es gelingt, deren Bedeutung eindeutig abgrenzbar zu operationalisieren (Früh 1989, 301ff.). Gegenstand der Inhaltsanalyse sind in der Regel Medienprodukte wie Rundfunksendungen,

Musik, Filme, Plakate oder, wie in dieser Arbeit, Texte aus Tageszeitungen. Inhaltsanalysen können nach ihrer Herangehensweise in qualitative und quantitative Verfahren unterteilt werden. Quantitative Verfahren zeichnen sich durch die Belegung ausgesuchter empirischer Beobachtungen mit Zahlenwerten aus, qualitative Verfahren beschreiben ein komplexes Phänomen in seiner ganzen Breite (Brosius/Koschel 2001, 18). Die Auseinandersetzung um die Methoden quantitativer und qualitativer Erhebungsverfahren hat bereits eine lange Tradition. Teilweise werden sie jedoch, wie im Folgenden auch, nicht als sich ausschließende inhaltsanalytische, sondern als komplementäre Strategien angesehen (Rust 1980, 237). Denn der Quantifizierung geht eine Selektion voraus, deren Auswahl qualitativen, d.h. theoriegeleiteten Gesichtspunkten folgt, und nur so einen Zusammenhang zum Inhalt gewährleistet (Atteslander 1995, 237). Da zu erwarten ist, dass die Waldberichterstattung abhängig ist von den Akteuren, die sich zu dem jeweiligen Problem in den Medien äußern, bedarf es der Untersuchung einer großen Datenmenge, um ein umfassendes Bild vom Wald in den Medien zu erlangen. In der vorliegenden Arbeit wird eine quantitative Analyse als Methode ausgewählt, da sie die Möglichkeit bietet, diese Datenmengen zielführend zu untersuchen.

3.2.1.1 Analyseeinheit

Die Inhaltsanalyse verlangt eine präzise Definition der Analyseeinheit (Friederichs 1973, 324). Diese Einheiten können physikalisch, syntaktisch, referentiell, propositional oder thematisch definiert werden (Krippendorf 1998, 60ff.). Es ist möglich, und im Fall dieser Arbeit auch nötig, verschieden definierte Einheiten auf einzelne Teile des Kategoriensystems zu beziehen. Die formale Ebene der Kategorien ist auf die physikalische Einheit der Artikel bezogen, wie z.B. das Erscheinungsdatum, das Ressort, die Stilform, aber auch der Autor oder die Quelle. Die Inhaltsanalyse der Fallstudie FAZ beschränkt sich ausschließlich auf diese Analyseeinheit. Komplizierter ist die Form der propositionalen Einheiten, die eine relativ komplexe Mitteilungsstruktur aufweisen können. Zu diesen gehört die in dieser Arbeit verwendete Analyseeinheit der Aussage. Definitionsgemäß handelt es sich dabei um einzelne, im Artikeltext als codierrelevant identifizierbare, verbale Äußerungen von Akteuren, die im Artikel zu Wort kommen (Gerhards/Neidhardt/Rucht. 1998, 47). Codierrelevant sind die Aussagen, die sich auf das Politikfeld Wald beziehen. Der Akteur, der die Aussage trifft, kann sowohl in direkter als auch in indirekter Rede zu Wort kommen. Zu beachten ist bei dieser Analyseeinheit, dass auch die Medien selbst als Akteur auftreten können, der eine Aussage trifft.

3.2.1.2 Kategoriensystem

Wesentlichster Teil im Prozess der Inhaltsanalyse ist die Bildung des Kategoriensystems, das theorie- oder empiriegeleitet aufgebaut werden kann. In dieser Arbeit entsteht das Kategoriensystem theoriegeleitet, d.h. die Kategorien werden auf Grund der Faktoren gebildet, die sich aus den in Kapitel 2 dargestellten Theorien zur Beantwortung der leitenden Fragestellung ableiten ließen. Holsti stellt neben der theoretischen Ableitung noch fünf weitere Forderungen für ein Kategoriensystem auf, die in dieser Arbeit Berücksichtigung finden (Holsti 1969, 95). Dazu gehört die Vollständigkeit, d.h. mit dem Kategoriensystem sollen alle, für die Fragestellung relevanten, Bedeutungsdimensionen des Textes erfasst werden. Die Kategorien müssen trennscharf sein, d.h. sie müssen sich gegenseitig ausschließen, damit Ergebnisunschärfen und Ungenauigkeiten vermieden werden. Insbesondere für die auf den Erhebungsprozess folgende statistische Auswertung ist es wesentlich, dass die Kategorien voneinander unabhängig sind. Das heißt, die Zuordnung einer Analyseeinheit zu einer Kategorie darf nicht die Zuordnung zu einer anderen Kategorie bedingen. Des Weiteren muss die Klassifikation einheitlich sein, damit die Daten vergleichbar sind. Die letzte Forderung, die Holsti an ein Kategoriensystem stellt, ist die eindeutige Definition der Kategorien. Eine unzweifelhafte Zuordnung von Analyseeinheit und Kategorien wird durch die operationale Definition der Kategorie erreicht. Jede Kategoriendefinition umschreibt oder benennt die Indikatoren, die als Anhaltspunkte für die Zuordnung dienen.

Im Folgenden werden die Kategoriensysteme der FAZ Fallstudie (Kapitel 3.2.1.1), der Hauptuntersuchung der Waldberichterstattung (Kapitel 3.2.1.2) und der Fallstudie Waldgipfel (Kapitel 3.2.1.3) vorgestellt.

3.2.1.2.1 Kategoriensystem der FAZ Fallstudie

Das Kategoriensystem der Fallstudie bezieht sich auf die Grundgesamtheit von 2529 Artikeln, die in der Frankfurter Allgemeinen Zeitung im Zeitraum von Januar 1994 bis Dezember 1998 erschienen sind. Die Anzahl der Artikel ist im Fall der Fallstudie gleichbedeutend mit der Anzahl der Analyseeinheiten, da für diese Untersuchung die physikalische Form des Artikels die Analyseeinheit darstellt. Da das Waldbild in den Medien nicht nur geprägt ist durch Darstellungen, die sich konkret auf das Thema Wald beziehen, sondern auch durch Randerwähnungen des Waldes, ist es Ziel dieser Fallstudie einen Überblick über den Kontext aller Walderwähnungen zu geben.

Journalisten und Redakteure veröffentlichen Artikel nach ihren Inhalten in einem bestimmten Ressort. Die Erhebung des Ressorts kann daher bereits einen Einblick in den inhaltlichen Zusammenhang geben, in dem das Wort Wald in den Medien Erwähnung findet. Alle weiteren Kategorien dienen der detaillierten Abfrage des Kontextes der Walderwähnung. In Tabelle 3.2-1 sind die Kategorien aus Gründen der Übersichtlichkeit zu Gruppen zusammengefasst. Das vollständige Kategoriensystem mit Definitionen ist dem Anhang 1 zu entnehmen. Die einzelnen Kategorien basieren überwiegend auf Ergebnissen von Untersuchungen zur Wahrnehmung und Darstellung des Waldes (Braun 1999; Lehmann 1999, Lehmann/Schriewer 2000). Durch Vorstudien ist das daraus entstandene Kategoriensystem empirisch erweitert und getestet worden (Müther 2002). Da in einem Artikel der Wald mehrmals Erwähnung finden kann, oder eine Erwähnung des Wortes "Wald" inhaltlich unterschiedliche Bedeutungen haben kann, z.B. als Ort, an dem ein Verbrechen geschieht und gleichzeitig als Ort der Märchenwelt, ist eine Zuordnung der Analyseeinheit zu mehreren Kategorien möglich. Der Grundsatz der Trennschärfe wird dennoch nicht verletzt, wie die Operationalisierung der Kategorien im Anhang zeigt.

Tabelle 3.2-1: *Kategoriengruppen Fallstudie FAZ*

Kategoriengruppen Kontext
Teil der Landschaft
Opfer Wald
Objekt der Kultur
Ort der Freizeitgestaltung
Ort des Verbrechens
Heimat
Forstwirtschaft
Waldassoziationen
Schutz des Waldes
Synonym
Sprichwort
Geldanlage
Märchen
Jagd
Ort des Kriegs
Sonstiges

3.2.1.2.2 Kategoriensystem der Hauptuntersuchung der Waldberichterstattung

Basis der Analyse ist die Grundgesamtheit von 2492 Artikeln zum Thema Wald der vier überregionalen Tageszeitungen aus dem Zeitraum 1994 bis 1998. Aus der in Kapitel 2 vorgestellten Theorie und den daraus abgeleiteten zu überprüfenden Faktoren ergeben sich die Kategoriengruppen, wie in Tabelle 3.2-1 dargestellt. Für den Vorgang des Codierens ist es von Vorteil, die Kategorien zunächst möglichst fein aufzugliedern. Die Ergebnisse können bei der Auswertung auf einer logisch höheren Ebene wieder zusammengefasst werden. Das vollständige Kategoriensystem mit allen Unterkategorien und Definitionen ist dem Anhang 2 zu entnehmen.

In der Kategoriengruppe 1 werden alle formalen Merkmale der Berichterstattung abgefragt, um Aussagen über das „wo" und das „wie" der Waldberichterstattung treffen zu können. Diese Angaben sind notwendig, um in der Auswertung die Daten z.B. bestimmten Jahren oder Zeitungen zuzuordnen. Die Kategoriengruppen 2 bis 5 leiten sich aus den Merkmalen für die politische Position eines Sektors aus der Politikfeldtheorie ab. In der zweiten Kategoriengruppe werden die in der Berichterstattung auftretenden Akteure und die von ihnen eingenommene, bzw. die ihnen zugeschriebene Interessenposition vermerkt. In jeder Position wird dabei unterschieden, zu welcher Akteursgemeinschaft die genannten Akteure gehören. Tabelle 3.2-2 zeigt, getrennt nach Sektoren, welche Akteursgemeinschaften in den einzelnen Interessenpositionen unterschieden werden können. Eine Ausnahme bilden die Gruppen „Natur" und „Gesellschaft", denen zwar die Interessenpositionen des Helfers, des Opfers oder auch des Verursachers zugeschrieben werden kann, die aber nicht in der Position des Problemdefinierers auftreten, da sie keine Aussagen treffen können. Gleiches gilt für die Gruppe „Keine Akteure", die mit einer Zähleinheit vermerkt wird, wenn in einer Analyseeinheit keine Aussagen zu Problemverursachern, Problemhelfern oder Problemopfern getroffen werden.

Tabelle 3.2-1: *Kategoriengruppen mit Kategorien der Waldberichterstattung der vier Tageszeitungen*

Gruppen-nummer	Kategoriengruppe	Kategorie	Theorieteil
1	Formal	- Artikelnummer - Casenummer - Zeitung - Datum - Ressort - Seite - Stilform - Autor/Quelle	
2	Interessenposition	- Problemdefinierer - Problemverursacher - Problemhelfer - Problemopfer	Politikfeldanalyse
3	Interessenkonflikt	- Interessen Forstwirtschaft - Interessen Naturschutz	
4	Instrumente	- Informationelle Instrumente - Regulative Instrumente - Ökonomische Instrumente - Planerische Instrumente - Sachinstrumente - Sonstige Instrumente - Keine Instrumente	
5	Kollektive Assoziationen	*empiriegeleitet*	
6	Ereignisursache	- Genuin - Mediatisiert - Inszeniert	Medienselektion
7	Nachrichtenfaktoren	- Negativität - Kontroverse - Kontinuität - Erfolg - Prominenz - Personalisierung - Selbstreferentialität - Reichweite - Überraschung	
8	Ereignisort	- Inland - Ausland	
9	Ereignisvalenz	- Positiv - Ambivalent - Negativ	

Tabelle 3.2-2: *Einteilung der Akteursgemeinschaften nach Sektoren*

Akteure des Forstsektors	**Akteure des Naturschutzsektors**	**Andere Akteure**
Forstverwaltung Forstpolitik Forstverbände Forstwissenschaft Förster allgemein	Naturschutzverwaltung Naturschutzpolitik Naturschutzverbände Naturschutzwissenschaft	Verwaltung allgemein Politik allgemein Verbände allgemein Wissenschaft allgemein Schutzgemeinschaft Medien Wirtschaft Einzelpersonen Sonstige Akteure *Natur* *Gesellschaft* *Keine*

Mit der dritten Kategoriengruppe der Tabelle 3.2-1 werden Programmaussagen der Sektoren Forstwirtschaft und Naturschutz abgefragt. Trotz der Annäherung zwischen diesen beiden Sektoren bezüglich der Behandlung der Wälder liegt ihnen eine unterschiedliche Wertehaltung hinsichtlich der Naturnutzung zu Grunde (Essmann 1993, 522; Hellström/Welp 1996). Daraus ergeben sich unterschiedliche Interessen, die sich nicht miteinander vereinbaren lassen Diese operationalisierten Konfliktinteressen dienen als Merkmale für eindeutige Programmaussagen eines Sektors. Tabelle 3.2-3 zeigt die Ergebnisse einer qualitativen Analyse schriftlicher Programme der Sektoren. Es werden nur die Aussagen berücksichtigt, in denen die Interessen der Beteiligten in einem Konfliktverhältnis stehen, da sonst eine eindeutige Zuordnung zu einem Sektor nicht möglich ist. Die Programmaussagen werden als Interessen eines Sektors definiert, wenn eine deutliche Mehrheit der Akteursgemeinschaft diese Interessen vertritt. Einzelinteressen von Akteuren, die diesen Interessen widersprechen, werden nicht berücksichtigt.

Tabelle 3.2-3: *Konflikthaltige Programmaussagen der Sektoren Forstwirtschaft und Naturschutz (Quelle: eigene Erhebung; Ergebnisse einer qualitativen Analyse von Programmen der Sektoren Forstwirtschaft und Naturschutz)*

	Konfliktinteressen der Sektoren	
	Forstwirtschaft	**Naturschutz**
Baumartenwahl	- 50% standortgemäße Baumarten ausreichend	- Baumartenwahl nach der potentiell natürlichen Vegetation - Gastbaumarten (Fichte, Tanne, Kiefer) und Exoten (Douglasie, Roteiche, Weymouthkiefer) nicht als bestandesbildende Baumarten
Nutzung	- ordnungsgemäße Bewirtschaftung, alte Wirtschaftsformen nur exemplarisch - wirtschaftliche Nutzung, z.B. durch den Einsatz von Vollerntern - Kahlschlagvermeidung	- Aufrechterhalten alter Wirtschaftsformen, wie z.B. Hutewälder - energiesparsame Eingriffe, Rücken mit Pferden, sozialverträgliche Nutzung - Kahlschlagverbot
Waldschutz	- Einsatz von Insektiziden - Kalkung ertragsschwacher Standorte	- Kein Einsatz von Insektiziden - Kein Einsatz von Kalkung
Zertifizierung	- PEFC Zertifizierung	- FSC Zertifizierung

Bei der Codierung des Materials wird zusätzlich zu der Programmaussage auch die Wertung der Aussagen als positiv, negativ oder ambivalent berücksichtigt (s. Anhang 2).

Die von den Akteuren erwähnten Instrumente zur Lösung der Waldprobleme sind Gegenstand der Kategoriengruppe 4. In der Kategoriengruppe 5 werden die in der Medienberichterstattung genutzten kollektiven Symbole erfasst. Die Verwendung kollektiver Symbole als Strategie zur Akzeptanzsteigerung ist aus der Politikfeldanalyse bekannt. Welche Symbole in der Waldberichterstattung Verwendung finden und in den Kategorien erfasst werden müssen, ist, wie bei den

Kategorien der FAZ Fallstudie, abgeleitet aus Ergebnissen von Untersuchung zur Wahrnehmung und Darstellung des Waldes (Braun 1999, Lehmann 1999, Lehmann/Schriewer 2000). Diese wurden in einer Vorstudie empirisch erweitert und getestet (Müther 2002).

Die in Tabelle 3.2-1 dargestellten Kategoriengruppen 6 bis 9 basieren auf den theoretischen Ansätzen der Medienselektion. Durch die Überprüfung der Ereignisursache können Aussagen über die Anpassung der Akteure an die Medienregeln und damit über den Nachrichteninput getroffen werden. Die folgenden Kategoriengruppen dienen der Überprüfung der Nachrichtenwerttheorie, wobei der Ereignisort und die Ereignisvalenz Aussagen über den speziellen Nachrichtenfaktor Nähe zulassen.

3.2.1.2.3 Kategoriensystem Fallstudie Waldgipfel

Basis der Analyse der Fallstudie Waldgipfel ist die Grundgesamtheit von 87 Artikeln aus überregionalen, lokalen und regionalen Zeitungen sowie Fachzeitschriften, die über den Waldgipfel berichten. Zweck der Analyse ist es, den Einfluss von gezieltem Ereignismanagement auf die Darstellung in den Medien und damit auf die politische Position des Sektors zu überprüfen. Um Unterschiede zwischen der allgemeinen Waldberichterstattung und der Berichterstattung über ein gezielt inszeniertes Ereignis feststellen zu können, müssen die Ergebnisse vergleichbar sein. Sind beim Einsatz der sozialwissenschaftlichen Methode einer Befragung vergleichbare Ergebnisse gefordert, so werden die gleichen Fragen an unterschiedliche Personengruppen gestellt. Bei einer Inhaltsanalyse stellt das Kategoriensystem die „Fragen“ an den Inhalt dar. Um die Ergebnisse der empirischen Erhebung des inszenierten Ereignis "Waldgipfel" mit den Ergebnissen der Analyse der Waldberichterstattung der vier überregionalen Tageszeitungen vergleichen zu können, werden daher ein weitestgehend identisches Kategoriensystem und die gleichen Analyseeinheiten verwendet. Unterschiede zwischen den beiden Untersuchungen ergeben sich zum einen aus dem Fehlen der Kategoriengruppe "Ereignisursache" für die Berichterstattung über den Waldgipfel, da das Ereignis "Waldgipfel" das einzige Thema dieser Berichterstattung ist und die Auswahl der Fallstudie auf der Ereignisursache „inszeniert“ basiert. Zum anderen ist in der Waldgipfelanalyse der Nachrichtenfaktor *Nähe* nicht zu berücksichtigen, da der Waldgipfel ein nationales Ereignis darstellt und diesem Faktor, nach der Definition dieser Arbeit, damit keine Bedeutung zukommt. Ein weiterer Unterschied zum Kategoriensystem der Hauptuntersuchung der Waldberichterstattung ergibt sich aus dem Material. In der Kategorie "Zeitung" sind nicht nur die Unterkategorien der vier überregionalen Tageszeitungen, sondern auch alle weiteren Zeitungen, die Artikel zum Waldgipfel veröffentlicht haben, zusammengefasst (s. Anhang 4). Um Aussagen über den jeweiligen Typ treffen zu können, wird das Kategoriensystem um eine Kategorie erweitert. Das vollständige Kategoriensystem der Inhaltsanalyse zum Waldgipfel ist dem Anhang 3 zu entnehmen.

3.2.1.3 Validierung

Die Gültigkeit (Validität) einer inhaltsanalytischen Untersuchung zu testen, d.h. zu überprüfen, ob die Forschungsmethode das erhebt, was die Fragestellung fordert, erweist sich als schwierig (Atteslander 1995, 263). Eine Möglichkeit, die auch in dieser Arbeit genutzt wird, ist die sogenannte „expert validity" (Atteslander 1995, 263). Die Einschätzung der Gültigkeit der Skala wird hier von Experten vorgenommen, die das Kategoriensystem und das damit verbundene Skalenniveau überprüfen. Eine notwendige Voraussetzung für die Gültigkeit ist die Verlässlichkeit (Reliabilität). Mit dem Test auf Verlässlichkeit wird die Replizierbarkeit und damit die Qualität des Untersuchungsinstruments belegt. Die Verlässlichkeit des Kategoriensystems wurde bereits in einer Vorstudie getestet, in der unterschiedliche Codierer das gleiche Material untersuchten und zu den gleichen Ergebnissen gekommen sind (Müther 2002).

3.2.1.4 Codierung

Im Erhebungsprozess wird das zu analysierende Material codiert, d.h. mit einer Zähleinheit versehen. Die Zähleinheiten werden während der Codierung direkt in die elektronische Datenverarbeitung eingegeben. In dem dazu genutzten Statistikprogramm SPSS wurde zuvor das Kategoriensystem mit dem entsprechenden Skalenniveau als Maske abgespeichert. Die abschließende Auswertung der Daten wird durch dieses Vorgehen erleichtert. Das zu analysierende Material liegt schriftlich vor. Die Artikel- und die Casenummern sind direkt auf dem Material vermerkt worden, um zum einen durch Tests gewährleisten zu können, dass die gleiche Codierung erfolgte und zum anderen nach Abschluss der Inhaltsanalyse beispielhafte Aussagen für die Kategorien treffen zu können.

3.2.2 Vergleich

Trotz ihrer allgemein anerkannten Bedeutung erfährt die vergleichende Methode in den Sozialwissenschaften häufig keine Beachtung. In wissenschaftlichen Darstellungen zur empirischen Sozialforschung fehlt die Betrachtung der vergleichenden Methode fast vollständig. Findet sie Erwähnung, ist diese meist beschränkt auf exemplarische Anwendungen, z.B. in der vergleichenden Parlamentarismusforschung (Hübner/Oberreuter 1977, 83). Nach Nohlen kann die vergleichende Methode sowohl aus einem umfassenden als auch aus einem enger gefassten Grundverständnis heraus betrachtet werden. Er schlägt vor, für die umfassendere Bedeutung den Begriff „Vergleich“ zu verwenden, um den Methodenbegriff für spezielle Instrumente zur empirischen Erhebung zu reservieren (Nohlen 1989, 1079). In dieser Arbeit wird der Vergleich im Sinne der umfassenderen Bedeutung genutzt. Er bietet die Möglichkeit, Ergebnisse empirischer Erhebungen miteinander in Beziehung zu setzen und daraus wissenschaftliche Erkenntnisse, sowohl über die Verflechtungen als auch, auf Grunde der erweiterten Betrachtungsperspektive, über die Einzelergebnisse, zu erlangen. Die Ergebnisse der inhaltsanalytischen Untersuchung der vier überregionalen Tageszeitungen werden zwei unterschiedlichen Vergleichen unterzogen. Zum einen dem Vergleich mit inhaltsanalytischen Ergebnissen, wie sie z.B. bei der Fallstudie Waldgipfel (Kapitel 3.1.2.1) erzielt wurden und zum anderen mit Ergebnissen aus Bevölkerungsumfragen (Kapitel 3.1.2.2).

3.2.2.1 Vergleich inhaltsanalytischer Ergebnisse

Um die Auswirkungen gezielten Ereignismanagements auf die Mediendarstellung und damit auf die Position der Sektoren zu überprüfen, werden die Ergebnisse der inhaltsanalytischen Untersuchung des Waldbildes der vier überregionalen Tagezeitungen im Vergleich zu den Ergebnissen der Waldgipfeluntersuchung betrachtet. Da in beiden Untersuchungen, bis auf wenige Ausnahmen, das gleiche Kategoriensystem Anwendung findet (siehe Kapitel 3.2.1.2.3), ist die Vergleichbarkeit der untersuchten Faktoren bereits durch das Erhebungsinstrument gesichert. Bei der Betrachtung des Vergleichs der empirischen Untersuchungs-Ergebnisse gilt es zu berücksichtigen, dass das untersuchte Material Teil unterschiedlicher Medientypen ist. Unterschiede in der Mediendarstellung können nicht eindeutig und ausschließlich als Folge des gezielten Ereignismanagements gewertet werden, da den vier untersuchten Qualitätszeitungen andere Merkmale zu eigen sind, als den in der Fallstudie Waldgipfel untersuchten regionalen Zeitungen und Fachzeitschriften.

Um spezifische Merkmale der Berichterstattung zum Konflikt zwischen Forstwirtschaft und Naturschutz herausarbeiten zu können, werden die empirischen Ergebnisse zu den aus der Theorie abgeleiteten Faktoren der Gesamtwaldberichterstattung mit der Häufigkeitsverteilung der Faktoren in den Konfliktaussagen verglichen. Da zu diesem Zweck nicht nur das gleiche Kategoriensystem, sondern auch das gleiche Material Anwendung findet, ist die Vergleichbarkeit gegeben.

3.2.2.2 Vergleich von inhaltsanalytischen Ergebnissen und Bevölkerungsumfragen

Um Analogien und Differenzen zwischen der Gesellschaftsmeinung und der veröffentlichten Meinung im Politikfeld Wald aufzudecken, werden empirische Ergebnisse zweier unterschiedlicher Erhebungsinstrumente verglichen. Diese Methodenkombination von Medieninhaltsanalysen und Meinungsforschung ist gängiges Mittel der Medienwirkungsforschung (vergleiche u.a. Noelle-Neumann 1973; Kepplinger/Roth 1978; Kepplinger 1999). Für die genannten Studien sind eigens repräsentative Bevölkerungsumfragen durchgeführt worden. Diese Möglichkeit ist aus zeitlichen und finanziellen Gründen im Rahmen einer Arbeit, wie sie hier vorliegt, nicht realisierbar. Daher wird auf empirische Ergebnisse von Bevölkerungsumfragen zurückgegriffen, die in anderen Studien erhoben worden sind. Insbesondere das forstwissenschaftliche Interesse am Wald führte zu einer Vielzahl von Bevölkerungsbefragungen auf diesem Gebiet, aus denen Teilaspekte ausgewählt werden, die Erkenntnisse in Bezug auf die Fragestellung dieser Arbeit erwarten lassen und den gleichen Zeitraum behandeln wie die Inhaltsanalyse (Rametsteiner 2000; Pauli 1999; Braun 1999; Lehmann 1999; Lehmann/Schriewer 2000). Da die Ergebnisse der Umfragen bereits vor der inhaltsanalytischen Untersuchung dieser Arbeit vorlagen, konnten die Fragekategorien im Kategoriensystem dieser Arbeit berücksichtigt werden.

3.2.3 Auswertung der Ergebnisse

Bei empirischen Erhebungen kann zwischen einer Stichproben- und einer Vollerhebung unterschieden werden. In einer Stichproben-Erhebung wird ein bestimmter Teil der Daten nach einem Stichprobenplan aus einer Grundgesamtheit erfasst. In eine Vollerhebung wird dahingegen die Gesamtheit der interessierenden Merkmale vollständig aufgenommen (Sachs 1992, 103). Bei dem empirischen Vorgehen in dieser Arbeit handelt es sich um eine Vollerhebung, da weder aus der Grundgesamtheit der zu betrachtenden Analyseeinheit „Artikel", noch aus der Grundgesamtheit der Analyseeinheit „Aussage" eine Teilmenge von Fällen zur Betrachtung ausgewählt werden. Durch die vollständige Erfassung der gesamten zu betrachtenden Merkmale werden Verzerrungen in den Ergebnissen ausgeschlossen. Wahrscheinlichkeitsrechnungen, die auf Basis relativer Häufigkeiten Aussagen zum Erwartungswert ermöglichen, um die Schätzung von Parametern der gesamten Datenmenge auf Grund der Anteilswerte der Stichprobe zu untermauern, werden durch die Vollerhebung überflüssig (Diekmann 1999, 329). Mit den Ergebnissen der aufgenommenen Daten können daher eindeutige Aussagen über die Waldberichterstattung der Jahre 1994 bis 1998 in den überregionalen Tageszeitungen getroffen werden. Voraussetzung für die Gültigkeit über den Zeitraum der Untersuchung hinausgehender Schlußfolgerungen genereller Art sind vergleichbare Rahmenbedingungen im Analysezeitraum und im Betrachtungszeitraum, für welchen die Aussagen Gültigkeit haben sollen. Veränderungen, die eine umfassendere Bewertung der Ergebnisse dieser Arbeit über den Untersuchungszeitraum hinaus in Frage stellen, können Folge grundlegender Umgestaltungen im Politikfeld Wald oder im Mediensystem sein. Auf Grund wissenschaftlich empirischer Erhebungen ist jedoch von Änderungen in dieser Form nicht auszugehen.

In der Inhaltsanalyse werden verschiedene Einzelmerkmale erhoben, die voneinander unabhängig sind. Zur vollständigen Beantwortung der Fragestellung dieser Arbeit ist die isolierte Betrachtung der Einzelmerkmale jedoch nicht ausreichend. Erst die Verknüpfung von Faktoren lässt Aussagen über ihre Beziehung zu. Zu diesem Zweck bedarf es der statistischen Überprüfung des Zusammenhangs zwischen den Faktoren. Die Hypothese der stochastischen Unabhängigkeit zwischen den Aussagen von Forst – und Naturschutzinteressen, beziehungsweise zwischen der Ereignisvalenz und der wertenden Aussage, wird mit Hilfe von Pearsons Chi-Quadrat Test überprüft. Zu diesem Zweck werden in einer Kreuztabelle Erwartungswerte aus dem Produkt der Randsummenprozente errechnet und mit den beobachteten Werten verglichen. Die Signifikanz der Abweichungen zwischen den erwarteten und den beobachteten Häufigkeiten wird mit Hilfe des Chi-Quadrat Test geprüft.

Außerdem wird durch Berechnung des Korrelationskoeffizienten der Grad des Zusammenhangs zwischen der redaktionellen Linie einer Zeitung und der Wertung von Forst- und Naturschutzinteressen (nach Sachs 1992, 494) ausgedrückt.

4 Das Waldbild in den Medien und in der Gesellschaftsmeinung

Das Erkenntnisinteresse dieser Arbeit ist auf den Einfluss der Medienberichterstattung auf die politischen Positionen der Sektoren Forstwirtschaft und Naturschutz und die dafür ausschlaggebenden Prozesse gerichtet. Die politische Position eines Sektors und die Berichterstattung wird durch eine Vielzahl von Faktoren bestimmt. Die theoretischen Ausführungen in Kapitel 2 sollen dazu dienen, die wesentlichen Prozesse der komplexen Verflechtungen der medienöffentlichen Kommunikation im Politikfeld Wald zu erfassen und darzustellen. Die aus den politik- und medienwissenschaftlichen Theorien abgeleiteten Merkmale wurden in Kapitel 3 beschrieben, operationalisiert und in ein Kategoriensystem überführt, das an den Artikeln der überregionalen deutschen Tageszeitung Anwendung findet. Die Ergebnisse der Inhaltsanalyse sollen im Folgenden eingehend dargestellt und unter Einbeziehung aktueller politik- und medienwissenschaftlicher Erkenntnisse erklärt werden.

Die empirische Erhebung ist nach dem verwendeten Material in drei Teile gegliedert. Zunächst werde die Ergebnisse der FAZ- Fallstudie vorgestellt, die Aufschluss über den Kontext und die Verwendung kollektiver Symbole in der Waldberichterstattung geben (Kapitel 4.1). Im darauf folgenden Kapitel (4.2) werden, nach den formalen Merkmalen der Waldberichterstattung (Kapitel 4.2.1), die Resultate bezüglich der für Stärkung oder Schwächung einer politischen Position verantwortlichen Faktoren dargestellt (Kapitel 4.2.2).Fokussiert wird insbesondere auf die spezifischen Merkmale des publizistischen Konflikts zwischen Forstwirtschaft und Naturschutz (Kapitel 4.2.3). Des Weiteren werden in diesem Kapitel Aussagen zu den Selektionsmechanismen in der Waldberichterstattung getroffen (Kapitel 4.2.4) sowie Analogien und Differenzen zwischen Medienöffentlichkeit und Gesellschaftsmeinung aufgezeigt (Kapitel 4.2.5). Das abschließende Kapitel der empirischen Erhebung (Kapitel 4.3) fokussiert anhand der Fallstudie über das Medienecho des 1. Deutschen Waldgipfels auf die Auswirkungen und Möglichkeiten, die sich aus dem Ereignismanagement für die Darstellung in der Waldberichterstattung ergeben.

4.1 Fallstudie FAZ: Der Wald im Kontext

Ergebnisse einer Untersuchung der Medienberichterstattung, die Aufschluss über das Waldbild in der Medienöffentlichkeit und die dafür ausschlaggebenden Prozesse geben sollen, sind abhängig von der Eingrenzung des untersuchten Materials. Analysen von Artikeln, die sich konkret mit dem Thema Wald beschäftigen, können u.a. die in dieser Thematik vorherrschenden Deutungsmuster aufzeigen. Diese sind geprägt durch die spezifischen Akteure des Politikfelds Wald. Empirische Auswertungen von Artikeln, in denen der Wald nur am Rande Erwähnung findet, können ebenfalls Aussagen über das in den Medien veröffentlichte Waldbild zulassen. Im folgenden Kapitel wird der Kontext vorgestellt, in dem der Wald in den Printmedien Erwähnung findet. Gegenstand der Analyse sind 2529 Artikel der Frankfurter Allgemeinen Zeitung aus dem Zeitraum von 1994 bis 1998, die mindestens einmal das Wort Wald beinhalten.

4.1.1 Ressort

Artikel werden auf Grund ihres Inhalts von den Journalisten und Redakteuren in bestimmten Ressorts veröffentlicht. Eine Einteilung der Artikel mit dem Wort Wald nach dem Ressort, in dem sie erschienen sind, kann damit schon einen ersten Einblick geben, in welchem inhaltlichen Zusammenhang das Wort Wald Verwendung findet.

Tabelle 4.1-1 zeigt die absolute und relative Häufigkeit von Artikeln in den einzelnen Ressorts. Es wird deutlich, dass Berichte mit dem Wort Wald nicht nur in einigen wenigen, ausgewählten Ressorts, die inhaltlich den Deutungsmustern der Akteure aus dem Politikfeld Wald nahe stehen, sind. So lässt z.B. die wissenschaftliche Betrachtung des Waldes als Ökosystem Veröffentlichungen im Ressort *Natur und Wissenschaft* erwarten, während solche aus der Sicht der Forstakteure im *Wirtschafts*ressort platziert sein könnten. Stattdessen findet eine weite Streuung in viele Ressorts statt. Die häufigste Anzahl von Artikeln, die das Wort Wald beinhalten, erscheint im Ressort *Deutschland und die Welt*. Artikel aus diesem Ressort sind, ebenso wie Artikel aus dem Ressort *Politik*, vornehmlich aus aktuellem Anlass entstanden und beinhalten häufig politische Probleme, zu denen unter anderem auch die Waldschadenssituation oder akute Waldbrände größeren Ausmaßes auf der ganzen Welt zählen.

Die Inhalte der Artikel des *Feuilletons* stehen in weit geringerem Zusammenhang mit den Deutungsmustern der Forst- und Naturschutzakteure. Der Wald findet in diesen Veröffentlichungen häufig Erwähnung als Objekt kultureller Themen, z.B. in der Kunst, der Literatur, im Film oder Theater. Weitere Artikel, in denen der Wald eine ähnliche Stellung einnimmt, finden sich in den Ressorts *Literatur* und *Kunstmarkt*. In letzterem ist der Wald vornehmlich Gegenstand von Bildern und Skulpturen. Aus der großen Anzahl von Artikeln, die in diesen Ressorts erscheinen, wird deutlich, dass dem Wald außer den klassischen Nutz-, Schutz- und Erholungsfunktionen auch eine kulturelle Funktion zukommt. Die Beachtung des Waldes als Kunst- und Kulturobjekt ist jedoch weder Gegenstand der Deutungsmuster von Akteuren aus dem Forstsektor, noch von Akteuren des Naturschutzsektors. Dieses Ergebnis zeigt, dass das mediale Waldbild nicht ausschließlich von diesen Akteuren geprägt wird.

Weitere Artikel, die das Wort Wald beinhalten, werden unter dem Ressort *Reiseblatt* veröffentlicht. Ebenso wie im Ressorts *Sport* findet der Wald hier Erwähnung in Zusammenhang mit der Freizeitgestaltung. Die Erholungsfunktion des Waldes wird sowohl von den Forstakteuren, als auch von den Naturschutzakteuren berücksichtigt, dennoch steht sie in den Interessen beider Sektoren häufig hinter der Schutz- und Nutzfunktion zurück. Die große Anzahl von Artikeln, die den Erholungsbereich ansprechen, deutet jedoch auf eine Gewichtung zugunsten dieser Waldfunktion in der Medienöffentlichkeit hin.

Nur 5,5 % aller Artikel mit dem Wort Wald erscheinen im *Wirtschafts*ressort. Wald als Wirtschaftsfaktor, wie er auch im Deutungsmuster der Forstwirtschaft eine führende Stellung einnimmt, findet somit zwar in den Medien Erwähnung, zählt aber nicht zu den dominanten Beschreibungsmustern. Bei der Betrachtung dieser Ergebnisse ist zu beachten, dass die analysierten Artikel in der FAZ erschienen sind. Da sich besonders diese Zeitung durch einen umfassenden Wirtschaftsteil auszeichnet (Meyn 1996, 77), steht zu erwarten, dass der Wald in anderen Zeitungen tendenziell seltener in Zusammenhang mit Wirtschaftsdaten Erwähnung findet.

In dem Ressort *Natur und Wissenschaft* finden sich nur 3,9% aller Artikel mit dem Wort Wald. Gegenstand der Veröffentlichungen dieser Zeitungssektion sind in erster Linie detaillierte Beschreibungen komplexer Vorgänge und wissenschaftliche Erkenntnisse, die für eine Laienleserschaft aufbereitet sind. Die Anzahl von Artikeln, die in diesem Ressort veröffentlicht wurden erscheint hinsichtlich der Bedeutung, die dem Ökosystem Wald als Teil der Natur zukommt, als relativ gering. Bei der Bewertung dieses Ergebnisses ist jedoch zu berücksichtigen, dass das Ressort *Natur und Wissenschaft* nur einmal wöchentlich Teil der FAZ ist. Bei einer durchschnittlichen Anzahl von 20 Veröffentlichungen pro Jahr sind damit in mehr als einem Drittel aller Ressortausgaben Artikel erschienen, die das Wort Wald beinhalten. Eine Begründung für diese Präsenz in der Medienberichterstattung ist zum einen in der Größe des Ökosystems zu sehen, die in Deutschland rund ein Drittel der Gesamtfläche beträgt. Zum anderen ist der Wald Gegenstand von Forschungsfragen, denen aktuell eine große Bedeutung zukommt, wie z.B. im Bereich der Klimaänderungen oder der CO_2-Senke.

Die anderen Ressorts, in denen Beiträge mit dem Wort Wald erschienen sind, geben einen Hinweis darauf, dass der Wald nicht nur auf Grund der Funktionen, die ihm von Seiten der Forst- oder Naturschutzakteure zugesprochen werden, in den Medien Erwähnung findet. Insbesondere die Artikelanzahl in den Ressorts, die Literatur behandeln oder die Jugend einbeziehen, macht deutlich, dass zur klassischen Waldbedeutung noch weitere hinzukommen.

Tabelle 4.1-1: *Artikel der FAZ mit dem Wort Wald und ihre Verteilung auf die verschiedenen Ressorts in den Jahren 1994- 1998.*

Ressort	Häufigkeit	in Prozent
Deutschland und die Welt	543	21,5
Feuilleton	459	18,1
Reiseblatt	349	13,8
Politik	246	9,7
Wirtschaft	140	5,5
Sport	108	4,3
Natur und Wissenschaft	99	3,9
Briefe an die Herausgeber	79	3,1
Bilder und Zeiten	65	2,6
Jugend und Umwelt	59	2,3
Technik und Motor	55	2,2
Kunstmarkt	53	2,1
Zeitgeschehen	45	1,8
Literatur	41	1,6
Jugend schreibt	39	1,5
Neue Sachbücher	38	1,5
Geisteswissenschaften	26	1,0
Jugendbücher	20	0,8
Sonstige	65	2,7
Summe	**2529**	**100**

4.1.2 Kontext der Walderwähnungen

Die Häufigkeit von Artikeln in den unterschiedlichen Ressorts gibt keine Auskunft über den tatsächlichen Kontext, in dem die Walderwähnungen in den Artikeln stehen. In der Tabelle 4.1-2 sind die verschiedenen Zusammenhänge, in denen der Wald Erwähnung findet, in ihrer absoluten und relativen Häufigkeit aufgeführt. Die Häufigkeitsanzahl übersteigt die Artikelanzahl von 2529, da in einem Artikel der Wald mehrfach und in unterschiedlicher Weise genannt werden kann, oder einer Waldbenennung mehrere Bedeutungen zukommen.

Aus den Ergebnissen der Tabelle 4.1-2 geht hervor, dass der Wald in den Artikeln vornehmlich als ein Teil der Landschaft beschrieben wird, z.B. „Beim Blick auf die in ihren Grundzügen unverändert gebliebene Landschaft aus Heide, Wald und Wiesenmooren (...)“ (Reiseblatt, 24.03.94). In diesen Beschreibungen ist der Wald nur der Ort eines Ereignisses oder einer Landschaftsbeschreibung. Das Objekt Wald an sich findet in diesen Artikeln keine weitere Beachtung oder differenziertere Erklärung. Artikel in denen der Wald als ein Teil der Landschaft beschrieben wird, sind in allen Ressorts zu finden.

Tabelle 4.1-2: *Das Wort Wald im Kontext in der FAZ der Jahre 1994-1998 (N=3028)*

Kontext	Häufigkeit	in Prozent
Teil der Landschaft	457	15,1
Opfer Wald	392	12,9
Objekt der Kultur	338	11,2
Ort der Freizeitgestaltung	311	10,3
Ort des Verbrechens	282	9,3
Heimat	182	6,0
Forstwirtschaft	156	5,2
Waldassoziationen	140	4,6
Schutz des Waldes	132	4,4
Synonym	124	4,1
Sprichwort	120	4,0
Geldanlage	115	3,8
Märchen	105	3,5
Jagd	56	1,8
Ort des Kriegs	51	1,7
Sonstiges	67	2,2
Summe	**3028**	**100**

Die Darstellung des Waldes als Opfer kann auf unterschiedliche Weise geschehen. In einigen Artikeln stellt diese Thematik einen größeren Anteil, in anderen wird die schlechte Situation des Waldes nur in einem Nebensatz erwähnt. Thematisch kann der Kontext des Opfers Wald in drei Subkategorien untergliedert werden. In die Subkategorie Waldsterben sind Waldnennungen einzuordnen, in denen das traditionelle Bild des Waldsterbens vermittelt wird, wie es in den achtziger Jahren der Fall war. Zur Subkategorie „Waldvernichtung durch den Menschen" gehören anthropogen verursachte Waldschäden, aber auch Waldvernichtungen durch Rodungen. In die dritte Subkategorie „Waldvernichtung durch die Umwelt" sind alle Benennungen einzuordnen, die eine Verschlechterung der Waldsituation durch Umwelteinflüsse, wie z.B. Sturm, Feuer oder Schädlingsbefall beschreiben. Der Gesamtanteil von Artikeln, in denen der Wald als Opfer Erwähnung findet ist groß. Begründet ist das mediale Katastrophenszenario

Wald durch das Thema Waldsterben. Aus Sicht der Politikentwicklung befindet sich das Thema Waldsterben schon seit Ende der achtziger Jahre in einem Terminalstadium, dennoch schenken die Medien ihm weiterhin Beachtung (vgl. Krumland 2000). Die kontinuierliche Durchsetzungskraft dieser Thematik liegt zum einen in der besonderen, emotionalen Betroffenheit und kulturellen Tradition der Deutschen bezüglich ihres Waldes begründet (Brand 1995, 49f.). Zum anderen verhilft der Nachrichtenfaktor Negativität einer Nachricht zu einem erhöhten Nachrichtenwert, der sowohl die Aufmerksamkeit der Medien als auch die der Rezipienten sichert. Die Folge ist eine eher schadensorientierte Berichterstattung über Sonderfälle (Hansen 1995, 110).

Das Ergebnis der Tabelle 4.1-1, nach dem Artikel mit dem Wort Wald häufig im Feuilleton verortet sind, spiegelt sich auch in der Untersuchung des Kontexts wieder. Der Wald ist häufig Teil kultureller Themen, in denen er aber selten eine Hauptrolle einnimmt, sondern meistens als Randobjekt Erwähnung findet („Mike Nichols' Film endet in einer merkwürdigen Harmonie, die dem Horrorgenre bislang fremd war. Das Biest ist nicht tot, sondern schlägt sich in den Wald, weil es für ihn wie für alle anderen Lederstrümpfe kein anderes Asyl gibt.", Feuilleton 22.09.1994). Dass nicht nur die Medien dem Wald einen Stellenwert in Kunst und Kultur beimessen, zeigt das Ergebnis einer Umfrage nach der Natur, Seen, Wiesen und Felder, insbesondere aber auch der Wald, bevorzugter Gegenstand von Gemäldemotiven sind. Belebte Bilder von Häusern, Städten und Personen werden dagegen seltener favorisiert, da diese weniger Ruhe ausstrahlen (Heiliger 1997, 12f.). Nicht nur bei der Beschreibung von Bildmotiven sondern auch im Zusammenhang mit Ausstellungen, die im Wald stattfinden oder diesen zum Thema haben, wird der Wald zum Hauptinhalt kultureller Themen. Obwohl der Wald als Kulturobjekt in den Medien häufig Erwähnung findet, wird diese Möglichkeit der Gewinnung von Aufmerksamkeit, z.B. durch die aktive Ereignisgestaltung in der Verknüpfung von Wald und Kultur, von den meisten Akteuren des Waldes vernachlässigt.

Wie im Fall des vorher beschriebenen Ergebnisses ‚Wald als Objekt der Kultur' wird auch die Häufigkeit von Artikeln mit dem Wort Wald im Reise- oder Sportressort von den Ergebnissen der Kontextanalyse reflektiert. Diese zeigen eine wiederholte Beschreibung des Waldes als Ort der Freizeitgestaltung. In diese Kategorie sind alle Nennungen einzuordnen, in denen Wald als Ort des Sports, der Erholung, des Urlaubs oder des Spielens dargestellt wird. Eine besondere Bedeutung innerhalb dieser Unterkategorien kommt dem Wald als Ort des Sports zu. Hier finden nicht nur die typischen Waldsportarten, wie Waldlauf, Wandern oder Reiten, Erwähnung, sondern auch andere, die eigentlich nur am Rande des Waldes stattfinden, wie z.B. Fußball. Häufig wird der Wald als Ort des Sports in Verbindung mit Waldschädigungen genannt, etwa beim Skifahren oder auch beim Autorennen („Und so werden sich also am 11. September die Benzinschwaden des Formel-1-Trosses über den königlichen Wald von Monza legen - zum Wohle des Kommerzes und zum Schaden der Bäume.“ Sport 17.08.1994). Diese Verknüpfung weist daraufhin, dass die Freizeitmöglichkeit Wald zwar geschätzt wird, die damit verbundenen möglichen Schäden jedoch ebenfalls zur Kenntnis genommen werden.

Ein anderer Kontext, der häufig in Zusammenhang mit dem Wald steht, ist das Verbrechen. Der Wald als Fluchtort für Verbrecher und Opfer ist bereits aus kultureller Tradition bekannt, die sich bis heute in Mythen und Märchen wiederfindet, wie z.B. in dem Lied „Im Wald da sind die Räuber“. Nach Lehmann kann auch heute noch eine große Anzahl von Menschen ein bestimmtes, beängstigendes Walderlebnis schildern, welches bis in ihre Gegenwart hineinwirkt (Lehmann 1999, 91). Die Kategorie „Wald als Ort des Verbrechens“ setzt sich zusammen aus den Subkategorien „Ort, an dem ein Verbrechen verübt wird“, „Versteck des Verbrechers“, „Versteck des Opfers“ und „Ort eines Unglücks“. Die Ergebnisse der Untersuchung zeigen, dass der Wald nicht nur häufig als Versteck für Verbrecher und Opfer Darstellung findet, sondern, dass er noch häufiger als Tatort beschrieben wird, z.B.: „In München habe er die bewusstlose Frau in ihren Wagen gebracht und sie in einen Wald nördlich der Stadt gefahren. Dort habe er sie aus dem Auto gezogen und mit einer Axt Kopf und Hände abgetrennt, hieß es.“ (Deutschland und die Welt, 22.07.96). Eine inhaltsanalytische Betrachtung von Berichten des Magazins "Der Spiegel"„ die als Pre-Test dieser Arbeit durchgeführt wurde, bestätigt die häufige Darstellung des Waldes als Ort des Verbrechens (Müther 2002, 18).

Im Gegensatz dazu wird der Wald jedoch auch mit positiven Erlebnissen verknüpft, z.B. als Ort der Freizeitgestaltung, als ein Kulturobjekt, oder auch als Heimat. Vielfach findet bei der Beschreibung von realen, aber auch in der Kunstwelt erschaffenen, Personen die Heimat Erwähnung. Dazu werden Aussagen über die Landschaft, insbesondere aber über den Wald gemacht, der als ein Teil der Heimat diese mitgestaltet, und dem damit ein Einfluss auf die beschriebene Person zugesprochen wird. („Der finstere Skulewald, in dem die Handlung beginnt und schließlich auch endet, ist eine Art Gleichnis für die Konditionen irdischen Daseins. Den Pflanzen und Tieren, Naturgeistern und Menschen ist er im Prinzip Heimat.“, Feuilleton, 20.07.95). Die Ursache dieses Zusammenhangs kann in der kulturellen Tradition gesehen werden, in der Menschen nicht nur im, sondern auch vom Wald gelebt haben, wie es teilweise in anderen Ländern der Erde noch heute der Fall ist und auch in den Medien Erwähnung findet: „Von Jahr zu Jahr wird es für sie schwerer, ihrer traditionellen Lebensform treu zu bleiben. Der lakandonische Regenwald, ihre Heimat, ist ebenso vom Untergang bedroht wie die lakandonische Sprache und Religion.“ (Jugend schreibt, 06.03.95). Zwar ist der Wald in Deutschland nicht mehr Lebensgrundlage, dennoch sind aus der ehemals engen Verknüpfungen zwischen Wald und Mensch kulturelle Traditionen gewachsen, die sich bis in die Gegenwart bemerkbar machen.

Wald wird von Forstakteuren in erster Linie mit dem Begriff der Forstwirtschaft verknüpft. Wie die bereits beschriebenen Ergebnisse der Kontextanalyse zeigen, ist Forstwirtschaft jedoch nur eine von vielen Verknüpfungen des Waldes in den Medien. Nur 5,2% aller Waldnennungen in den Medien treten im Kontext der Forstwirtschaft auf. Eine Überprüfung der Verortung dieser Artikel zeigt, dass die Verbindung zwischen Forstwirtschaft und Wald in den Beiträgen der FAZ hauptsächlich vom Standpunkt der Wirtschaftsinteressen aus betrachtet wird. Fast ein Viertel, und damit der größte Anteil der Artikel, sind im Ressort *Wirtschaft* erschienen. Solche, in denen der Wald im Kontext von Forstwirtschaft genannt wird, finden außerdem im Ressort *Deutschland und die Welt* (16,7%) und in den *Leserbriefen* (12,2%) Erwähnung. Ob eine selektive Darstellung der FAZ oder die Informationspolitik der Akteure Grund für die überwiegende Einordnung forstwirtschaftlicher Themen in den Wirtschaftsbereich sind, lässt sich anhand des vorhandenen Datenmaterials nicht überprüfen. Dennoch bleibt festzustellen, dass die gleichzeitig untersuchten nicht-wirtschaftlichen Interessen der Forstwirtschaft, wie die Schutz- und Erholungsfunktionen des Waldes, sich nicht in den Ergebnissen der Kontextanalyse der FAZ wiederspiegeln, sondern hier eine deutliche Verschiebung zu Gunsten der wirtschaftlichen Nutzung zu erkennen ist.

Noch geringer als die Häufigkeit von Fällen, in denen der Wald mit Forstwirtschaft verknüpft wird, ist die Anzahl der Waldbenennungen im Kontext mit dem Naturschutz. Inhaltlich finden in diesen Artikeln Forderungen zum Schutz des Waldes Erwähnung, oder es werden durchgeführte Naturschutzaktionen beschrieben. Die Verknüpfung von Wald und Schutz ist selten das Hauptthema einer Veröffentlichung, sie zeigt sich eher in Bemerkungen, die am Rande anderer Themen angeführt werden. So wird beispielsweise in Länderreportagen die schlechte Waldsituation in einer Nebenbemerkung erwähnt, und eine Forderung zum Schutz der Wälder ausgesprochen bzw. eine Aussage zu bereits durchgeführten Maßnahmen getroffen. Artikel, die den Wald im Kontext mit Naturschutz behandeln, sind nicht deutlich einem Ressort zuzuordnen, sondern finden sich mit einer vergleichbaren Häufigkeit in den Ressorts *Deutschland und die Welt* (20,5%), *Politik* (18,9%) und *Reiseblatt* (16,7%).

Unter der Kategorie Waldassoziationen summieren sich unterschiedliche Begriffe, die mit dem Wald in Verbindung gebracht werden. Insbesondere die Assoziationen Dunkel und Deutsch finden im Zusammenhang mit dem Wald häufig Erwähnung, z.B.: „Es gibt ihn noch, den deutschen Wald, auch wenn es ihm gebietsweise nicht besonders gut geht." (Neue Sachbücher, 23.12.94). Weniger häufig sind dagegen Verknüpfungen mit Romantik und Stille, z.B.: „Hier begegnet man den typischen Knicks (Hecken), die als Windbrecher die Felder abgrenzen. Hier stehen stille Wälder." (Bilder und Zeiten, 03.09.94). Viele, mit dem Wald in Zusammenhang stehende und in den Medien gebräuchliche, Assoziationen sind das Produkt kultureller Traditionen. In Kapitel 4.2.2.6 werden die am häufigsten verwendeten vorgestellt und ihr Ursprung detaillierter beschrieben.

In den Kategorien Synonym und Sprichwort geht es bei der Erwähnung von Wald nicht um den von Bäumen geprägten Landschaftsteil, sondern es werden bestimmte, mit dem Wald verbundene, Begriffe in einem anderen Themenbereich eingesetzt. Als Synonym gilt beispielsweise ein „(...) Wald von Schloten (...)“ (Politik, 30.03.94) oder „ein Wald von Mikrofonen“ (Deutschland und die Welt, 27.02.96). In diesen Beispielen steht der Wald für eine Ansammlung von Einzeleinheiten, die gemeinsam ein ganzes ergeben. Zu den in der FAZ häufig verwendeten Sprichwörtern gehört „Das Pfeifen im Walde“. In diesem Fall wird mit dem Wald ein Ort der Angst assoziiert, z.B.: „(...) Oder um das rein appellative Pfeifen im finsteren Wald der politischen und gesellschaftlichen Wirklichkeit Deutschlands?“ (Leserbrief, 09.12.96). Letzteres hat seinen Ursprung, ebenso wie „der Wald als Ort des Verbrechens“, oder der „dunkle Wald“ in der geschichtlichen Bedeutung. Auch wenn die Situation im Wald heute nicht mehr als gefährlich einzustufen ist, bleibt diese Assoziation als Teil unserer kulturellen Tradition bestehen.

Ergebnis kultureller Traditionen ist auch die Verknüpfung von Wald und Märchen. In diesem Zusammenhang finden sich geschichtlich begründete Assoziationen, die in der Gegenwart nahezu bedeutungslos sind. Dazu zählt z.B. die Angst, die auch in den Märchen immer wieder mit dem Wald verknüpft wird, da an diesem Ort Hexen oder auch der böse Wolf lauern, z.B.: „Als er am Ende in den dunklen Wald entlassen wird, kommt Reemtsma sich vor wie Hänsel.“ (Literatur, 01.03.97). Andere Märchenassoziationen beschreiben den Wald als Teil einer unwirklichen Welt „Viele Bäume wachsen zu beiden Seiten auf Inselchen, zusammen mit den abgestorbenen, am Boden liegenden und vom Moos verschalten Stämmen und den vielen Bächen und Rinnsalen erscheint der Wald wie im Märchen – verwunschen, zauberhaft, gefährlich und anziehend zugleich.“ (Reiseblatt, 24.10.1996).

In der Kategorie Geldanlage sind nicht nur Artikel, in denen der Verkaufs- und Ertragswert des Waldes Erwähnung findet, sondern auch solche, in denen der Bestand der eigenen Herrschaft (nach Krott 2001, 36) als Waldeigentümerinteressen geschildert werden, z.B.: „Zu diesem Wald gehört ein Bestand von alten Eichen, die der Besitzer geerbt hat und die ihm ans Herz gewachsen waren (...)“ (Bilder und Zeiten, 18.02.95). Der Wald als Geldanlage ist nicht gleichzusetzen mit der forstwirtschaftlichen Betrachtung des Waldes.

Verknüpfungen von Jagd und Wald gibt es in den analysierten Artikeln nur in 56 Fällen. Die Darstellung des Kontextes dieser Verknüpfung variiert zwischen positiver, z.B.: „Der ökologisch denkende Mensch darf, ja muß sich der Rehe erwehren, wenn er einen Wald bewirtschaftet“ (Politik, 09.11.96), und negativer

Bewertung: „Die Jäger fuchteln mit Flinten und grölen so grob und laut, wie es das Vorurteil für einen deutschen Männerchor vorsieht." (Feuilleton, 05.10.97). Dass auch die Jagd in Verknüpfung mit dem Wald Teil der kulturellen Verankerung sein kann, zeigt folgendes Beispiel: „Denn immer besser findet er sich in seine Rolle als Landedelmann, der sich um seine Kartoffeläcker und Wälder kümmert und auf die Jagd geht." (Reiseblatt, 06.04.95).

Die Erwähnung von Wald im Kontext von Krieg resultiert zum einen ebenfalls aus der kulturellen Tradition, in der Kriege im Wald ausgefochten wurden oder sich Angreifer und Flüchtlinge im Wald versteckt hielten. Insbesondere in Artikeln zur Geschichte findet diese Beschreibung Erwähnung, z.B.: „Später hieß es Teutoburg, und in einem Wald am Rande des einst unzugänglichen Emscherbruchs, ungefähr dort, wo heute der Stadtteil Walsum liegt, erlitten die Römer im Jahr neun nach Christus ihre vernichtende Niederlage." (Reiseblatt, 08.01.98). Dieser Kontext steht im engen Zusammenhang zur Bedeutung von „Verbrechen", „dunkel" und den mit den Märchen verbundenen Assoziationen. Zum anderen wird auch in der aktuellen Kriegsberichterstattung, beispielsweise über den Bosnienkrieg, der Wald als Rückzugsort für Guerillas und Kriegsflüchtlinge genannt: „(...) Nicht die undramatischen Bilder von der Vorbereitung des Angriffs, wenn die Soldaten stundenlang im Wald sitzen, ihre Waffen putzen, eine Zigarette nach der anderen rauchen, von ihren ermordeten Familienangehörigen sprechen, während leise das eine oder andere Geschoß vorbeischnurrt.", Politik, 21.03.97).

4.1.3 Zusammenfassung Fallstudie FAZ

Die Auswertungen des Kontextes in dem das Wort Wald Erwähnung findet, zeigen eine große Varianz von kollektiven Symbolen zum Thema Wald in der Medienberichterstattung. Diese Symbole befinden sich in einem Spannungsfeld zwischen den Polen Heimat und Angst. In den negativen kollektiven Symbolen wird der Wald als Ort des Verbrechens, des Krieges, teilweise auch in Verbindung zu Märchen und Worten wie z.B. „Dunkel" gesehen. Zu den positiven Symbolen zählen Heimat, Wald als Objekt der Kultur und Ort der Freizeitgestaltung. Die bereits seit Beginn der Waldsterbensproblematik bestehende Sorge um den Wald gehört auf der einen Seite zu den positiven Symbolen, da sich nur um etwas gesorgt wird, was nicht entbehrlich scheint. Auf der anderen Seite kann das Opfer Wald auch als negatives Symbol begriffen werden, da es in Verbindung zu Krankheit und Tod steht. Verknüpfungen zu Forstwirtschaft und auch zum Naturschutz haben nur einen geringen Anteil an der Variationsbreite der kollektiven Symbole.

Die in der FAZ Berichterstattung auftretenden kollektiven Symbole machen deutlich, dass die kulturelle Bedeutung des Waldes in Deutschland bis heute einen Einfluss auf das medial vermittelte Waldbild hat. Dies zeigt sich in den Assoziationen Wald als Ort des Verbrechens, des Kriegs und in den verwendeten Jagd-, Heimat- und Märchenwaldbildern. Auch die Begrifflichkeit der „dunkle Wald" zeigt, dass vielfach Bilder verwendet werden, die ihren Ursprung in der Vergangenheit haben, in der Gegenwart aber nicht unbedingt zutreffend sind. Eine Veränderung der Waldsymbolik, die der kulturellen Traditionen entstammt, scheint schwierig. Dies zeigt sich auch in der Funktion, die die Forstwirtschaft in der FAZ- Berichterstattung hauptsächlich einnimmt. In den Forstprogrammen werden die Schutz- und Erholungsfunktionen als gleichrangig zur Wirtschaftsfunktion dargestellt. Dennoch wird letzterer in den Artikeln der FAZ, über die Häufigkeit der Erwähnungen, eine bedeutendere Rolle zugesprochen. Der Grund dafür kann in den eigenen Interessen der FAZ liegen, die der Wirtschaftsberichterstattung einen hohen Stellenwert beimisst. Es kann aber ebenfalls Ausdruck dafür sein, dass kulturell bedingte Assoziationen sich nicht einfach auswechseln lassen.

4.2 Mediales Waldbild, Selektionsmechanismen und Wirkungsweise

In den folgenden Kapiteln werden die Ergebnisse der empirischen Erhebung des veröffentlichten Waldbildes in den vier überregionalen deutschen Tageszeitungen aufgezeigt. Nach der Erläuterung der formalen Merkmale der Berichterstattung (Kapitel 4.2.1) folgen Darstellungen zu den aus der Politikfeldanalyse bekannten Faktoren, die für die politische Position von Sektoren kennzeichnend sind (Kapitel 4.2.2). Ein besonderes Augenmerk wird dabei auf die spezifischen Merkmale des publizistischen Konflikts zwischen Forstwirtschaft und Naturschutz gerichtet (Kapitel 4.2.3). Des Weiteren werden Erklärungsansätze für die Selektionsmechanismen in der Waldberichterstattung dargelegt (Kapitel 4.2.4). Unterschiede und Gemeinsamkeiten zwischen dem veröffentlichten und dem in der Gesellschaftsmeinung vorherrschendem Waldbild bilden den Abschluss der empirischen Untersuchung der 2492 Waldartikel der Tageszeitungen (Kapitel 4.2.5).

4.2.1 Formale Merkmale der Berichterstattung

4.2.1.1 Zeitverlauf

In diesem Kapitel wird die Artikelhäufigkeit zum Thema Wald, getrennt nach Zeitungen, erst pro Jahr und anschließend im Jahresverlauf dargestellt. Insgesamt sind in den vier überregionalen Zeitungen der fünf untersuchten Jahrgänge 2492 Artikel erschienen, die in mindestens einem Absatz den Wald zum Thema haben. Die Anzahl variiert zwischen 387 Veröffentlichungen im Jahr 1996 und

607 Veröffentlichungen im Jahr 1998. Abbildung 4.2-1 zeigt die Abweichungen der Publikationshäufigkeiten zwischen den Zeitungen.

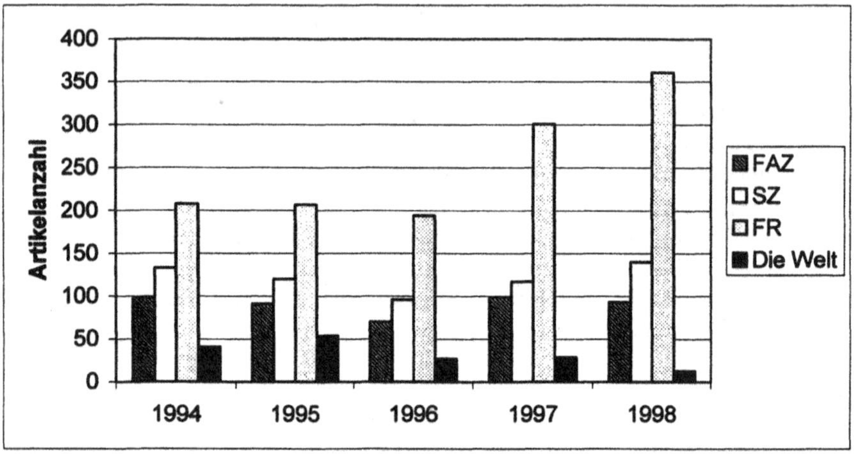

Abbildung 4.2-1: *Artikelhäufigkeit zum Thema Wald pro Jahr und Zeitung*

Die Welt publiziert mit durchschnittlich 32,8 Artikeln im Jahr die geringste Anzahl waldbezogener Veröffentlichungen. In der Frankfurter Rundschau erscheinen dagegen durchschnittlich 254,2 Artikel pro Jahr über den Wald. Der Gesamtanteil der Beiträge aus der Frankfurter Rundschau im Verlauf der fünf Jahre beträgt 51%, damit wird die absolute Menge aller untersuchten Berichte zur Hälfte von Artikeln aus dieser Zeitung bestimmt. Der Anteil der einzelnen Zeitungen an der Gesamtartikelzahl pro Jahr ist in jedem der untersuchten fünf Jahre ähnlich. Die in der Abbildung zu erkennende Zunahme der Artikelanzahl der Frankfurter Rundschau resultiert aus der veränderten Erhebungsmethode in den Jahren 1997 und 1998. Auf der CD-Rom der FR wurden auch Kurznachrichten archiviert, die im Papier-Archiv nicht abgelegt wurden. Unterschiede inhaltlicher Art, die sich auf die folgenden empirischen Auswertungen auswirken, ergeben sich jedoch nicht, wie in jeder Einzelerhebung getestet wurde.

Abbildung 4.2-2 zeigt die Anzahl der Artikel zum Thema Wald im Jahresverlauf, jeweils für die einzelnen Zeitungen und insgesamt. Die Gesamtanzahl im Monat unterliegt starken Schwankungen Im Durchschnitt werden über den Zeitraum der fünf Jahre hinweg 41,5 Artikel pro Monat mit dem Thema Wald in den vier überregionalen Tageszeitungen veröffentlicht. Im Februar 1996 erschienen mit 16 Berichten die wenigsten Waldthemen in den

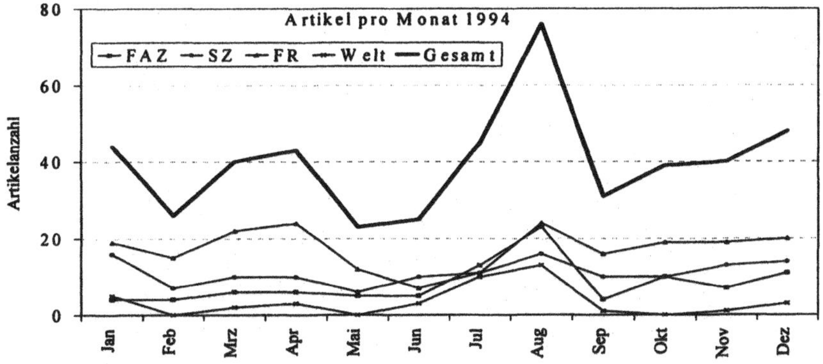
Artikel pro Monat 1994
FAZ
SZ
FR
Welt
Gesamt
Artikelanzahl
0
20
40
60
80
Jan
Feb
Mrz
Apr
Mai
Jun
Jul
Aug
Sep
Okt
Nov
Dez

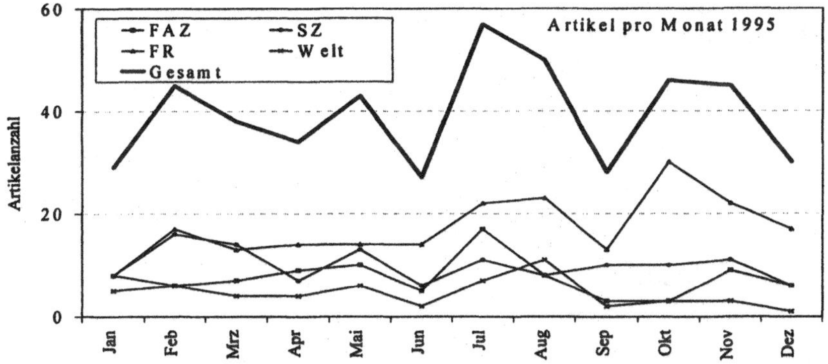
Artikel pro Monat 1995
FAZ
SZ
FR
Welt
Gesamt
Artikelanzahl
0
20
40
60
Jan
Feb
Mrz
Apr
Mai
Jun
Jul
Aug
Sep
Okt
Nov
Dez

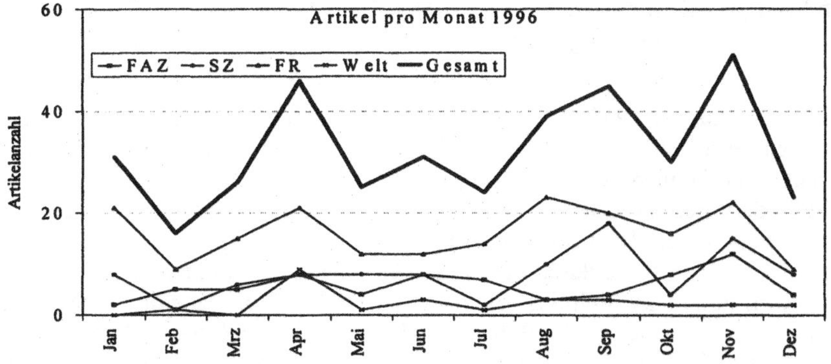
Artikel pro Monat 1996
FAZ
SZ
FR
Welt
Gesamt
Artikelanzahl
0
20
40
60
Jan
Feb
Mrz
Apr
Mai
Jun
Jul
Aug
Sep
Okt
Nov
Dez

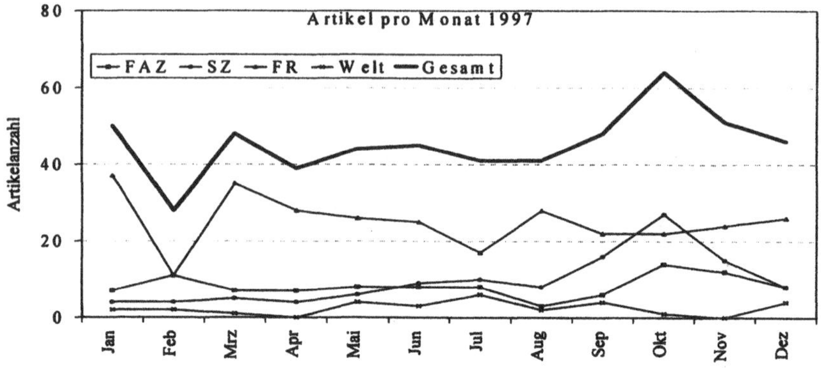

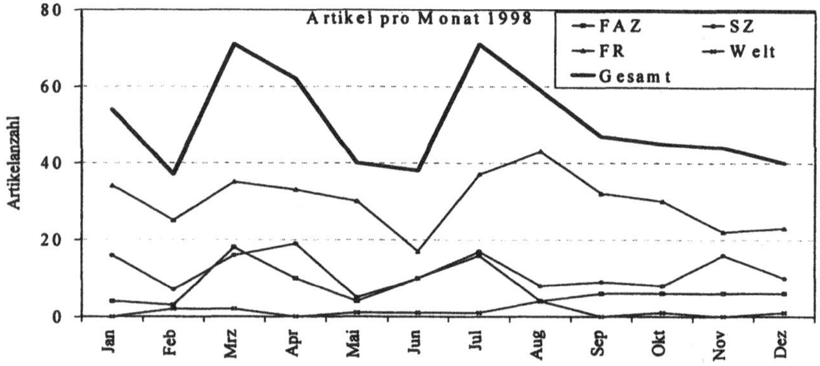

Abbildung 4.2-2: *Artikelhäufigkeit im Jahresverlauf getrennt nach Zeitungen und insgesamt*

Medien, im August 1994 mit 76 die meisten Artikel zum Thema Wald. In den einzelnen Jahren sind wiederkehrende Regelmäßigkeiten in der Anzahl der Artikel nicht zu erkennen, d.h. keine Jahreszeit zeichnet sich durchgehend durch eine besonders geringe oder hohe Anzahl von Veröffentlichungen aus. Es sind damit weder Parallelen zum forstwirtschaftlichen Jahresverlauf zu erkennen, dessen Hauptaktivitäten durch die Holzernte besonderes im Herbst oder Winter stattfinden, noch lässt sich das Thema Wald eindeutig als "Sommerloch"thema einstufen. Zwar steigen in den Jahren 1994, 1995 und 1998 die Veröffentlichungen in Juli und August an, dies resultiert jedoch aus der Vielzahl von Artikeln, die die zu dieser Jahreszeit gehäuft auftretenden Waldbrände auf der Nordhalbkugel zum Thema haben.

4.2.1.2 Art der Darstellung

Das publizistische Erscheinungsbild eines Geschehens beruht neben den Aspekten der dargestellten Realität und den Kriterien der Nachrichtenauswahl auch auf der Art der Realitätsdarstellung also der Gestaltung von Beiträgen. „Wie" Waldereignisse in den Medien präsentiert werden, ist Gegenstand dieses Unterkapitels. Hinsichtlich der Darstellung lassen sich zwei Stilformen, die Nachrichten- und die Meinungsform unterscheiden. Nachrichtenformen dienen der neutralen und nüchternen Darstellung des Gegenstands der Berichterstattung. Folglich soll die individuelle Sichtweise der Journalisten so weit wie möglich zurücktreten. Der Zweck der Meinungsform hingegen ist es, eine subjektive Bewertung des Geschehenen vorzunehmen, in der auch individuelle Sichtweisen der Journalisten im Vordergrund stehen können. Zu den Nachrichtenformen gehören Kurznachrichten, Berichte und Ankündigungen, zu den Meinungsformen Kritik und Kommentar. Reportagen, Interviews und Leserbriefe sind nicht eindeutig zuzuordnen, da hier Journalistenmeinungen zwar zulässig, aber kein eindeutiges Stilmittel sind, oder aber sie hauptsächlich auf den Meinungen Dritter basieren. Klassifiziert nach diesen Stilformen, zeigt Tabelle 4.2-1, dass es sich in über dreiviertel der Beiträge um Nachrichtenformen handelt.

Tabelle 4.2-1: *Häufigkeit unterschiedlicher Stilformen der Berichterstattung in Zeitungsartikeln*

Stilformen der Berichterstattung	Absolut	in Prozent
Nachrichtenform	**1839**	**76,0**
Bericht	1383	55,5
Kurznachricht	460	18,5
Ankündigung	50	2,0
Meinungsform	**114**	**5,6**
Kritik	11	0,4
Kommentar	103	4,1
Andere	**484**	**19,4**
Reportage	322	12,9
Leserbrief	137	5,5
Interview	25	1,0
	2492	**100**

Der deutliche Überhang der Berichterstattung in Nachrichtenform, in der keine Meinungsäußerung der Journalisten vorgesehen ist, bestätigt den Befund anderer

Studien (vgl. Bearns 1987, S.152f. und Gerhards 1993, S.166). Das Stilmittel der eigenen Meinungsäußerung der Journalisten wird nur in 5,6% aller Artikel genutzt. Leserbriefe zeigen die geplante Einbringung von Meinungsäußerungen anderer Akteure. Dass der Wald eine solche Flut von Leserbriefen verursacht, liegt hauptsächlich in der Betroffenheit der Bevölkerung begründet. Zum Thema Wald hat nahezu jeder Bürger seine eigenen Erfahrungen oder fühlt sich durch Waldprobleme persönlich berührt. Durch einzelne Leserbriefe ist sicherlich noch kein Einfluss auf die politische Agenda zu erwarten, dennoch haben sie in ihrer Gesamtheit Gewicht; sie sind Teil der öffentlichen Meinung und werden als solche zur Kenntnis genommen. Zu den Interviews werden zumeist prominentere Personen herangezogen. Aus den Ergebnissen geht hervor, dass die Tageszeitungen in der Regel Vermittler von Informationen anderer Akteure sind und weniger Produzenten von eigenständigen Informationen und Kommentaren. Die „Gatekeeper-Funktion“ der Medien beschränkt sich damit mehr auf die Selektion als auf die inhaltliche Gestaltung und Deutung von Nachrichten. Die Dominanz der einfachen Berichterstattung hat auch Implikationen auf die Frage nach den, in den Tageszeitungen übermittelten, Informationen. Die Berichterstattung in den Medien ist in erster Linie ein „Statement-Journalismus“, weniger ein kommentierender Deutungsjournalismus (Gerhards 1993, S. 166). Als Produzenten von Nachrichten dienen, wie im folgenden Kapitel beschrieben, in erster Linie die Akteursgemeinschaften außerhalb der Medien. Zum Teil wenden sich die Akteure direkt an die Medien, zum Teil werden sie über die Nachrichtenagenturen an die Zeitungen vermittelt. Für die Waldartikel spielen Nachrichtenagenturen keine große Rolle, nur 15,7% aller Beiträge sind Agenturberichte.

4.2.2 Faktoren der Waldberichterstattung mit Einfluss auf die politische Position von Sektoren

Akteure können die veröffentlichte Meinung durch Kommunikationshandlungen in den Medien mitgestalten und damit auf den politischen Prozess Einfluss nehmen. Durch einen direkten oder indirekten Wortbeitrag in den Artikeln bringen sie ihre Deutungsmuster zum Ausdruck. Das geschieht durch die Darstellung von Akteuren in bestimmten Interessenpositionen, durch die Benennung von Instrumenten, die zur Problemlösung beitragen sollen und durch die Verwendung spezifischer kollektiver Symbole.

4.2.2.1 Problemdefinierer

In den Artikeln der überregionalen Zeitungen, die eine Waldproblematik thematisieren, melden sich Akteure unterschiedlicher Akteursgemeinschaften zu Wort. Problemdefinierer sind all diejenigen, die in den Medien direkt oder indirekt eine Aussage zum Waldproblem treffen. Viele Akteure nutzen die Möglichkeit, als Problemdefinierer die eigene Rollendarstellung und die der zugehörigen kollektiven Gruppe selbst zu bestimmen und andere Akteure zu beeinflussen. Unabhängig vom Wahrheitsgehalt oder Gewicht der Aussage spielen Akteure als Problemdefinierer bei der medialen Aufbereitung von Themen eine entscheidende Rolle, denn ihre Deutungsmuster prägen die öffentliche Debatte.

Wie aus Tabelle 4.2-2 hervorgeht, definieren in einem Viertel aller Aussagen Akteure aus dem Forstbereich die Waldproblematik. Der Hauptanteil resultiert aus Kommunikationsaktionen von Akteuren der Forstverwaltungen. Insbesondere Forstamtsleiter oder Revierförster nehmen, als Teil der Forstverwaltung, in der medialen Öffentlichkeit zu den Problemen des Waldes und den dazu in Beziehung stehenden Gruppen Stellung. Forstamtsleiter und Revierbeamte sind einem regionalen Kreis zuzuordnen, in dem sie beruflich im Wald agieren und für den sie auch in den Medien Aussagen treffen. Problemdarstellungen von überregionaler Bedeutung werden von diesen Akteuren nur in Ausnahmefällen getroffen. Gleiches gilt für die nicht näher definierten forstlichen Akteure, bei denen es sich meistens ebenfalls um Akteure der Forstverwaltung handelt. Dies ist aber auf der Grundlage des Textes nicht eindeutig zu belegen. Trotz des nationalen Verbreitungsgebiets der ausgewählten Tageszeitungen werden von den forstlichen Akteuren insbesondere regionale Waldthemen angesprochen.

Akteure aus dem Sektor Naturschutz treten nur in 16% aller Fälle als Problemdefinierer auf. Sie haben oder nutzen damit sehr viel seltener die Möglichkeit, die eigenen Deutungsmuster über die Medien an die Öffentlichkeit zu bringen. Insbesondere bei Verwaltung, Politik und Wissenschaft sind deutliche Unterschiede in der Häufigkeit von Kommunikationsäußerungen zwischen dem Forst- und Naturschutzsektor zu erkennen. Ein Grund für die bessere Position der Forstakteure kann, zumindest in Verwaltung und Wissenschaft, in der Größe der Akteursgemeinschaft liegen. Durch die Forstämter und Revierförstereien gibt es weit mehr Akteure in der Forstverwaltung als in der Naturschutzverwaltung (Statistisches Bundesamt 2002). In der Wissenschaft entsteht allein durch die deutschen forstlichen Universitäten und Fachhochschulen eine große Akteursgemeinschaft. Dahingegen ist der Naturschutz als eigener Wissenschaftsbereich relativ neu, wenig etabliert und zumeist an andere Fachbereiche angegliedert. Hinzu kommt, dass die Akteure aus dem Forstsektor ihr gesamtes Interesse auf den Wald richten, Naturschutzakteure im Wald hingegen nur ein Betätigungsfeld unter vielen sehen.

In den Akteursgemeinschaften der Verbände ist die Position des Naturschutzsektors weit stärker als die des Forstsektors. Zwar kann auch dieses Ergebnis aus der Größe der Akteursgemeinschaften resultieren, dennoch bleibt auch hier zu berücksichtigen, dass der Wald für die Naturschutzverbände nicht das einzige Aufgabengebiet darstellt.

Tabelle 4.2-2: *Häufigkeit von Problemdefinierern*

Akteure	Absolut	In Prozent
Forst	**753**	**25,7**
Forstverwaltung	411	14,0
Forstpolitik	143	4,9
Forstverbände	66	2,2
Forstwissenschaft	69	2,4
Nicht näher definierte Forstakteure	64	2,2
Naturschutz	**480**	**16,4**
Naturschutzverwaltung	83	2,8
Naturschutzpolitik	61	2,1
Naturschutzverbände	331	11,3
Naturschutzwissenschaft	5	0,2
Politik	**327**	**11,1**
Medien	**689**	**23,5**
Wirtschaft	**25**	**0,9**
Sonstige	**661**	**22,5**
	2935	**100**

Eine Erklärung für die erfolgreiche Positionierung der Naturschutzverbände in den Medien kann der Professionalisierungsgrad der geleisteten Öffentlichkeitsarbeit bieten (s. Kapitel 4.2.4.1). Zwar sind sich auch die Forstverbände der großen Bedeutung der Öffentlichkeitsarbeit bewusst, führen diese jedoch aus Ressourcenmangel eigenständig, ohne Expertenhilfe, durch und erzielen damit nicht die erhoffte große Breitenwirkung (Krott 2001, S. 67).

Die Interessen der Akteure politischer Parteien sind vornehmlich auf die Wahlergebnisse gerichtet. Diesbezüglich ist die Bedeutung der Waldthematik zum Analysezeitpunkt als eher unbedeutend einzustufen. Die Waldthematik unterliegt mit der gesamten Umweltthematik konjunkturellen Schwankungen im öffentlichen Diskurs. Mit dem Fall der Mauer 1989 wurde das Thema Umwelt von der Top-Position des öffentlichen Diskurses verdrängt. In der Folgezeit wurden zwar vereinzelt Themen, deren Gegenstand in erster Linie Umweltkatastrophen waren, diskutiert, jedoch kann seitdem mit Umweltthemen und damit auch mit Waldthemen keine wirksame Politik betrieben oder Wahlen gewonnen werden (Kuckartz 1995, 76). Dennoch ist eine relativ große Beteiligung der politischen Parteien an der Waldproblematik in den Medien zu erkennen. Der entscheidende Faktor zur Erklärung der großen Häufigkeit der Repräsentanz ist einerseits, wie auch bei den Umweltverbänden, in der professionellen Öffentlichkeitsarbeit zu sehen (s. Kapitel 4.2.4.1). Zum anderen sind politische Parteien Teil des Zentrums des politischen Systems und haben damit einen Vorteil in der Erreichung der medialen Aufmerksamkeit. Wenn das Thema Wald von großem öffentlichen Interesse ist, steht zu erwarten, dass der Anteil der politischen Parteien an den Sprechäußerungen überproportional steigt, wie es Ergebnisse anderer Studien zeigen (Weßler 1999; Gerhards/Neidhardt/Rucht 1998). Themen, die von den politischen Parteien in der Waldberichterstattung angesprochenen werden, sind sowohl von lokaler, als auch von landes- oder bundesweiter Bedeutung, da es sich bei den politischen Akteuren um Vertreter auf lokaler, regionaler, Landes- aber auch Bundesebene handelt.

Medien als bedeutender Problemdefinierer sind keine Besonderheit der Waldthematik, sondern Konsequenz der Berichterstattung. Obwohl es sich, wie in Kapitel 4.2.2.1 beschrieben, bei den Tageszeitungen in erster Linie um Vermittler und nicht um Produzenten von Informationen handelt, geben Journalisten häufig einen Einstieg in die Thematik, bevor die initiierenden Akteure der Nachricht zu Wort kommen. Des Weiteren treten die Medien als Problemdefinierer auf, wenn andere Medien zitiert werden. Eigene Deutungsmuster der Journalisten zur Waldproblematik lassen sich hingegen nur finden, wenn die Medien Problemdefinierer in Artikeln, in Form von Kommentar oder Kritik, teilweise auch in den Reportagen, sind. Den Anteil der Medien an der Problemdefinition gilt es dennoch nicht zu unterschätzen, denn auch die einfache Wiederholung der Deutungsmuster eines anderen Akteurs bietet die Möglichkeit, diese Problemsicht und damit auch die Position des Akteurs zu unterstützen.

Die geringe Anzahl von Kommunikationsaktionen von Seiten der Wirtschaft zum Thema Wald in den Medien spiegelt die geringe ökonomische Bedeutung des Waldes in Deutschland wieder. Die sich in der Waldproblematik zu Wort meldenden Wirtschaftsakteure sind in erster Linie im Bereich der Holzverarbeitung anzusiedeln. Diese sind zumeist von der Zertifizierungsproblematik betroffen und melden sich in diesem Waldkontext zu Wort. Akteure aus anderen Wirtschaftszweigen stellen im medialen Walddiskurs eher die Ausnahme dar.

Zu den sonstigen Akteuren, die als Problemdefinierer in den Zeitungen auftreten, zählen Akteure aus Verwaltung, Verbänden und Wissenschaft, die nicht eindeutig dem Forst- oder Naturschutzsektor zuzuordnen sind. Zudem melden sich, insbesondere in den Leserbriefen, eine Vielzahl von Einzelpersonen zu Wort, die ebenfalls den sonstigen Akteuren zugerechnet werden.

Insgesamt dominieren Akteure aus dem Sektor Forstwirtschaft die Rolle des Problemdefinierers in den Artikeln zum Thema Wald in den überregionalen Tageszeitungen. Der Sektor befindet sich dadurch in einer guten Ausgangslage, um die eigene Position im politischen Prozess zu stärken. Hinsichtlich der Häufigkeit ihrer Sprechäußerungen in den Medien kommen den Verbänden, der Verwaltung und den politischen Parteien in den Sektoren Forst und Naturschutz unterschiedliche Bedeutungen zu. Der Forstsektor wird hauptsächlich repräsentiert von der Verwaltung, der Naturschutzsektor hingegen durch Verbände. Die Medien, aber auch die politischen Parteien, tragen mit Problemdeutungen ebenfalls zum veröffentlichten Waldbild bei.

4.2.2.2 Problemopfer

Die Rolle des Problemopfers ist von zwei Seiten zu sehen. Einerseits kann die Opferrolle einen moralischen, d.h. legitimatorischen Vorteil bringen. Andererseits kann sie als Zeichen von Machtlosigkeit gelten und das Unvermögen zeigen, die Situation zu ändern, die Grund für die Belastungen des Opfers ist (Hütte 1999, S. 43).

Insgesamt sind 2662 Aussagen zu Akteuren in Opferpositionen in den Artikeln zur Waldproblematik zu verzeichnen. Zum Teil wird in den Kommunikationshandlungen mehr als ein Akteur als Opfer angesprochen. In 592 Fällen sind keine Aussagen zu dieser Interessenposition getroffen worden. Tabelle 4.2-3 zeigt, dass in mehr als drei Viertel (76,5%) aller Aussagen die Natur als Opfer benannt wird. Dieses Ergebnis ist in der Thematik der Waldprobleme nicht überraschend. Der Wald ist ein Symbol für die Natur, die in der Berichterstattung nicht direkt mit den Belangen der Akteure verknüpft wird. Um Probleme zu lösen bedarf es aber der Handlungsbereitschaft von Akteuren, diese ist vornehmlich zu erreichen, wenn eigene Interessen betroffen sind. Wird die Natur als Opfer gesehen und die damit auftretenden Probleme nicht auch als Problem der Akteure dargestellt, kommt es zur Entpolitisierung der Thematik. Das Problem wird in diesen Fällen zwar wahrgenommen und als negativ bewertet, aber nur in wenigen Fällen kommt es zu Handlungen, die zur Änderung der Situation beitragen. Nur in 97 Fällen (3,6%) wird die Gesellschaft als Opfer dargestellt und dem Waldproblem damit eine Tragweite beigemessen, die politisches Handeln erfordert.

Tabelle 4.2-3: *Problemopfer in der Waldberichterstattung*

Akteure	Absolut	In Prozent
Forst	**148**	**5,5**
Forstverwaltung	41	1,5
Forstpolitik	1	0
Forstverbände	21	0,8
Forstwissenschaft	0	0
Nicht näher definierte Forstakteure	85	3,2
Naturschutz	**6**	**0,2**
Naturschutzverwaltung	1	0
Naturschutzpolitik	0	0
Naturschutzverbände	5	0,2
Naturschutzwissenschaft	0	0
Politik	**10**	**0,4**
Medien	**0**	**0**
Wirtschaft	**7**	**0,3**
Gesellschaft	**97**	**3,6**
Natur	**2036**	**76,5**
Sonstige	**358**	**13,4**
Keine	**592**	**-**
Summe (ohne „Keine“)	**2662**	**100**

Die Ergebnisse zeigen deutliche Unterschiede bezüglich der Rolle des Opfers im Sektor Forst und im Sektor Naturschutz. Die Akteure aus dem Sektor Naturschutz, wie auch die Akteure aus Politik und Medien, werden in einer zu vernachlässigenden Größenordnung als Opfer der Waldprobleme dargestellt. Hingegen wird den Akteuren des Sektors Forst relativ häufig die Interessenposition des Betroffenen zugeschrieben. Durch wen das geschieht, kann eine Überprüfung der Problemdefinierer zeigen (Tabelle 4.2-4). In zwei Drittel aller Fälle sind es die Forstakteure selbst, die sich als Opfer der Waldprobleme sehen, und dies auch in den Zeitungen verbreiten. Doch auch die Medien sehen forstliche Akteure als von den Waldproblemen negativ Betroffene an. Die Selbst-Darstellung forstliche Akteure in der Opferrolle kann dazu beitragen, dass ihnen Kompetenzen zur Problemlösung abgesprochen werden, da sie sich selbst nicht aus dieser Rolle befreien. Die beschriebene Betroffenheit bezieht sich häufig auf monetäre Probleme. So beklagen sich beispielsweise die Privatwaldbesitzer bei einem Außentermin mit der damaligen Bundesumweltministerin Merkel über die zunehmende Einflussnahme der Behörden: „(...) Ich wirtschafte, ich will Gewinn erzielen – wenn nicht, dann fall' ich raus.' Doch immer wieder werde eine alte Eiche, die mehr als 10 000 DM wert sein könne, zu einem Naturdenkmal umgewidmet, ohne dass es dafür einen Ausgleich gebe. Auch werde von oben zunehmend vorgeschrieben, wo und wie ein Weg gebaut werden dürfe, dabei kenne er seinen Wald besser als andere. (...)" (FAZ, 19.08.1995). Auf der anderen Seite zeigt die Betroffenheit forstlicher Akteure in der Waldproblematik die enge Verbundenheit mit dem Wald: „(...)Der seit Jahren unbefriedigende Holzabsatz müsse belebt werden, damit der Wald seine vielfältigen Leistungen auch in Zukunft erbringen könnte, sagte der parlamentarische Staatssekretär im Landwirtschaftsministerium, Wolfgang Gröbl, am Dienstag in Bonn. (...) Ein bewirtschafteter Wald könne mehr Kohlendioxid binden, als bei seiner Nutzung freigesetzt werde. (...) Trotzdem sei die Ertragslage der Forstbetriebe angespannt. (...)" (FAZ, 09.08.95).

Tabelle 4.2-4: *Problemopfer Forst und seine Definierer (N=148)*

	Problemdefinierer					
Akteure als Opfer	**Forst**	**Natur-schutz**	**Politik**	**Me-dien**	**Wirt-schaft**	**Sonsti-ge**
Forst						
Forstverwaltung	26	2	3	5	0	5
Forstpolitik	1	0	0	0	0	0
Forstverbände	18	0	1	1	0	1
Forstwissenschaft	0	0	0	0	0	0
Nicht näher definierte Förster	53	4	5	12	0	11
Summe	**98**	**6**	**9**	**18**	**0**	**17**
In Prozent	**66,2**	**4,1**	**6,1**	**12,2**	**0**	**11,5**

Die Darstellung als Problemopfer kann nicht eindeutig zu einer Verbesserung oder Verschlechterung der politischen Position beitragen. Dem Naturschutzsektor werden in den Medien keine Betroffeneninteressen unterstellt. Der Forstsektor hingegen präsentiert sich häufig selbst als Opfer und setzt sich damit der Gefahr aus, nicht problemlösungskompetent zu erscheinen.

4.2.2.3 Problemverursacher

Die Rolle des Problemverursachers ist negativ besetzt, sie schadet dem Ruf und bedeutet, dass aus der Sicht der anderen Diskursteilnehmer Änderungsbedarf vorliegt, der in der Regel den Interessen des Verursachers zuwiderläuft (Hütte 1999, S. 43). Die Akteure werden daher versuchen, möglichst selten als Verursacher dargestellt zu werden. Auch kann die Interessenposition des Verursachers von anderen dazu genutzt werden, bestimmte Akteure in Misskredit zu bringen.

Wie Tabelle 4.2-5 zeigt, gibt es 2563 Akteursnennungen in der Interessenposition des Verursachers. In 913 von 2935, d.h. in einem Drittel aller Fälle, wird die Verursacherrolle nicht angesprochen. Dies Ergebnis zeigt zum einen, dass viele Problemdefinierer in ihren Kommunikationshandlungen häufig keinem Akteur Verursacherinteressen zuschreiben. Zum anderen wird deutlich, dass Akteure, die eine Aussage zu den Verursachern treffen, mehrere Akteursgemeinschaften in dieser Position darstellen. Die große Anzahl der Verursacher in der Kategorie „Sonstige" resultiert aus der Vielzahl von Einzelpersonen, die als Problemverursacher im Wald gesehen werden. Ein Großteil der genannten Einzelpersonen wird für Waldbrände, die sie vorsätzlich oder auch ungeplant initiiert haben, verantwortlich gemacht. Des Weiteren wird deutlich, dass die Natur selbst häufig als Verursacher des Waldproblems gesehen wird. Dies schließt insbesondere den Schädlingsbefall und die Auswirkungen bestimmter Witterungsverhältnisse ein. Auch diese Aussagen helfen nicht, den politischen Prozess zur Lösung der Waldprobleme in Gang zu setzen oder zu beschleunigen. Denn wenn die Natur selbst Verursacher ihrer eigenen Probleme ist, bleibt der Handlungsbedarf eingeschränkt. Dagegen ist die Benennung der Gesellschaft als Verursacher wirkungsvoller, um politisches Handeln zu forcieren. Zu den bekannten Problemen, die die Gesellschaft als Verursacher hinstellen, zählt die Produktion von Autoabgasen. Nach der Waldsterbensdebatte der 80er Jahre wurde zur Verminderung des Schadstoffausstoßes im Straßenverkehr die Katalysatorregelung für das Auto eingeführt. Doch auch die Benennung der Gesellschaft in der Interessenposition des Verursachers führt nicht eindeutig zur Handlungsbereitschaft in Bezug auf die Lösung der Probleme. Einerseits kann es für die, in die Rolle des Verursachers gedrängte Bevölkerung schwierig sein, gleichzeitig Helferinteressen wahrzunehmen bzw. das Problem als solches anzuerkennen. Zum anderen ist "die Gesellschaft" als Verursacher nicht konkret genug, um politische Reaktionen hervorzurufen.

Einen ähnlich großen Anteil wie die Gesellschaft haben in der Nennung als Verursacher Forstakteure und die Wirtschaft. Letztere tragen einerseits durch Luftschadstoffe, andererseits aber auch durch intensive Holwirtschaft, bzw. Raubbau, oder in der Rodung von Waldflächen für Industriebauten zum Waldproblem bei.

Unter den Forstakteuren sind es insbesondere die Forstverwaltungen, aber auch die Akteure aus der Forstpolitik, bzw. die nicht näher definierten Forstakteure, denen die Interessenposition des Verursachers zugeschrieben wird. Definiert werden die Forstakteure insbesondere von den Naturschutzakteuren (Tabelle 4.2-6). Diese beschuldigen zumeist nicht bestimmte Akteursgemeinschaften, sondern benennen allgemein den Forstsektor als Ursache für die Waldprobleme. In 68 der angegebenen 78 Fälle, in denen Akteure aus dem Sektor Naturschutz Forstakteure als Verursacher darstellen, sind die Definierer Akteure der Naturschutzverbände. Sie bemängeln falsche Aufforstungen, den Einsatz von Kalkungen und Insektiziden gegen Forstschädlinge und den Einsatz neuer Technologien im Ernteverfahren, z. B.: „(...) Die Organisation (NABU) möchte, dass die deutschen Förster endlich Abschied von dem nehmen, was Wälder heute immer noch sind: artenarm, in Monokulturen gepflanzt und damit anfällig für Krankheiten, Sturm und Luftschadstoffe, per Kahlschlag mit tonnenschweren Maschinen geerntet." (Frankfurter Rundschau, 19.12.1996).

Akteure aus der Naturschutzverwaltung und aus der Naturschutzpolitik hingegen sind bezüglich der Schadenszuweisung an die Forstwirtschaft zurückhaltend. In der Kategorie „Sonstige" finden sich ebenfalls viele Akteure, die dem Forstsektor eine Mitschuld an den Waldproblemen geben. Hierbei handelt es sich unter anderem um Spaziergänger, die die Erholungsfunktion des Waldes durch forstliche Arbeiten eingeschränkt sehen. Doch die Kritik am Forstsektor wird nicht nur von anderen Sektoren ausgeübt, auch Akteure aus der Forstverwaltung selbst stellen die eigene Akteursgemeinschaft als Verursacher dar. Diese Form der Eigenkritik resultiert aus den Konflikten, die zwischen den Akteuren des Forstsektors bestehen (Mann 1998), insbesondere aber aus der im Untersuchungszeitraum durchgeführten Strukturreform in der hessischen Staatsforstverwaltung, die starke Umstrukturierungen zur Folge hatte. Auf Grund der Reform mussten sich die Revier- und Forstamtsleiter häufig auf ein anderes Arbeitsgebiet einlassen, bzw. eine größere Waldfläche betreuen. Das ist ihrer Meinung nach zum Schaden des Waldes, da keine gründliche Pflege mehr möglich sei: „(...)Der Stadtwald bekomme jetzt wieder eine ordnende Hand, das ‚Hin und Her' im Zusammenhang mit der jüngsten Forststrukturreform, sagt der für das Kronberger Revier verantwortliche Königsteiner Forstamtsleiter Ralf Heitmann, habe endlich ein Ende. Zwar denken Forstleute bei ihrer Arbeitsplanung in langfristigen zeitlichen Dimensionen, doch in den 14 Monaten ohne Vollzeit-Förster ist bereits einiges im Wald liegengeblieben." (Frankfurter Rundschau 12.03.97). Die anderen Probleme, in denen sich die Forstverwaltung selbst als Verursacher benennt, sind auf lokaler Ebene anzusiedeln. In diesen Fällen bestätigen die Akteure, dass sie Probleme, wie z.B. Bodenschäden durch Holzernte, verursacht haben bzw. stellen Kollegen anderer Forstämter oder die Waldbaumethoden ehemaliger Forstbeamter in Frage. Auch die politischen Akteure, die die Forstpolitik als Verursacher der Waldprobleme beschreiben, beziehen sich inhaltlich auf die Strukturreform. Die politischen Akteure sind sowohl auf der Ebene der Landespolitik, als auch in der Gemeindepolitik anzusiedeln. Auf Ortsebene wird in erster Linie die Verschlechterung der Betreuung der Kommunalwälder als Resultat der Umstrukturierung befürchtet. „Zum gleichen Thema formulierte der Fraktionssprecher der Grünen im Landtag, Manfred Fleischer, in einer Erklärung: ‚Der Borkenkäfer ist schlimm für den Wald, Forstminister Bocklets Reform ist im Vergleich dazu die Hölle'." (Süddeutsche Zeitung, 21.04.1995).

Tabelle 4.2.5: *Problemverursacher in der Waldberichterstattung*

Akteure	Absolut	In Prozent
Forst	**295**	**11,4**
Forstverwaltung	98	3,8
Forstpolitik	69	2,7
Forstverbände	6	0,2
Forstwissenschaft	8	0,3
Nicht näher definierte Forstakteure	114	4,4
Naturschutz	**84**	**3,3**
Naturschutzverwaltung	31	1,2
Naturschutzpolitik	20	0,8
Naturschutzverbände	33	1,3
Naturschutzwissenschaft	0	0
Politik	**276**	**10,8**
Medien	**9**	**0,4**
Wirtschaft	**296**	**11,5**
Gesellschaft	**331**	**12,9**
Natur	**596**	**23,3**
Sonstige	**676**	**26,4**
Keine	**913**	-
Summe (ohne „Keine")	**2563**	**100**

Wie Tabelle 4.2-6 zeigt, sehen auch die Medien die Akteure aus dem Forstsektor als Verursacher der Waldprobleme. Diese Fälle sind keinem bestimmten Problemgebiet zuzuordnen, sondern beschäftigen sich mit Einzelereignissen, in denen die Forstverwaltungen, aber auch die Forstpolitik bzw. die nicht näher definierten forstlichen Akteure als Verursacher der Waldproblem beschrieben werden.

Tabelle 4.2-6: *Problemverursacher Forst und seine Definierer (N=295)*

	Problemdefinierer					
Akteure als Verursacher	**Forst**	**Naturschutz**	**Politik**	**Medien**	**Wirtschaft**	**Sonstige**
Forst						
Forstverwaltung	24	17	11	16	2	28
Forstpolitik	10	14	24	10	0	11
Forstverbände	0	2	1	0	0	3
Forstwissenschaft	1	2	0	2	0	3
Nicht näher definierte	17	43	7	19	1	27
Summe	**52**	**78**	**43**	**47**	**3**	**72**
In Prozent	**17,6**	**26,4**	**14,6**	**15,9**	**1,0**	**24,4**

Der Sektor Naturschutz wird im Gegensatz zum Forstsektor nur in 3,3% aller Fälle als Verursacher der Waldprobleme dargestellt. Damit werden die Akteure des Forstsektors mehr als dreieinhalb-mal häufiger in der politisch negativen Interessenposition des Verursachers präsentiert. Im Gegensatz zum Sektor Forst finden im Naturschutzsektor auch die Verbände Erwähnung als Verursacher, was insbesondere aus den Nennungen forstlicher Akteure resultiert (Tabelle 4.2-7). Die Arbeitsgemeinschaft Deutscher Waldbesitzerverbände und der Deutsche Forstverein sind vornehmliche Kritiker der Naturschutzverbände, da sie ihre eigenen, zumeist wirtschaftlichen Interessen am Wald durch diese beschnitten sehen: „Stimmung gegen den FSC macht die Arbeitsgemeinschaft deutscher Waldbesitzerverbände (AGDW). Die Zertifizierung sei ‚lediglich ein Einflussinstrument der beteiligten Umweltorganisationen' und eine ‚zusätzliche naturschutzrechtliche Veradministrierung der Forstwirtschaft'." (Frankfurter Rundschau 24.02.1998). Die Kritik an der Naturschutzpolitik wird hingegen insbesondere durch verschiedene Verbände des eigenen Sektors geäußert, die sich gegen den vom Umweltdezernenten befürworteten Einsatz von Dimilin gegen Waldschädlinge im Frankfurter Stadtwald aussprechen. Politik und Medien schreiben Akteuren aus dem Sektor Naturschutz, im Gegensatz zu den Akteuren aus dem Forstssektor, nur in wenigen Fällen Verursacherinteressen an den

Waldproblemen zu. Obwohl von entgegengesetzten Interessen von Wirtschaft und Naturschutz ausgegangen werden kann, beschreibt die Wirtschaft Naturschutzakteure nicht als Verursacher von Waldproblemen.

Die Häufigkeitsverteilung von Akteuren in der Interessenposition des Verursachers kann zu einer Schwächung der politischen Position des Sektors Forstwirtschaft führen und damit gleichzeitig die Position des Sektors Naturschutz stärken.

Tabelle 4.2-7: *Problemverursacher Naturschutz und seine Definierer (N=84)*

	Problemdefinierer					
Akteure als Verursacher	**Forst**	**Naturschutz**	**Politik**	**Medien**	**Wirtschaft**	**Sonstige**
Naturschutz						
Naturschutzverwaltung	5	0	3	4	0	19
Naturschutzpolitik	2	9	4	3	0	2
Naturschutzverbände	12	3	2	7	0	9
Summe	**19**	**12**	**9**	**14**	**0**	**30**
In Prozent	**22,6**	**14,3**	**10,7**	**16,6**	**0**	**35,7**

4.2.2.4 Problemhelfer

Die Rolle des Problemhelfers bietet den Akteuren die Möglichkeit, sich in der Öffentlichkeit kompetent zu zeigen, indem sie Lösungen für die Waldprobleme anbieten. Dies kann Vertrauen und Akzeptanz und damit auch Legitimation durch die Öffentlichkeit bedeuten. Diese positiven Effekte führen dazu, dass sich viele Akteure in der Helferrolle darstellen möchten. Die Problemhelfer können unterschieden werden in Helfer und Löser. Erstere bieten eine Lösung für ein Problem an, letztere haben bereits mit ihren Ideen oder ihrem Einsatz zur Lösung des Problems beigetragen. In Tabelle 4.2-8 sind beide Gruppen zusammen aufgeführt. Die Ergebnisse zeigen, dass insbesondere forstliche Akteure als Problemhelfer der Waldprobleme dargestellt werden. Akteuren aus dem Sektor Naturschutz wird diese Interessenposition weitaus seltener zugeschrieben. Wie schon in den Ergebnissen zu den Problemdefinierern der Waldprobleme zu erkennen ist, liegen die Schwerpunkte in beiden Sektoren auf unterschiedlichen Akteursgemeinschaften. Im Forstsektor wird die Lösung vornehmlich der Verwaltungen zugetraut, dagegen wird im Naturschutzsektor in erster Linie von den Verbänden Unterstützung erwartet. Im Forstsektor sind es zudem die nicht näher definierten forstlichen Akteure und die Akteure der Forstpolitik, die zur Lösungsfindung beitragen. Forstliche Verbände und die Forstwissenschaft werden hingegen selten in der Interessenposition der Helfer gesehen. Der Naturschutzsektor als Problemhelfer wird vollständig dominiert von den Verbänden, Naturschutzpolitik und Naturschutzwissenschaft spielen nur eine untergeordnete Rolle. Die Naturschutzverwaltung wird häufiger als Problemhelfer genannt, die Anzahl ihrer Nennungen ist aber nicht vergleichbar mit der der Aussagen, die für die Forstverwaltung sprechen.

Insgesamt wird in den Zeitungen auch der Politik Problemlösungsfähigkeit in Waldproblemen zugesprochen. Selbst der Natur werden Helferinteressen unterstellt. In diesen Fällen ist zumeist von den Selbstheilungskräften der Natur die Rede. Akteure der Wirtschaft treten meistens als Problemhelfer auf, wenn sie sich aktiv an Aufforstungen beteiligen, beziehungsweise durch Geldspenden Waldprobleme lösen. Die Medien selbst sind nur in zu vernachlässigender Häufigkeit in der Rolle des Problemhelfers benannt. Ausnahmen bilden die Darstellungen der Medien über den Verbrauch recycelten Papiers zum Schutz des Waldes.

Die letzte Spalte in der Tabelle 4.2-8 zeigt die prozentuale Verteilung der Problemdefinierer aus Tabelle 4.2-2. Die korrelierenden Verteilungshäufigkeiten von Problemhelfern und Problemlösern sind deutlich erkennbar. Dieses Resultat deutet bereits darauf hin, dass Problemdefinierer in den meisten Fällen die Chance der Medienöffentlichkeit nutzen, um sich in der Rolle des Problemhelfers darzustellen. Die Ausnahmen bilden die Akteurskategorien „Gesellschaft", „Natur", und „Keine", da diese nicht als Problemdefinierer auftreten können. Auch die Medien bilden eine Ausnahme. Sie definieren zwar in fast einem Viertel aller Fälle die Waldprobleme, zeigen sich selbst aber nicht als Helfer. In ihren Aussagen finden daher andere Akteure in der positiven Interessenposition des Helfers Benennung. Die folgenden beiden Tabellen zeigen detailliert, welche Akteure die einzelnen Akteursgemeinschaften der Sektoren Forstwirtschaft und Naturschutz als Problemhelfer darstellen.

Die aus Tabelle 4.2-8 resultierende Erwartung, dass die Darstellung als Problemhelfer vornehmlich das Ergebnis von Nennungen der Problemdefinierer aus dem eigenen Sektor ist, lässt sich anhand der Ergebnisse der Tabellen 4.2-9 und 4.2.10 bestätigen.

Zwischen 44,7% und 72,4% der Darstellung forstlicher Akteure in der Interessenposition des Problemhelfers gehen auf Eigennennungen zurück, d.h. die forstlichen Akteure nutzen die Chance der Medienöffentlichkeit, um ihre Problemlösungsfähigkeit darzustellen. Aus anderen Sektoren werden die forstlichen Akteure nur selten in der Rolle des Problemhelfers benannt. Des Weiteren zeigen die Ergebnisse, dass die Problemdefinierer sich nicht darauf beschränken, den eigenen Sektor als Helfer aufzuzeigen, sondern dass sie die eigene Akteursgemeinschaft als Helfer präsentieren. Dies ist insbesondere bei den forstlichen Verbänden der Fall, deren mediales Auftreten als Problemhelfer zu 66% aus Eigennennungen hervorgeht. Dass die eigenen Nennungen als Problemhelfer dominieren und gleichzeitig nur wenig andere Akteure genannt werden, ist auch bei Akteuren aus Forstpolitik und Forstverwaltung zu erkennen. Selbst die Darstellung des Problemhelfers Forstwissenschaft resultiert vornehmlich aus Eigennennungen, ist aber im Gegensatz zu den anderen Sektorgruppen weit geringer.

Tabelle 4.2-8: *Problemhelfer in der Waldberichterstattung*

Akteure	Absolut	In Prozent	Problem-definier in % (aus Tab. 4.2-2)
Forst	**930**	**28,6**	**25,7**
Forstverwaltung	534	16,4	14.0
Forstpolitik	126	3,9	4,9
Forstverbände	47	1,4	2,2
Forstwissenschaft	53	1,6	2,4
Nicht näher definierte Forstakteure	170	5,2	2,2
Naturschutz	**641**	**19,7**	**16,4**
Naturschutzverwaltung	138	4,2	2,8
Naturschutzpolitik	54	1,7	2,1
Naturschutzverbände	444	13,7	11,3
Naturschutzwissenschaft	5	0,2	0,2
Politik	**491**	**15,1**	**11,1**
Medien	**30**	**0,9**	**23,5**
Wirtschaft	**80**	**2,5**	**0,9**
Gesellschaft	**20**	**0,6**	/
Natur	**123**	**3,8**	/
Sonstige	**933**	**28,7**	**22,5**
Keine	**661**	-	-
Summe (ohne „Keine“	**3248**	**100**	**100** (von 2935 Fällen)

Dieses Ergebnis bestätigt die Aussagen vorhergehender Studien, nach denen sich Wissenschaftler zwar an der Problemdefinition beteiligen, aber selten eine Lösung zum Problem anbieten und stattdessen weitere Fragen aufwerfen (Krumland 2000, 167ff.).

Durchschnittlich tragen die Medien in 15% aller Fälle zur Nennung forstlicher Akteure als Helfer für die Waldprobleme bei. Damit sehen die Medien forstliche Akteure ebenso häufig in der Rolle des Helfers des Waldes wie in der Rolle des Verursachers von Waldproblemen (siehe Tabelle 4.2-6). In der Darstellung forstlicher Akteure in der Helferposition differenzieren die Medien selten zwischen den einzelnen Akteuren.

Tabelle 4.2-9: *Problemhelfer Forst und ihre Problemdefinierer in % (N= 930)*

		Problemdefinierer														
	Akteure	Forst						Naturschutz								
		Verwaltung	Politik	Verbände	Wissenschaft	Nicht definiert	**Summe Forst**	Verwaltung	Politik	Verbände	**Summe Naturschutz**	Politik	Medien	Wirtschaft	Sonstige	Gesamt
Problemlöser aus dem Forstsektor	Verwaltung	***59,9***	2,6	1,1	0	0,6	**64,2**	2,2	0,6	2,8	**5,6**	6,4	14,2	0	9,6	100
	Politik	4,0	***57,1***	2,4	0,8	0,8	**65,1**	0,8	1,6	4,0	**6,4**	6,3	12,7	0	9,5	100
	Verbände	6,4	0	***66,0***	0	0	**72,4**	0	0	2,1	**2,1**	4,3	10,6	0	10,6	100
	Wissenschaft	7,5	7,5	1,9	***49,1***	1,9	**67,9**	0	1,9	3,8	**5,7**	3,8	15,1	0	7,5	100
	Nicht näher definiert	4,1	8,8	2,4	6,5	22,9	**44,7**	0,6	1,2	2,9	**4,7**	3,5	***23,5***	0,6	22,9	100
	Mittelwert						**62,9**				**4,9**	4,9	15,2	0,1	12,0	

Bei der Betrachtung der Tabelle 4.2-10 wird deutlich, dass die Eigennennung als Helfer des Waldproblems nicht spezifisch für den Forstsektor ist, sondern dass auch die Naturschutzakteure die Medienöffentlichkeit dazu nutzen, ihre Problemlösungsfähigkeit aufzuzeigen. Die Darstellung der Naturschutzwissenschaft als Problemhelfer ist insofern gesondert zu betrachten, als dass sie selbst insgesamt nur in fünf Fällen Problemdefinierer sind. Sie werden insgesamt auch fünfmal als Problemhelfer benannt. 80 % der Nennungen stammen aus dem eigenen Sektor. Dieses Ergebnis zeigt deutlich, dass die Naturschutzwissenschaften im Walddiskurs nicht nur in der Problemdefinition eine Nebenrolle spielen, sondern dass sie auch von anderen Akteuren nicht als ein Akteur gesehen werden, der zur Lösung der Waldprobleme beiträgt. Ein Grund für die geringe Partizipation am Diskurs der Waldprobleme ist darin zu sehen, dass die Bedeutung dieses Zweigs der Wissenschaft erst seit kurzer Zeit zunimmt und sich im Analysezeitraum noch im Aufbau befand. Zudem ist die Naturschutz- (oder Umwelt-) wissenschaft im Vergleich zur Forstwissenschaft nicht spezialisiert auf das Ökosystem Wald und seine besonderen Bedingungen.

Tabelle 4.2-10: *Problemhelfer Naturschutzsektor und seine Definierer in % (N=641)*

		Problemdefinierer															
Problemhelfer aus dem Naturschutzsektor		Forst						Naturschutz									
		Verwaltung	Politik	Verbände	Wissenschaft	Nicht definiert	Gesamt	Veraltung	Politik	Verbände	Wissenschaft	Gesamt	Politik	Medien	Wirtschaft	Sonstige	Gesamt
	Verwaltung	2,9	3,6	0	2,2	0,7	**9,4**	***44,2***	0	5,8	0,7	**50,7**	5,8	25,4	0	8,7	100
	Politik	0	0	1,9	0	0	**1,9**	0	***68,5***	5,6	0	**74,0**	3,7	11,1	0	9,3	100
	Verbände	2,0	0,7	0,7	1,1	1,4	**5,9**	0,7	2,0	***61,0***	0	**63,7**	2,3	17,6	0,9	9,7	100
	Wissenschaft	0	20	0	0	0	**20**	20	20	0	***40***	**80**	0	0	0	0	100
	Mittelwert						**7,2**					**67,1**	3,0	13,5	0,2	6,9	

In der Akteursgemeinschaft der Wissenschaft geht, wie in den anderen Gruppen Verwaltung, Politik und Verbände des Sektors Naturschutz auch, der Hauptanteil der Nennungen als Problemhelfer auf Eigennennungen zurück. Dass die Medien im Mittel weniger häufig Akteure aus dem Sektor Naturschutz als Akteure aus dem Forstsektor als Helfer benennen, resultiert vornehmlich aus der Nichtbenennung der Naturschutzwissenschaft.

Insgesamt haben die Akteure des Forstsektors die aus der Vielzahl der Sprechäußerungen entstandene Möglichkeit genutzt, um sich in der Helferposition darzustellen und somit ihre Position im Politikfeld Wald zu verbessern. Gleiches gilt für den Sektor Naturschutz, der aber durch die geringere Anzahl an Sprechäußerungen auch in der Helferposition weniger genannt wurde.

4.2.2.5 Instrumente

Politische Instrumente sind Mittel, die zur Lösung von politischen Problemen eingesetzt werden. Nach Hütte (1999, S. 152) können bestimmte Instrumente durch einen Diskurs legitimiert werden, da zu erwarten ist, dass insbesondere solche Instrumente in Diskursbeiträgen erwähnt werden, die dem jeweiligen Definierer zugute kommen. Immer wieder vorgeschlagene Instrumente können somit Rückschlüsse auf die Akzeptanz bestimmter Instrumentengruppen im Diskurs zulassen.

Die Unterteilung der Instrumente nach ihrer Einsatzmöglichkeiten in informationelle, regulative und ökonomische Instrumente wird nach Krott (2001) vorgenommen. Hinzugefügt werden planerische Instrumente, Sachleistungen und sonstige Instrumente (s. Kapitel 2.1.5). Durch Mehrfachnennungen gibt es mehr Nennungen von Instrumenten als Fälle. Die Anzahl der Instrumente, die in einer Aussage Erwähnung findet, divergiert. In 2014 Fällen wird ein Instrument erwähnt, in 165 Fällen zwei, nur in zehn Fällen werden drei Instrumente zur Problemlösung angeführt. In 746 Kommunikationsaktionen der Akteure wird kein Instrument benannt. Damit werden in einem Viertel aller Fälle keine Mittel zur Lösung der Waldprobleme vorgestellt. Die Zahl der Aussagen, in denen keine Instrumente genannt werden, übersteigt die Zahl der Aussagen, in denen keine Problemhelfer Erwähnung finden. Dieses Ergebnis zeigt, dass es mindestens 85 Fälle gibt, in denen zwar ein Problemhelfer dargestellt wird, die Mittel, die dieser zur Problemlösung heranziehen wird, aber nicht bekannt gegeben werden.

Wie aus Tabelle 4.2-11 hervorgeht, sind Sachleistungen, das am häufigsten genannte Instrument. Hierzu zählen insbesondere Aufforstungen, Durchforstungen, Kalkungen, Schädlingsbekämpfungen oder auch Müllsammlungen, die von verschiedenen Gruppen vorgenommen werden, z.B.: „Müll gesucht, zwei Kajaks gefunden. Allein in den Münchner Isarauen sammeln die Helfer rund vierzig Kubikmeter Abfall“ (Süddeutsche Zeitung, 19.10.98). Außerhalb der Sachleistungen sind es vornehmlich die informationellen Instrumente, die in der Waldberichterstattung als Problemlösungsbeitrag angegeben werden. Informationen können nach Krott (2001) auf zwei verschiedene Arten auf die Entscheidungen und Handlungen von Menschen wirken: durch Aufklärung oder durch Macht. Die Bedeutung der Variante der Machtausübung durch gefälschte Information tritt in der Berichterstattung hinter der Aufklärung zurück. Da, wie bereits in Kapitel 4.2.2.4 beschrieben, sich viele Akteure die Helferrolle selbst zuschreiben und damit auch am häufigsten ihr eigenes Problemlösungsinstrumentarium darstellen, findet die negative Wirkungsweise informationeller Instrumente keine Erwähnung. Vielmehr erhoffen sich die Problemdefinierer durch Informationen über das Ökosystem Wald und die Darstellung der Folgen bestimmter Handlungsweisen anderer Akteure, also durch die verbesserte Informationsbasis, Handlungen zu initiieren, die zur Lösung des Waldproblems beitragen können, z.B.: „Die Regierung von Madagaskar will die eigene schnell wachsende Bevölkerung durch ein jetzt angelaufenes Informationsprogramm von der Notwendigkeit überzeugen, die Regenwälder der Nationalparks zu erhalten." (Frankfurter Allgemeine Zeitung, 19.05. 1994).

Weit seltener als die informationellen Instrumente werden regulative und ökonomische Instrumente zur Lösung des Waldproblems benannt. Bei den angesprochenen regulativen Instrumenten handelt es sich meistens um hierarchisch vom Staat ausgehende Regeln mit genereller Ausrichtung (Nach Krott 2001, 169), d.h. um allgemein umschriebene Aufgaben und einen entsprechend weiten Kreis möglicher Adressaten, z.B.: „Weitere zwei Erholungsgebiete in Bayern sind jetzt offiziell ‚Naturparks'. Im Naturpark Fränkische Schweiz-Veldensteiner Forst und im Naturpark Oberpfälzer Wald treten die entsprechenden Verordnungen in Kraft, teilte Umweltminister Thomas Goppel mit. Damit seien 14 von 17 Naturparks rechtlich verankert." (Süddeutsche Zeitung, 4.09.1995). Die ökonomischen Werte im engeren Sinne (getrennt von den Sachleistungen), sind in erster Linie Geldmittel, die zur Behebung der Waldprobleme dienen. Häufig handelt es sich um vom Staat ausgehende Finanzhilfen in Form von Darlehen oder Steuervergünstigungen, meistens aber als Zuschuss, z.B.: „1,5 Millionen Mark für ‚Grüne Brücke'" (Frankfurter Rundschau, 16.01.1995).

Als ein weiteres Instrument zur Lösung der Waldprobleme wird die Planung beschrieben. Dazu zählt die Raumordnung, die durch Raumordnungspläne Plätze für Ersatzaufforstungen ausweist, aber auch die Forsteinrichtung, die die Vorgänge im Wald für die nächsten zehn Jahre plant und damit zur Verbesserung der Waldsituation beiträgt, z.B.: „ Der 1070 Hektar große Stadtwald von Rödermark – rund ein drittel der Gesamtfläche der Kommune – dient zu 95 Prozent der Erholung. Diese, aber auch seine Funktion als Wasser-, Natur-, Boden-, Klima- oder Landschaftsschutzgebiete genießen – zumindest im Konfliktfall – Vorrang vor Wirtschaftsinteressen wie der Holzerzeugung. Das geht aus dem jetzt vom Leiter des für den Röderwälder Forst zuständigen Hessischen Forstamtes Langen, Forstoberrat Ulf Küpper, den parlamentarischen Gremien vorgestellten und erläuterten ‚Forsteinrichtungswerken' hervor." (Frankfurter Rundschau, 31.01.97).

Zu den „Sonstigen Instrumenten" zählen insbesondere Ankündigungen und Lösungsvorschläge, die nicht näher erläutert sind und damit nicht in eine der vorhergehenden Kategorien eingeordnet werden konnten.

Dass die Akteure um den Wald unterschiedliche Instrumente zur Problemlösung bevorzugen, geht aus Tabelle 4.2-12 hervor. Forstakteure benennen in ihren Kommunikationsaktionen bevorzugt ökonomische Instrumente und Sachleistungen. Naturschutzakteure hingegen sprechen sich weniger häufig für Sachleistungen aus, stattdessen sehen sie eine Lösung der Waldprobleme in der Verwendung informationeller Instrumente. Regulative Instrumente werden erwartungsgemäß von Akteuren aus der Politik favorisiert. Diese Ergebnisse zeigen, dass die Akteure bevorzugt die Instrumente als probates Mittel der Pro

Tabelle 4.2-11: *Instrumente in der Waldberichterstattung*

Instrumente	Absolut	In Prozent
Sachleistungen	862	36,3
Informationelle Instrumente	576	24,5
Regulative Instrumente	310	13,1
Ökonomische Instrumente	288	12,1
Planerische Instrumente	61	2,7
Sonstige Instrumente	277	11,7
Keine	746	-
Summe (ohne „Keine")	**2374**	**100**

blemlösung schildern, die insbesondere in ihrem Ermächtigungsbereich liegen.Forstakteure, dominiert durch die Akteursgemeinschaft Verwaltung, sind in der Lage, aktiv im Wald zu handeln, z.B. Durchforstungen vorzunehmen, zu kalken oder gegen Schädlinge vorzugehen. Der Naturschutzsektor, der hauptsächlich durch Akteure der Verbände repräsentiert wird, hat diesbezüglich weniger Möglichkeiten, da er häufig kein Eingriffsrecht und keine Ressourcen hat. Somit kann er nur in besonderen Fällen mit Sachleistungen, z.B. durch das Sammeln von Müll, das Waldproblem lösen. Informationelle Instrumente können zwar von allen Akteuren gleichermaßen verwendet werden, jedoch sind es mit 156 Aussagen, von denen 132 durch Naturschutzverbände getroffen wurden, in erster Linie die Naturschutzakteure, die diesen Weg der Problemlösung bevorzugen. Dieses Ergebnis bestätigt Resultate von Analysen des Nachhaltigkeitsdiskurses in deutschen Fachzeitschriften, in denen ebenfalls die informationellen Instrumente von Naturschutzakteuren, die Eigenleistungen dagegen von Forstakteuren bevorzugt wurden (Hütte 1999, 157). Eine Begründung für die deutliche Darstellung informationeller Instrumente durch Naturschutzakteure kann in der Professionalisierung der Öffentlichkeitsarbeit gesehen werden. Denn Problemlösungen kommt mit zunehmendem Ereignismanagement immer weniger Bedeutung zu (4.2.4.1). Die regulativen Instrumente fallen vornehmlich in den Kompetenzbereich politischer Parteien. Diese sind es auch, die dieses Instrument am häufigsten als geeignet für die Problemlösung beschreiben. Nur in 61 Fällen wird das Instrument der Planung als Lösung für die Waldprobleme gesehen. Es findet vornehmlich durch die Medien Erwähnung. Dies resultiert in erster Linie aus den Kurznachrichten zu den Waldwirtschaftsplänen einiger Kommunen in Hessen. Fast ebenso häufig wird das Instrument der Planung jedoch durch Akteure aus der Kategorie „Politik“, „Sonstige“ oder aus dem Forstsektor benannt. Dass "sonstige Instrumente" vornehmlich von Akteuren aus der Kategorie „Sonstige“ benannt werden, liegt zum größten Teil an der Darstellung der Wissenschaftsakteure, die die Forschung als Beitrag zur Problemlösung beschreiben. Ebenfalls durch die Wissenschaftsakteure kommt die vielfache Nennung in der Kategorie "keine Instrumente" zustande, da Wissenschaftler häufig das Thema der Problemlösung unangesprochen lassen. Noch häufiger als von den Wissenschaftlern und anderen Akteuren wird es jedoch von den Medien selbst vermieden, ein Instrument zur Problemlösung zu benennen. Dies kann Folge der Rolleneinschätzung von Journalisten sein, die ihre Aufgabe insbesondere in der Darstellung von Problemen, aber nicht in deren Lösung sehen. Trotz der geringen Beteiligung am Walddiskurs durch die Wirtschaftsakteure wird deutlich, dass diese, wie die Forstakteure, insbesondere ökonomische Instrumente als Beitrag zur Verbesserung der Waldsituation sehen. Auch dieses Instrument liegt insbesondere in ihrem Kompetenzbereich.

Tabelle 4.2-12: *Instrumente und ihre Problemdefinierer (N=3120)*

	Problemdefinierer											
	Forst		**Naturschutz**		**Politik**		**Medien**		**Wirtschaft**		**Sonstige**	
	n	In %	N	In %	N	In %	N	In %	N	In %	N	In %
Instrumente												
Sachleistungen	348	**40,4**	76	8,8	63	7,3	231	26,8	7	0,8	137	15,9
Informationelle	107	18,6	156	**27,1**	70	12,2	91	15,8	2	0,3	150	26,0
Regulative	55	17,7	62	20,0	68	21,9	46	14,8	6	1,9	73	**23,5**
Ökonomische	77	**26,7**	62	21,5	34	11,8	61	21,2	8	2,8	46	16,0
Planerisch	12	19,7	6	9,8	14	23,0	15	**24,6**	0	0	14	23,0
Sonstige	61	22,0	54	19,5	47	17,0	48	17,3	2	0,7	65	**23,5**
Keine	151	20,2	95	12,7	48	6,4	240	**32,2**	3	0,4	209	28,0

Die Häufigkeit der Nennungen und die dadurch implizierte Akzeptanz des Instruments "Sachleistungen" stärkt die politische Position des Sektors Forstwirtschaft. Informationelle Instrumente, die vornehmlich durch den Naturschutz eingesetzt werden, werden hingegen seltener dargestellt.

4.2.2.6 Kollektive Symbole in der Waldberichterstattung

Im politischen Prozess werden kollektive Symbole eingesetzt, um die Akzeptanz bestimmter Programme zu steigern. In den Medien können sie dazu beitragen, komplizierte und abstrakte Inhalte dem Rezipienten anschaulich und konkret zu vermitteln, d.h. begreifbar zu machen. Sie helfen, schnell, kurz und prägnant Geschichten zu erzählen, die auch schwierige Zusammenhänge anschaulich wiedergeben und damit für ein möglichst großes Publikum verständlich sind. Aus linguistischer Sicht erfüllen solche Symbole jedoch nicht nur diese didaktisch-pädagogische, sondern auch eine aufmerksamkeitsaktivierende Funktion (Pansegrau 2000, 62). Die Verwendung von kollektiven Symbolen ist damit zwei Hauptzielen der Medien dienlich, der Verbreitung von Information und der Erlangung von Aufmerksamkeit. Im folgenden wird durch die Darstellung der verwendeten Metaphern in der Waldberichterstattung aufgezeigt, welche Bilder das Thema Wald zeichnet, zu welchen themenfremden Inhalten Beziehungen hergestellt werden, und welche Akteure spezielle kollektive Symbole nutzen.

In über 60 % aller Fälle, d.h. in 1794 Aussagen konnten keine kollektiven Symbole verzeichnet werden (Tabelle 4.2-13). Dieses Ergebnis ist überraschend, da der Wald selbst „zur Hitliste repräsentativer Symbole“ gehört (Lehmann und Schriewer 1999, 20). Der Grund für die wenig bildhafte Waldberichterstattung in den überregionalen Printmedien kann in der Darstellungsform der Berichterstattung gesehen werden. Die dominierende Stilform der untersuchten Waldartikel ist die Nachrichtenform (s. Kapitel 4.2.1.2). Dieser Kategorie gehören Berichte und Kurznachrichten an, die nach ihrer Definition in der Darstellung um Objektivität bemüht sind. Kollektive Symbole beinhalten durch ihre bildhafte Darstellung jedoch häufig eine Wertung und sind deshalb mit den Normen eines

Tabelle 4.2-13: *Kollektive Symbole je Aussage (N=2935)*

Anzahl kollektiver Symbole pro Aussage	Absolut	In Prozent
0 Symbol	1794	61,1
1 Symbol	817	27,8
2 Symbole	228	7,8
3 Symbole	55	1,9
4 Symbole	26	0,9
5 Symbole	10	0,3
6 Symbole	3	0,1
7 Symbole	1	0,0
8 Symbole	1	0,0
Summe	**2935**	**100**

Berichtes oder einer Kurznachricht nicht immer in Einklang zu bringen. Zu erwarten sind kollektive Symbole hingegen in der Meinungsform, der Kritik und dem Kommentar, aber auch in Reportagen und Leserbriefen, zu deren Stilmitteln die bildhafte Beschreibung zählt.

Tabelle 4.2-13 zeigt weiterhin, dass nur in 11% aller Fälle mehr als ein kollektives Symbol pro Aussage benutzt wird. Daraus geht hervor, dass mit dem Wald häufig ein bestimmtes Bild in Verbindung gebracht wird. Werden in einer Aussage verschiedene Symbole miteinander verknüpft, beschreiben diese ebenfalls häufig das selbe Bild. So gibt z.B. eine Verbindung von Märchenwald und dem Wald als Ort des Verbrechens durch beide Assoziationen das Bild des unheimlichen Waldes wieder, in dem sich Hänsel und Gretel verlaufen haben und Rotkäppchen vom bösen Wolf überfallen wurde.

Die Betrachtung der verwendeten kollektiven Symbole zum Wald (Tabelle 4.2-14) zeigt, dass der Wald in erster Linie als Ort der Erholung dargestellt wird („Der Wald erfüllt für Mensch und Umwelt eine Vielzahl von Leistungen. Er schützt Boden, Wasser und Luft und ist als Erholungsraum für den Menschen von unschätzbarem Wert.“, SZ, 10.10.96). Dieses Ergebnis resultiert aus der Vielzahl von Reisereportagen und Artikeln, die über Freizeitmöglichkeiten im Wald, wie z.B. Wandern, Mountainbiking oder Reiten, berichten. Andere Beiträge beschreiben die Lebensqualität, die durch die Nähe des Waldes gesteigert wird. Der Erholungsort Wald ist eine Thematik, die viele Personen anspricht, da dieses Bild des Waldes, beispielsweise durch die sonntäglichen Spaziergänge, mit den persönlichen Erfahrungen vieler Rezipienten übereinstimmt. Mit dem Wald als Erholungsort kann somit die Aufmerksamkeit auf die Thematik gelenkt werden, da eine Identifikation der Rezipienten durch die Verbindung mit eigenen Erfahrungen erleichtert wird. Genutzt wird diese Möglichkeit von vielen Autoren, die durch die Erwähnung der Erholungsmöglichkeiten auf die Identifikation der Leser mit dem Wald spekulieren, und damit ihre Argumente gegen die Rodung von Waldflächen für andere Nutzungen, z.B. den Flughafenausbau in Frankfurt, unterstützen („Dort wo künftig Flugzeuge landen sollen, hat Jan früher Kaulquappen ausgesetzt und später Frösche beobachtet. 'Der Stadtwald war mein Spielplatz. Und deshalb wird die Diskussion um den Flughafenausbau plötzlich sehr konkret', erzählt Jan.“, FR 18.08.98).

Die ebenfalls häufig verwendete Assoziation des Waldsterbens zeigt eine andere Seite des Waldes, die nicht die positive Wirkung der Erholung beschreibt und dennoch zur Identifikation mit dem Wald beiträgt („Wenn die Wälder sterben, werden auch wir sterben.“, FR, 01.10.97). Das Bild des sterbenden Waldes trägt durch die „Vermenschlichung“ zu einem besseren Verständnis und einer besseren Identifikation bei, da sich die Rezipienten unter einem sterbenden oder todkranken Wald mehr vorstellen können, als unter rein fachlichen Beschreibungen, wie z.B. der Waldschadensstufe. Zudem weckt die negative Darstellung die

Aufmerksamkeit der Leser, da mit dem Niedergang des Waldes schreckliche Konsequenzen zu drohen scheinen. Obwohl die Themenkarriere des Waldsterbens ihren Höhepunkt bereits in den achtziger Jahren überschritten hat (Krumland 2000, 168) und gegen diese Darstellung, auch von den Medien selbst, vielfach Kritik geäußert wurde, bleibt das Bild des "Patienten Wald" in den Medien bestehen. Jedoch hat sich ein Wandel in der Bedeutung vollzogen, da das Waldsterben nicht mehr allein in dem Sinne verwendet wird, der ihm zu Beginn der Themenkarriere durch die Wissenschaft zugesprochen wurde (siehe auch Braun 1999, 139). Unter der Assoziation Waldsterben summieren sich damit nicht nur Aussagen über Waldschädigungen durch sauren Regen, sondern eine Kollektion von Ursachen, die dem Wald Schaden zufügen, angefangen bei den Schadstoffbelastungen durch Verkehr und Industrie über Schädlingsbefall bis hin zur Rodung des Tropenwaldes („Der Borkenkäfer, der das Revier des Generals von innen und außen her zerfrisst, ist der neueren Forstwissenschaft zufolge mitverantwortlich für das Waldsterben“, FAZ 21.01.98). Dieses Katastrophensymbol geht einher mit dem kulturell geprägten Erfahrungsmuster von Krankheit und Sterben, das mit der Vorstellung von Schuld und Strafe eng zusammenhängt.

Eine weitere häufig genutzte Assoziation ist der Wald als Ort der Jagdausübung. Das Bild der Jagd hat zwei Seiten, zum einen handelt es sich bei der kulturell geprägten Vorstellung von Jagd um eine Lebensnotwendigkeit, da durch die Erbeutung von Wild die Ernährung und damit die Fortpflanzung gesichert werden kann. Diese traditionelle Sichtweise der Jagd geht häufig einher mit einer romantischen Vorstellung von einer Gegnerschaft zwischen Jäger und Wild, die teilweise sogar in einen erotischen Zusammenhang gebracht wird (Helbing 1993, 10). Zum anderen steht die heutige Bedeutung der Jagd, bedingt durch den gesellschaftlichen Wandel, der die Ausübung zur Überlebenssicherung überflüssig macht, dem romantischen Bild entgegen. Die Darstellung der Jäger als „Bambi-Mörder“ zeigt, dass die Romantik und Erotik der Jagd mehr einem Bild von Gewalt und Skrupellosigkeit gewichen ist ("Wegen der erhöhten Abschusszahlen werden die Förster nicht selten, wie beklagt wird, nun als ‚blutrünstige Killer’ und Trophäenjäger beschimpft.“, SZ, 17.02.95). Die Verwendung des viel umstrittenen Themas Jagd in den Medien kann zu einer erhöhten Aufmerksamkeit für die Waldartikel beitragen, da Kontroversen aus der gesellschaftlichen Perspektive langfristig in einer Wahrung oder der Veränderung des Status quo enden und damit gesellschaftliche Folgen haben (Eilders/Wirth 1999, 38).

Aus einem anderen Betrachtungswinkel ist dagegen das Bild des Ökosystems entstanden. Dieser, aus der Wissenschaft übernommene Begriff beschreibt den Wald in seiner ursprünglichen Bedeutung als ein komplexes Beziehungsgefüge zwischen den in ihm lebenden Pflanzen und Tieren und der unbelebten Umwelt (Hofmeister 1997, 204). Damit ist der Begriff Ökosystem, genau wie der des Waldsterbens, aus der Sprache der Wissenschaft in die der Medien übernommen worden. Dass Massenmedien die durch die Wissenschaft geprägten metaphorischen Konzepte aufgreifen und weiterführen, ist nicht nur durch das Waldsterben bekannt, sondern bereits vielfach anhand anderer Wissenschaftsdisziplinen nachgewiesen worden (z.B. Biere/Liebert 1997). Nach Pansegrau (2000, 64) liegt die Begründung dafür in der Wissenschaft, die zur Beschreibung ihrer Gegenstände auf bestimmte alltagsweltliche Termini zurückgreift, d.h. Vorstellungen, Anschauungen und Einschätzungen öffentlicher Diskurse zur Beschreibung heranzieht. Im Falle des Ökosystems wird keine direkte Verbindung zu den Alltagserfahrungen der Menschen geschaffen, aber es wird durch die Systemmetaphorik ein Bild aus der Maschinenmetaphorik gewählt, dessen abstrakte Darstellung von den Medien übernommen und in anschaulichere Szenarien überführt wird. Damit macht dieses Bild einem Laienpublikum die komplexen chemischen, biologischen und physikalischen Vorgänge im Wald begreifbarer. Auch wenn nur wenige der Rezipienten genaue Kenntnis darüber haben, wird eine Vorstellung der Vorgänge vermittelt. Die Nutzung der Maschinenmetaphorik findet sich ebenso wie die Katastrophenmetaphorik (Waldsterben) häufig in den Medien wieder. Beide Assoziationen werden auch miteinander in Verbindung gebracht, damit kommt es zu einer Verzahnung des Konzepts Maschine (Kontrollierbarkeit) und Katastrophe (Verlust der Kontrolle) (Pansegrau 2000, 162) („Neuartige Waldschäden und Sturmwurfkatastrophen führen uns vor Augen, wie sanierungsbedürftig dieses Ökosystem ist." SZ, 02.12.1994).

Das Klischee des deutschen Waldes ist durch eine Vielzahl literarischer Quellen, in denen den Deutschen eine besondere Beziehung zu ihrem Wald nachgesagt wird, bereits bekannt. Nach Bahrdt (1974, 164) ist dies auf die kulturellen Muster im Umgang mit dem Wald zurückzuführen, die seiner Meinung nach jedoch nicht in einem engen nationalem Bezug zu sehen sind, sondern vielmehr auf den weit gefassten mitteleuropäischen Raum zutreffen. Dagegen sieht Lehmann (1999, 36ff.) eine spezielle Beziehung der Deutschen zu ihrem Wald, gründend auf der besonderen geschichtlichen Bedeutung. Der Wald dient in der Literatur häufig als Abbild der Gesellschaft, indem ihm dessen Charakteristika zugeschrieben werden. Insbesondere in der Zeit des Nationalsozialismus wurde eine Identifikation mit dem Wald, respektive mit einem Teil des Waldes, nämlich der deutschen Eiche angestrebt. Diese stand für Männlichkeit, Heldenhaftigkeit, Dauerhaftigkeit und Stärke, also menschliche Charakteristika, denen im Nationalsozialismus große Bedeutung zugemessen wurde. Dieses Beispiel zeigt, dass eine Identifikation mit dem Wald, beziehungsweise auf der Ebene des einzelnen Menschen mit dem Individuum Baum, leicht erfassbar ist. Zu dieser Identifikationsmöglichkeit tritt die kulturelle Bedeutung des Waldes, die in Deutschland einerseits geprägt ist von Märchen und Mythen, andererseits durch die persönlichen Erfahrungen jedes einzelnen mit den Erholungsleistungen des Waldes. Spätestens mit dem Thema Waldsterben wird deutlich, dass in keinem Land eine ähnliche Affinität zum Wald vorherrscht wie in Deutschland. Der Begriff Waldsterben ist sowohl in die englische als auch in die französische Sprache wörtlich übernommen worden. Die Angst, die in Deutschland um den Zustand des Waldes herrscht, zeigt mit der emotionalen Geladenheit dieses Themas auch die enge Beziehung der Deutschen zu ihrem Wald auf. Die Verwendung des Begriffs „deutscher Wald“ in den Medien kann somit zur Steigerung der Aufmerksamkeit beitragen („Bocklet wollte nämlich auf etwas hinaus, was in der deutschen Seele noch immer als ‚geheimnisvoller Ort' gespeichert ist, auch wenn er seit langer Zeit einen Schrumpfungs- und ‚Entzauberungs'-Prozess durchmachen muss: der deutsche Wald.“, SZ , 16.02.1995).

Tabelle 4.2-14: *Kollektive Symbole in der Waldberichterstattung (N=1625)*

Kollektive Symbole	Absolut	In Prozent
Erholung	434	26,7
Waldsterben	334	20,6
Jagd	190	11,7
Ökosystem	123	7,6
Deutsch	118	7,3
Grün	94	5,8
Heimat	50	3,1
Märchen + Mythen	44	2,7
Globalisierung	36	2,2
Ruhe	36	2,2
Dunkel	35	2,2
Leben	30	1,8
Ort des Verbrechens	15	0,9
Ort der Zuflucht	13	0,8
Modernisierung	12	0,7
Freiheit	10	0,6
Sonstige	51	3,1
Summe	**1625**	**100**

In der Medienberichterstattung wird der Wald häufig mit „Grün“ assoziiert. Damit wird nicht ausschließlich die vorherrschende Farbe beschrieben, sondern die Symbolik der Farbe Grün wird mit den Charaktereigenschaften des Waldes in Verbindung gebracht („Die Farbe Grün – sie tut den bildschirm-müden Augen gut“, FR 11.08.98). Mit der Farbe Grün wird eine Fülle von Assoziationen verbunden, die das Leben oder das Lebendige beschreiben. Aus diesem Grund sind z.B. Homepages oder Werbungen von WWF oder Greenpeace in grün gehalten. Letztere haben das Grün sogar in ihren Namen übernommen, um zu zeigen, dass ihr Anliegen dem Leben gilt.

Bereits in der Kindheit tritt der Wald durch *Mythen und Märchen* in das Leben vieler Menschen. Obwohl in der heutigen Waldsituation durch Bewirtschaftung und Wegenetze fast überall die Zivilisation in Erscheinung tritt und damit kaum noch Ähnlichkeiten zum Waldbild der Märchen bestehen, findet sich die Assoziation mit dem mystischen Märchenwald in der Medienberichterstattung wieder. Häufig wird das Bild des Märchenwaldes mit anderen Assoziationen verknüpft, z.B. mit *Ruhe*, der zweierlei Bedeutungen zukommen. Zum einen verkörpert die *Waldesruhe*, insbesondere in Verbindung mit *Erholung*, eine Situation frei von Geräuschen, die mit Stress und Hektik verknüpft werden. Zum anderen ist sie eine unheimliche Stille, in der jegliches Geräusch wahrgenommen werden kann („Um die Mittagszeit herrschte eine gespenstische Stille. Schon ein abgestorbenes Blatt, das mit einem leichten Rascheln auf dem moderigen Waldboden landet, jagt den Besuchern einen Schrecken ein.", FAZ 16.04.98). Die *Ruhe* als unheimliche Stille wird in den Medien mit der Metapher des Märchenwaldes zu einer Szene vermischt, die den Wald als einen Ort beschreibt, an dem unheimliche Begegnungen erwartet werden können. Andere Assoziationen, die sich ebenfalls in diesen Kontext einfügen, sind *Dunkel* und der Wald als *Ort des Verbrechens*. Durch die Verwendung eines, aus kultureller Tradition stammenden, vertrauten Waldbildes aus den Märchen kann eine Verbindung zu den Deutungsmustern der Rezipienten hergestellt und somit die Aufmerksamkeit gesteigert werden.

Auch Metaphern wie *Heimat, Leben, Ort der Zuflucht* und *Freiheit* lassen erkennen, dass die in den Medien gezeichneten Bilder des Waldes in enger Verknüpfung zum Menschen und damit auch zum Rezipienten stehen. Die didaktisch-pädagogische Funktion der Metapher tritt bei der Waldberichterstattung demnach stark hinter der aufmerksamkeitsaktivierenden Funktion zurück. Zudem wird deutlich, dass die Bilder der neuen technisierten Welt nur selten in Zusammenhang mit dem Wald gebracht werden. Metaphern wie *Globalisierung* und *Modernisierung*, die in anderen Sektoren der Wirtschaft aktuell von großer Bedeutung sind, finden in der Waldberichterstattung nur selten Erwähnung. Hingegen sind die Waldmetaphern eher als ein Bilder kultureller Tradition zu sehen, deren Verbindung zur aktuellen Welt vornehmlich von Katastrophenszenarien geprägt ist.

Welche kollektiven Symbole von welchen Akteursgemeinschaften im medialen Walddiskurs genutzt werden, zeigt Tab. 4.2-15. Die Ergebnisse machen deutlich, dass die Akteursgemeinschaften in ihren Kommunikationshandlungen den Schwerpunkt auf unterschiedliche kollektive Symbole legen. Akteure der politischen Parteien verwenden in ihren Äußerungen z.B. vorrangig die *Erholung*. Die Akteure politischer Parteien der Sektoren Forstwirtschaft und

Tabelle 4.2-15: *Kollektive Symbole und ihre Problemdefinierer in %*

	Problemdefinierer												
		Forstsektor						Naturschutzsektor						
Kollektive Symbole		Verwaltung (N=239)	Politik (N=66)	Verbände (N=41)	Wissenschaft (N=69)	Nicht definiert	**Σ Forst (N=444)**	Verwaltung (N=63)	Politik (N=22)	Verbände (N=127)	**Σ Naturschutz (N=215)**	Politik (N=129)	Medien (N=475)	Sonstige (N=362)
	Erholung	31,7	9,0	17,1	11,8	23,4	**28,9**	38,1	13,6	19,6	**24,7**	**51,2**	19,8	27,1
	Waldsterben	23,4	34,8	21,9	**43,1**	19,1	**26,8**	19,0	36,4	22,0	**22,8**	16,3	13,3	22,7
	Jagd	13,8	**27,3**	4,9	3,9	19,1	**14,4**	6,3	9,1	11,0	**9,3**	10,1	9,3	13,5
	Ökosystem	5,9	4,5	12,2	7,8	10,6	**7,0**	9,5	**13,6**	10,2	**10,2**	3,1	6,1	10,2
	Deutsch	2,9	13,6	**19,5**	13,7	4,3	**7,4**	4,8	13,6	9,4	**8,4**	3,9	9,1	5,2
	Grün	5,0	0	7,3	7,8	6,4	**5,0**	**14,3**	0	3,1	**6,0**	3,9	8,2	4,1
	Heimat	1,7	1,5	0	0	4,3	**1,6**	0	0	**4,7**	**2,8**	3,1	3,8	4,1
	Märchen und Mythen	0,4	1,5	4,9	2,0	0	**1,1**	0	0	0,8	**0,5**	0	**6,9**	1,4
	Globalisierung	0	3,0	4,9	3,9	4,3	**1,8**	0	**13,6**	6,3	**5,1**	4,7	1,9	0,6
	Ruhe	0,8	0	0	0	**6,4**	**1,1**	1,6	0	1,6	**1,4**	0	4,6	1,7
	Dunkel	0,4	1,5	**4,9**	2,0	0	**1,1**	4,8	0	2,4	**2,8**	0,8	3,3	2,2
	Leben	2,1	0	0	2,0	0	**1,4**	0	0	**3,1**	**1,9**	0,8	2,5	1,9
	Ort des Verbrechens	0,4	0	0	2,0	0	**0,5**	0	0	0	**0**	0	**2,1**	0,8
	Ort der Zuflucht	0	0	0	0	0	**0**	0	0	0,8	**0,5**	0	**1,9**	0,8
	Moderni-sierung	**2,5**	0	0	0	2,1	**1,6**	0	0	0,8	**0,5**	0	0,4	0,6
	Freiheit	0	0	0	0	0	**0**	**1,6**	0	**8,0**	**0,9**	0,8	1,5	0
	Sonstige	1,7	3,0	2,4	0	0	**1,6**	0	0	3,1	**2,3**	1,6	**5,5**	3,0

Naturschutz hingegen ziehen in ihren Medienäußerungen in erster Linie das *Waldsterben* heran. Die Wissenschaftsakteure aus dem Forstbereich nutzen in ihren Aussagen ebenfalls vornehmlich die Assoziation des *Waldsterbens*, was unter anderem durch die intensive Forschung auf diesem Gebiet begründet werden kann. Das kollektive Symbol der *Jagd* wird insbesondere durch Akteure des Forstsektors genutzt, die auf die Dringlichkeit des Bejagens hinweisen, da anderenfalls mit ökonomischen Schäden für die Forstwirtschaft zu rechnen sei. Das Symbol des *Ökosystems* wird, ebenso wie die Assoziationen *Deutsch* und *Heimat*, von Akteuren des Sektors Forst und des Sektors Naturschutz genutzt. Dennoch gibt es Unterschiede zwischen den Akteursgemeinschaften innerhalb eines Sektors. Forstverbände nutzen beispielweise vergleichsweise häufig die Assoziation *Deutsch* im Zusammenhang mit den Waldereignissen. Kollektive Symbole, die aus kultureller Tradition in Verbindung zum Wald stehen, werden insbesondere von den Medien genutzt, wie z.B. *Märchen und Mythen*, der *Wald als Ort des Verbrechens* oder *Ort der Zuflucht*. Die Bilder der neuen technisierten Welt hingegen werden zum einen von den Akteuren der Forstverwaltung, z.B. *Modernisierung* und zum anderen von Akteuren aus den politischen Parteien und Verbänden des Naturschutzsektors, z.B. *Globalisierung*, herangezogen. Insgesamt lassen sich Unterschiede im Gebrauch der einzelnen kollektiven Symbole in den Kommunikationsäußerungen erkennen. Kollektive Symbole aus kultureller Tradition werden jedoch von allen Akteuren genutzt. Die Medien zeichnen sich in dieser Hinsicht durch einen besonders häufigen Gebrauch aus.

Insgesamt werden in fast 60 % aller Aussagen der Forstakteure kollektive Symbole verwendet. Naturschutzakteure bedienen sich dieser Strategie der Akzeptanzsteigerung nur in knapp 45 % ihrer Aussagen. Forstakteure verbessern durch den Einsatz der Symbole die Chance, Aufmerksamkeit zu erreichen und die Akzeptanz ihrer programmatischen Aussagen zu steigern.

4.2.2.7 Zusammenfassung Faktoren in der Waldberichterstattung mit Einfluss auf die politische Position von Sektoren

Akteure aus dem Sektor Forst dominieren die Definition der Waldprobleme in den überregionalen deutschen Tageszeitungen. Dies ist insbesondere auf die Akteursgemeinschaft Verwaltung zurückzuführen, in der Forstamtsleiter und Revierbeamte vornehmlich regionale Waldthemen ansprechen. Akteure aus dem Sektor Naturschutz treten wesentlich seltener als Problemdefinierer in der Waldberichterstattung auf. Dieser Sektor wird durch die Akteursgemeinschaft der Verbände dominiert. Akteure aus der Wissenschaft sind mit ihren Kommunikationsaktionen im medialen Walddiskurs nur in einer zu vernachlässigenden Häufigkeit vertreten. In der Opferrolle der Waldprobleme wird in erster Linie die Natur dargestellt, was zu einer Entpolitisierung des Problems führt. Dass Akteure aus dem Sektor Forst ebenfalls in der Interessenposition des Opfers beschrieben werden, resultiert vornehmlich aus den Aussagen des eigenen Sektors, aber auch aus der Problemdefinition durch die Medien. Die Verursacher der Waldprobleme werden vielfach nicht genannt. Unter den angesprochenen Verursachern sind es häufig Einzelpersonen, die für die Problemsituation im Wald verantwortlich gemacht werden. Die Akteure aus dem Forstsektor werden im Vergleich zu den Akteuren des Naturschutzsektors sehr viel häufiger in der Verursacherrolle dargestellt. Diese, sich auf die Position der Forstwirtschaft negativ auswirkende Darstellung resultiert zum einen aus Benennungen von Akteuren aus dem Naturschutzsektor, zum anderen aber auch aus den Sprechäußerungen von Akteuren des eigenen Sektors. Die Verteilung in den Häufigkeiten der Nennungen von Problemhelfern korreliert deutlich mit der Verteilung der Problemdefinierer. Grund dafür ist die Darstellung der eigenen Problemlösungsfähigkeit bei der Definition des Problems. Einzige Ausnahme bilden die Medien, die nicht selbst in der Rolle des Problemhelfers auftreten, sondern in ihren Kommunikationsaussagen anderen Akteuren die Interessenposition des Helfers zuschreiben.

Insgesamt hat der Forstsektor in der medialen Waldberichterstattung eine gute Position, die er insbesondere durch die große Anzahl von Kommunikationshandlungen der Verwaltungsakteure erreicht. Die gute Ausgangslage wird jedoch nicht vollständig dazu genutzt, sich in einer positiven Interessenposition darzustellen und damit den Legitimationsvorteil auszubauen.

Die in den Medien erwähnten Instrumente sind abhängig von den Akteuren, die sie benennen. Akteure aus dem Sektor Forst setzen in der Lösung von Waldproblemen vornehmlich auf Sachleistungen, Akteure des Sektors Naturschutz sprechen insbesondere informationellen Instrumenten eine Problemlösungsfähigkeit zu.

Trotz der großen symbolischen Bedeutung des Waldes werden in einer Vielzahl von Aussagen keine kollektiven Symbole genutzt. Die verwendeten Symbole und Assoziationen, die sich teilweise durch den Einfluss kultureller Traditionen erklären lassen, haben in erster Line eine aufmerksamkeitsaktivierende Funktion. Die Verwendung der Symbole ist weniger abhängig von den Sektoren, als von den einzelnen Akteursgemeinschaften innerhalb eines Sektors. Hinsichtlich der Verwendung kollektiver Symbole aus der kulturellen Tradition zeigt sich eine vergleichsweise häufige Nutzung durch die Medien.

4.2.3 Merkmale des publizistischen Konflikts

Um die Ressource Wald kommt es auf Grund ihrer Knappheit zu Interessenkonflikten zwischen Akteuren aus dem Sektor Forstwirtschaft und dem Sektor Naturschutz. Diese Konflikte werden auch in der Medienöffentlichkeit vielfältig ausgetragen, da sie dadurch in ein Forum der Öffentlichkeit gelangen. In den Programmen der beiden Sektoren sind Interessen erkennbar, die sich nicht miteinander vereinbaren lassen. Auf diesen sogenannten Konfliktinteressen liegt das Hauptaugenmerk dieses Unterkapitels. Im Folgenden wird beschrieben, wie die Konfliktinteressen in den Aussagen der Waldberichterstattung gewertet werden, positiv, negativ oder ambivalent. Die daran anschließenden Kapiteln stellen die besonderen Merkmale der Konfliktaussagen hinsichtlich der für die politische Situation eines Sektors entscheidenden Faktoren dar. Abschließend werden andere Konflikte, bei denen es sich nicht um Forst- oder Naturschutzinteressen handelt, präsentiert und die Aussagen in der Waldberichterstattung aufgezeigt, bei denen keine Probleme beschrieben werden.

4.2.3.1 Interessenkonflikt Forst – Naturschutz

Der Interessenkonflikt zwischen Forstwirtschaft und Naturschutz, der durch eine qualitative Analyse programmatischer Aussagen operationalisiert wurde, zeigt Interessenunterschiede beider Akteure auf, die sich nicht gleichzeitig auf einem Gebiet miteinander vereinbaren lassen. Diese Interesseninhalte können in den Medien auf verschiedene Art dargestellt werden. Eine ambivalente Darstellung bedeutet, dass diese Interessen aufgezeigt, aber nicht gewertet werden, bzw. eine eindeutige Wertung nicht aus dem Kontext zu erkennen ist. Als positiv gelten sie, wenn sie als sinnvolle Lösung oder als vertretbare Interessen, die eine gute Begründung beinhalten, beschrieben werden. Eine negative Darstellung der Forst- oder Naturschutzinteressen erfolgt, wenn der Problemdefinierer eine negative Wertung der Interessen vornimmt, sie als unsinnig hinstellt oder als das Problem verstärkend beschreibt. Bei der Beschreibung der Interessenkonflikte sind alle Kombinationen möglich, d.h. wenn in einer Aussage forstliche Interessen als positiv hingestellt werden, können gleichzeitig auch Naturschutzinteressen als positiv beschrieben werden. So z.B., wenn ein Akteur sich für den Einsatz von Vollerntern ausspricht, gleichzeitig aber auch die Vorzüge von Rückepferden präsentiert. Andererseits können forstliche Interessen positiv beschrieben werden und gleichzeitig Naturschutzinteressen negativ, bzw. ambivalent. Das gleich gilt natürlich auch für den umgekehrten Fall.

Tabelle 4.2-16 zeigt, dass es 1808 Nennungen gibt, in denen Konfliktinteressen des Forst – oder Naturschutzsektors Erwähnung finden. Die positiven Aussagen zu den Interessen beider Sektoren dominieren deutlich. Insgesamt gab es mehr Nennungen zu den Forstinteressen (1065) als zu den Naturschutzinteressen (743). Ein Vergleich des prozentualen Anteils an wertenden Aussagen macht deutlich, dass die Interessen des Forstsektors mit 39,3% nur geringfügig öfter positiv gewertet wurden als die positiven Naturschutzinteressen, die 34% der Konfliktaussagen ausmachen. Die häufigere Darstellung von Forstinteressen resultiert insbesondere aus den negativ gewerteten Interessen der Forstwirtschaft, über die mehr als doppelt so häufig berichtet wird wie über die des Naturschutzes. Auch die ambivalente Darstellung von forstlichen Interessen überwiegt gegenüber der von Naturschutzinteressen. Die insgesamt größere Anzahl von Nennungen forstlicher Interessen ist auf Grund der großen Zahl an Problemdefinierern aus dem Forstsektor nicht überraschend. Die vergleichsweise häufigere negative Wertung dieser Interessen ist hingegen auffallend, spiegelt aber das Ergebnis der Mengenverteilung in der Rolle des Problemverursachers wieder.

Um eine Aussage darüber treffen zu können, ob die Wertungen der Forst- und Naturschutzinteressen voneinander unabhängig sind, wurden die Daten in eine Kreuztabelle überführt. Tabelle 4.2-17 zeigt in den schwarz umrahmten Feldern, in welcher Kombination die gewerteten Konfliktinteressen genannt werden. Das Feld in dem die „Nicht genannt" Aussagen aufeinander treffen, belegt, dass in 1483 Fällen - und damit in der Hälft aller 2935 Aussagen - keine Konfliktinteressen von Forstwirtschaft und Naturschutz dargestellt werden. Die zu testende Null-Hypothese besagt, dass die Aussagen von wertenden Forst- und Naturschutzinteressen stochastisch unabhängig voneinander auftreten. Bei stochastischer Unabhängigkeit ist die Wahrscheinlichkeit der gemeinsamen wertenden Aussage gleich dem Produkt der unbedingten Wahrscheinlichkeit der wertenden Einzelaussagen. Die Erwartungen für das gemeinsame Auftreten wertender Aussagen zu Forst- und Naturschutzinteressen ergeben sich daher für die Null-Hypothese aus dem Produkt der beobachteten Randhäufigkeiten der einzelnen wertenden Aussagen (unbedingte Wahrscheinlichkeit). Die Null-Hypothese wird überprüft, indem den beobachteten Zellenwerten die nach der Null-Hypothese zu erwartenden gegenübergestellt werden.

Tabelle 4.2-16: *Wertungen der Interessen von Forst und Naturschutz*

Bewertung von Interessen	Absolut	In Prozent
Forst	**1065**	**58,9**
Positiv	711	39,3
Ambivalent	154	8,5
Negativ	200	11,1
Naturschutz	**743**	**41,1**
Positiv	615	34,0
Ambivalent	47	2,6
Negativ	81	4,5
	1808	**100**

Die statistische Signifikanz der Differenz zwischen beobachteten und erwarteten Zellenbesetzungen kann mit Hilfe des Chi-Quadrat Tests beurteilt werden. Das Ergebnis des Chi-Quadrat Tests besagt, dass die Hypothese der Unabhängigkeit der wertenden Aussagen zu Forst und Naturschutzinteressen bei 0,1% Irrtumswahrscheinlichkeit falsifiziert werden muss[8]. Es muss daher von der Alternativhypothese der Abhängigkeit der wertenden Aussagen ausgegangen werden. Die Abhängigkeit zwischen den Aussagen lässt sich dadurch erklären, dass in den Fällen, in denen die Interessen eines Sektors positiv dargestellt werden, nur selten auch die Interessen des anderen eine positive Wertung erfahren. Negative Bewertungen der Interessen des anderen Sektors treten dagegen vermehrt auf.

Tabelle 4.2-17: *Betrachtung der gleichzeitigen Erwähnungen von Forst- und Naturschutzinteressen in allen untersuchten Aussagen*

		Naturschutzinteressen				Summe
		Positiv	Ambivalent	Negativ	Nicht genannt	
Forstinteressen	Positiv	76	16	44	575	711
	Ambivalent	55	14	6	79	154
	Negativ	141	0	4	55	200
	Nicht genannt	343	17	27	1483	1870
Summe		615	47	81	2192	2935

4.2.3.1.1 Art der Darstellung

Die Verteilung von bewerteten Interessen auf die jeweiligen Stilformen hat gezeigt, dass zwischen den Bewertungen der Sektoren keine Unterschiede hinsichtlich der Darstellungsform in den Medien zu erkennen sind. Vielmehr gibt es Darstellungsformen, in denen vermehrt über positive Interessen berichtet wird, z.B. in Ankündigungen und Reportagen. Negative Bewertungen der Konfliktinteressen finden sich, unabhängig vom Sektor, z.B. in der Kritik oder in den Leserbriefen. Die Darstellungsform korreliert daher eher mit der Bewertung als mit den Sektorinteressen.

---

[8] Dies gilt auch dann, wenn man die Ereignisse der wertenden Aussagen „Naturschutzinteressen ambivalent“ und „Naturschutzinteressen negativ“ poolt, damit es keine Klassenbesetzungen "kleiner fünf "gibt, was für den Test auf Unabhängigkeit der Ereignisse mit Hilfe des Chi-Quadrat Testes korrekt ist.

4.2.3.1.2 Problemdefinierer der Konfliktaussagen

Eine Analyse der Problemdefinierer, die wertende Aussagen über Interessen aus dem Konfliktfeld Forst-Naturschutz treffen, kann Aufschluss darüber geben, ob vornehmlich Akteure der involvierten Akteursgemeinschaften am medialen Walddissens beteiligt sind und ob die Akteure aus diesen Gruppen in erster Linie die Interessen des Konfliktgegners negativ darstellen. Insgesamt werden die betreffenden Aussagen zu fast einem Drittel von Akteuren aus dem Forstbereich getroffen. Die Naturschutzakteure sind zu 26% an den Aussagen beteiligt. Andere Interessendarstellungen aus dem Konfliktbereich resultieren aus Kommunikationshandlungen der Medien und den Akteuren der Kategorie „Sonstige". Akteure politischer Parteien und der Wirtschaft treffen nur selten Aussagen zu den Konfliktinteressen. Im Vergleich zu der Häufigkeitsverteilung der Problemdefinierer (Tab 4.2-2) hat der Anteil der Forst- und Naturschutzakteure zugenommen und der Anteil der anderen Akteure deutlich abgenommen. Dies ist eine Folge der eher fachlichen Auseinandersetzung mit dem Thema Wald im Konfliktbereich.

Tabelle 4.2-18 zeigt die 1808 Konfliktaussagen, differenziert nach den Sektoren, die in ihren Kommunikationshandlungen den Konfliktbereich zwischen Forstwirtschaft und Naturschutz ansprechen. Es wird deutlich, dass die positiv bewerteten Forst- und Naturschutzinteressen aus dem Konfliktbereich meist aus den Kommunikationshandlungen der Akteure des eigenen Sektors stammen. Die positiv bewerteten Aussagen zu den Forstinteressen werden zu knapp 60% von den forstlichen Akteuren selbst getroffen, beispielsweise von den Forstamtsleitern, die ihre Form der Waldnutzung verteidigen, z.B.: „'(...) der naturnahe Zustand des Staatsforstes Zwiesel (...) das Ergebnis der forstwirtschaftlichen Arbeit der vergangenen Generationen'(...)" ist (Süddeutsche Zeitung, 28.09.95). Die forstlichen Akteure vertreten im Vergleich zu den Naturschutzakteuren relativ häufiger eine positive Darstellung der eigenen Interessen. Knapp die Hälfte der positiv bewerteten Naturschutzinteressen gründen auf Aussagen von Akteuren des eigenen Sektors, z.B.: „Umweltschützer aus Schwanheim haben gegen den geplanten Einsatz von Dimilin gegen die Schwammspinner-Plage protestiert. Das Antihäutungsmittel sei nach Recherchen in Datenbanken möglicherweise auch für Menschen giftig (...)" daher empfehlen die Umweltschützer „eine ökologisch unbedenkliche Methode zur Schwammspinner-Bekämpfung: die Suche nach Gelegen an Stämmen und Ästen." (Frankfurter Rundschau, 02.02.94). Dagegen ist der Anteil forstlicher Akteure, die Naturschutzinteressen positiv beschreiben, fast doppelt so hoch wie der Anteil von Naturschutzakteuren, die forstliche Interessen in den Waldartikeln positiv darlegen. Forstliche Akteure nehmen sich also häufiger der Argumentation des Gegners Naturschutz an, und unterstützen damit deren Sichtweise der Waldprobleme, wie z.B. ein Förster, der sich die Interessen des Naturschutzes zu Eigen macht: „Keine Kahlschläge, kein Gifteinsatz, Naturverjüngung und Mischwald sind die vier Eckpfeiler dafür, nach denen auch im Usinger Forstamt gearbeitet wird." (Frankfurter Rundschau, 24.08.96)

Ein weiterer Akteur, der häufiger die Naturschutzargumentation übernimmt, sind die Medien. In 102 Fällen stellen sie die Forstinteressen positiv dar und in 124 Fällen die Naturschutzinteressen. Die negative Bewertung der Forst- und Naturschutzinteressen durch die Medien ist dagegen in der prozentualen Betrachtung mit 11,5% und 9,9% ähnlich. Bei der Betrachtung der Anzahl der getroffenen Aussagen wird jedoch deutlich, dass die Medien fast dreimal häufiger die forstlichen Interessen negativ darstellen als die Naturschutzinteressen. In der weiteren Betrachtung der als negativ beschriebenen Interessen fällt auf, dass die Naturschutzakteure die gegnerischen Interessen dreimal häufiger diskreditieren als es im umgekehrten Fall die Forstakteure tun. Naturschutzakteure dominieren damit die Negativaussagen über die Forstinteressen. Mit 85 Nennungen sind es aus dem Sektor Naturschutz insbesondere die Verbände, die die forstliche Argumentation kritisieren, sowohl in Deutschland: „'Es sieht aus als sei ein Panzer durch den Wald gefahren', sagen die BUND-Mitglieder und fragen sich, ob diese intensive forstwirtschaftliche Nutzung nötig ist." (Frankfurter Rundschau, 09.01.98), als auch im Ausland: „Fast 1700 Pflanzen und Tiere sind in Finnland nach offiziellen Berechnungen mehr oder weniger akut gefährdet; 700 davon sind nach Ansicht des WWF durch ‚Waldverjüngung' und intensive Forstwirtschaftsmethoden bedroht, insbesondere zahlreiche Flechten, Moose und Käfer, die auf alte Wälder angewiesen seien." (FAZ, 06.04.95). Umwelt- und Naturschutzverbände sind nach Volz (1997,298) darauf angewiesen, die „Glaubwürdigkeitsdifferenz" zum Forstsektor aufrecht zu erhalten, da sie ansonsten ihre politische Legitimität in den Augen ihrer Mitglieder und Spender verlieren. Dagegen versucht der Forstsektor, die Glaubwürdigkeitsdifferenz durch Annäherung zu verringern. Dieses Modell bietet eine Erklärung für die asymmetrische negative Bewertung gegnerischer Interessen im Forst- Naturschutzkonflikt. Hinzu kommt, dass Forstakteure in einigen Fällen die Argumentation des eigenen Sektors negativ darstellen. Dies ist der Fall, wenn ein Waldbaumethodenstreit an die Öffentlichkeit gebracht wird, in dem Forstakteure unterschiedlicher Ansichten ihre Art der Waldnutzung gegeneinander verteidigen. So z.B. in einem FAZ Artikel, in dem die erfolgreiche kahlschlagfreie Dauerwaldwirtschaft gegen die „radikalen Waldbaumethoden dieser forstlichen Planwirtschaft" postuliert wird. Trotz Annäherung in der waldbaulichen Praxis besteht bis heute keine Einigkeit über die Bewirtschaftung, weder zwischen Forstwirtschaft und Naturschutz, noch innerhalb der Forstwirtschaft oder zwischen den einzelnen Waldbesitzern (Volz 1992, 202). Weitere Kritik an den Interessen des eigenen Sektors stammt insbesondere von Forstakteuren, die sich für die Nationalparks und deren Form der Waldnutzung einsetzen. Diese Form der Kritik an den Interessen des eigenen Sektors liegt bei den Naturschutzakteuren nicht vor.

Tabelle 4.2-18: *Wertende Forst- und Naturschutzinteressen und ihre Problemdefinierer (N=1808)*

	Problemdefinierer											
	Forst		**Naturschutz**		**Politik**		**Medien**		**Wirtschaft**		**Sonstige**	
	n	In %	N	In %	N	In %	N	In %	N	In %	N	In %
Forst												
Positiv	433	**60,9**	31	4,4	53	7,5	102	14,3	4	0,6	88	12,4
Ambivalent	37	24,0	26	16,9	14	9,1	44	**28,6**	2	1,3	31	20,1
Negativ	12	6,0	98	**49,0**	17	8,5	23	11,5	2	1,0	48	24,0
Naturschutz												
Positiv	56	9,1	309	**50,2**	42	6,8	124	20,2	4	0,7	80	13
Ambivalent	16	**34,0**	7	14,9	5	10,6	11	23,4	1	2,1	7	14,9
Negativ	31	38,3	0	0	3	3,7	8	9,9	0	0	39	**48,0**
Summe	**585**		**471**		**134**		**312**		**13**		**293**	
In % (von 1808 Nennungen)	**32,2**		**26,1**		**7,4**		**17,3**		**0,7**		**16,2**	

Ein weiterer Grund für die mehr als doppelt so häufige negative Bewertung forstlicher Interessen im Vergleich zu den Naturschutzinteressen liegt in den vermehrten Aussagen durch die Politik. Die Akteure politischer Parteien treffen fast das Sechsfache an negativen Aussagen zu forstlichen Interessen als zu denen des Naturschutzes. In der Gesamtbetrachtung der negativen Darstellung von Naturschutzinteressen fällt auf, dass diese von Akteuren aus der Kategorie „Sonstige“ dominiert werden. In dieser Gruppe sind es in erster Linie Akteure aus Verbänden, die weder dem Sektor Forst, noch dem Sektor Naturschutz zuzuordnen sind, z.B. Bürgerinitiativen oder Sportvereine. Bei der Betrachtung der Interessen des Konflikts, die in den Waldartikeln ohne Wertung dargestellt werden, zeigt sich deutlich, dass insbesondere die Medien Definierer der wertfreien Aussagen sind. Sie dominieren auch die als ambivalent verzeichneten Forstinteressen. Die Darstellung der Naturschutzinteressen ohne Wertung wird dagegen von Forstakteuren dominiert. Diese schildern ihre Interessen selbst ebenfalls häufiger wertfrei, als es Naturschutzakteure tun, die insgesamt ihr Gewicht auf die positive Darstellung der Sektoreigenen Interessen richten.

4.2.3.1.3 Instrumente in den Konfliktaussagen

Wie bereits in Kapitel 4.2.2.5 beschrieben, geben Akteure aus unterschiedlichen Sektoren verschiedene Instrumente an, die zur Lösung der Waldprobleme beitragen. Während Forstakteure vornehmlich auf den Einsatz von Sachleistungen setzen, führen Akteure aus dem Naturschutzsektor am häufigsten informationelle Instrumente zur Problemlösung an (Tab. 4.2-12). Tabelle 4.2-19 zeigt die Benennung von Instrumenten in Beziehung zu den wertenden Aussagen zum Konflikt zwischen Forstwirtschaft und Naturschutz.

Tabelle 4.2-19: *Instrumente in den wertenden Forst- oder Naturschutzaussagen (N=1947)*

	Forst						Naturschutz					
	Positiv		Ambivalent		Negativ		Positiv		Ambivalent		Negativ	
Instrumente	n	In %	N	In %	N	In %	N	In %	N	In %	N	In %
Sachleistungen	400	**52,1**	39	**23,9**	25	12,0	124	18,3	17	**35,4**	16	19,0
Informationelle	97	12,6	21	12,9	60	28,8	193	**28,5**	5	10,4	24	28,6
Regulative	42	5,5	15	9,2	32	15,4	100	14,8	3	6,2	11	13,1
Ökonomische	78	10,2	29	17,8	9	4,3	76	11,2	8	16,7	3	3,6
Planerische	13	1,7	6	3,7	0	0	6	0,9	1	2,1	0	0
Sonstige	57	7,4	18	11,0	20	9,6	80	11,8	4	8,3	3	3,6
Keine	81	10,5	35	21,5	62	**29,8**	97	14,3	10	20,8	27	**32,1**
Summe	768		163		208		676		48		84	

Dass im Falle der Benennung von positiven Forstinteressen insbesondere Sachleistungen und im Falle positiver Naturschutzinteressen vornehmlich informationelle Instrumente benannt werden, deckt sich mit den Ergebnissen aus Kapitel 4.2.2.5, da die positiven Bewertungen hauptsächlich von Akteuren aus dem eigenen Sektor getroffen werden. Wenn Forstinteressen in der Waldberichterstattung angesprochen werden, dazu aber keine Bewertung zu erkennen ist, dominiert ebenfalls, wenn auch nicht ganz so deutlich, die Nennung der Sachleistungen als Lösungsinstrument. Dies resultiert maßgeblich aus den Aussagen des eigenen Sektors. Die ambivalent dargestellten Naturschutzinteressen werden hingegen von Forstakteuren dominiert (Tab. 4.2-18), was sich auch in der Benennung der Sachleistungen als Lösungsinstrumente niederschlägt. Im Falle der negativen Darstellung von Interessen aus dem Konfliktbereich ist die Verbindung zu den Problemdefinierern jedoch anders zu bewerten. Sowohl in den negativen Aussagen zu Forst- als auch in den negativen Aussagen zu Naturschutzinteressen werden in den meisten Fällen keine Instrumente erwähnt. Die Negativaussagen werden vom jeweils gegnerischen Sektor dominiert, der in der Kritik am Kontrahenten selten Mittel der Problemlösung aufzeigt. Daraus geht zum einen hervor, dass sowohl Forst- als auch Naturschutzakteure sich in ihren kritischen Aussagen selten auf die genutzten oder geforderten Instrumente des gegnerischen Sektors beziehen. Zum anderen zeigt das Ergebnis, dass diese Aussagen nur in Ausnahmefällen genutzt werden. Sie sollen die Problemlösungskompetenz des eigenen Sektors, durch die Benennung von zur Verbesserung der Waldsituation beitragenden Instrumenten unterstreichen.

4.2.3.1.4 Konflikte im In- und Ausland

Eine Unterteilung der Konfliktinteressen nach dem Ort des Ereignisses kann zeigen, ob sich die Verteilung der Interessenwertungen im In- und Ausland ähneln, oder ob deutliche Unterschiede zu erkennen sind. Auf Grundlage der Nachrichtenwerttheorie, in der dem Faktor Nähe eine besondere Bedeutung zukommt, ist eine deutliche Abweichung zwischen der Darstellung In-und Ausländischer Waldthemen zu erwarten. Obwohl, insgesamt betrachtet, sowohl in den deutschen als auch den Waldereignissen aus anderen Ländern die positiven Aussagen gegenüber den negativen deutlich dominieren, gibt es dennoch eindeutige Unterschiede (Tabelle 4.2-20). In der Berichterstattung über deutsche Waldereignisse überwiegen Aussagen, die zum Forstsektor getroffen werden. Wird dagegen über ausländische Waldthemen berichtet, finden in erster Linie die Interessen des Naturschutzes Erwähnung. Wertende Interessenaussagen über Ereignisse im Ausland zugunsten des Naturschutzes werden mehr als doppelt so häufig getroffen als positive Aussagen zu forstwirtschaftlichen Interessen. Unterstrichen wird dieser Kontrast der Darstellung durch die weitaus geringere Anzahl ambivalenter und negativer Naturschutzaussagen. In den veröffentlichten deutschen Waldereignissen dominieren zwar die Forstaussagen, jedoch ist die Dominanz nicht allein auf positive, sondern auch auf die vergleichsweise häufigen negativen Aussagen zu diesem Sektor gegründet.

Die Begründung für die divergierende Darstellung der Interessen im In-und Ausland kann zum einen in der Waldsituation und der forstlichen Handlungsweise gesehen werden, zum anderen in dem Betrachtungsstandpunkt. Die Vermehrung der Waldflächen ist im deutschen Waldgesetz verankert und wird maßgeblich von Forstakteuren umgesetzt. Nachhaltigkeit gilt dabei als das oberste Gebot forstwirtschaftlichen Handelns. In vielen Ländern außerhalb Europas verringert sich dagegen der Waldanteil durch großflächige Kahlschläge zusehends. Forstwirtschaft, wie sie in Kanada, Südamerika, Asien und teilweise in den Osteuropäischen Ländern betrieben wird, stößt dabei zunehmend auf Kritik in Mitteleuropa. Naturschutz scheint in diesen Gebieten eine Notwendigkeit zu sein, um die Katastrophen größeren Ausmaßes zu verhindern. Befürchtete Folgen der Abholzung sind die Veränderung des Weltklimas und der Treibhauseffekt. Da in den untersuchten Zeitungen vornehmlich deutsche oder mitteleuropäische Akteure zu Wort kommen, ist die starke positive Bewertung der Naturschutzinteressen für ausländische Waldprobleme einleuchtend, da die eigene Wirtschaft unangetastet bleibt. Diese Form der Thematisierung globaler Waldprobleme durch den Norden kann auch als eine neue „ökologische" Form des

Kolonialismus wahrgenommen werden (Brand 1995, 51). („Jährlich gehe weltweit etwa ein Prozent der ökologisch bedeutsamen Waldfläche durch Abholzung oder Umwidmung in Holzfarmen verloren, sagte WWF-Generaldirektor Claude Martin in Genf vor den 53 Mitgliedstaaten des UN-Ausschusses für Wälder (IPF). Von der Sitzung erhoffen sich die Naturschützer ein klares Bekenntnis zur Walderhaltung. Sie fordern, die geschützten Waldflächen auf etwa zwölf Prozent weltweit zu verdoppeln." FAZ 21.03.96). Dass trotz der insgesamt positiven Waldsituation in Deutschland deutlich kritische Bewertungen der forstlichen Interessen in den Medien zu finden sind, liegt vornehmlich in der Konfliktsituation von Forstwirtschaft und Naturschutz begründet: „Naturschützer attackieren Aufzucht ‚profitträchtiger Industriewälder'", (Die Welt, 01.02.95).

Tabelle 4.2-20: *Wertende Forst- und Naturschutzinteressen in in- und ausländischen Ereignissen (N=1808)*

Bewertung von Interessen	**Deutschland**		**Ausland**	
	n	**In %**	**n**	**In %**
Forst	**945**	**62,8**	**120**	**39,5**
Positiv	642	42,7	69	22,7
Ambivalent	130	8,6	24	7,9
Negativ	173	11,5	27	8,9
Naturschutz	**559**	**37,2**	**184**	**60,5**
Positiv	452	30,0	163	53,6
Ambivalent	39	2,6	8	2,6
Negativ	68	4,5	13	4,3
	1504	**100**	**304**	**100**

4.2.3.1.5 Ereignisvalenz der Konfliktaussagen

Als Valenz wird der positive oder negative Charakter von Ereignissen bezeichnet. Positive Ereignisse sind Geschehnisse, die die vermutete Mehrheit der Bevölkerung als Erfolg betrachtet – Problemlösungen, Anpflanzungen neuer Waldflächen, waldpädagogische Aktionen usw. Nicht relevant ist in diesem Zusammenhang die Haltung von Außenseitern und Minderheiten. Ambivalente Ereignisse sind Geschehnisse, die von einem Teil der Bevölkerung als positiv und von einem anderen Teil als negativ betrachtet werden. Es besteht keine Einigkeit über die Wertigkeit solcher Ereignisse. Negative Ereignisse sind Geschehnisse, die die vermutete Mehrheit der Bevölkerung als Misserfolg betrachtet – Waldbrände, Rodungen, Schädlingsbefall usw. Nicht relevant ist auch hier die Haltung von Außenseitern und Minderheiten. Im Zweifelsfall wurde ein Ergebnis eher als ambivalent denn als positiv oder negativ eingestuft.

Eine gemeinsame Betrachtung der Ereignisvalenz mit den bewerteten Interessen (s. Kapitel 4.2.3.1) kann zeigen, ob bestimmte Bewertungen eines Sektors häufiger im Zusammenhang mit einer bestimmten Ereignisvalenz stehen. Zur Veranschaulichung wäre folgendes Beispiel vorstellbar: Negativ bewertete Forstinteressen treten häufig in Zusammenhang mit Ereignissen auf, die ebenfalls einen negativen Charakter haben. Dagegen sind negativ bewertete Naturschutzinteressen vornehmlich an Ereignisse geknüpft, die einen positiven Charakter haben.

Tabelle 4.2-21 zeigt, dass die sektorspezifischen Bewertungen keinen Zusammenhang mit der Valenz des berichteten Ereignisses aufweisen. Einzig eine geringe Verschiebung zu einer vermehrten Darstellung von bewerteten Naturschutzinteressen in Ereignissen negativer Valenz wird deutlich. Der Zusammenhang zwischen der Bewertung der Interessen und der Valenz des Ereignisses ist hingegen eindeutig unabhängig vom Sektor. In Ereignissen, die als positiv angesehen werden können, sind deutlich mehr positiv bewertete Waldinteressen zu verzeichnen als in Ereignissen mit negativer Valenz. Gleichzeitig finden in der Berichterstattung über Waldereignisse negativer Valenz mehr negativ bewertete Interessen Erwähnung. Es ist also zwischen den Interessen des Sektors und der Ereignisvalenz kein Zusammenhang zu erkennen, wohl aber zwischen der Bewertung der Interessen und der Ereignisvalenz.

Tabelle 4.2-21: *Wertende Forst- und Naturschutzinteressen im Zusammenhang mit den verschiedenen Ereignisvalenzen (N=1808)*

	Ereignisvalenz +		**Ereignisvalenz +/-**		**Ereignisvalenz -**	
Interessen	**N**	**In %**	**N**	**In %**	**N**	**In %**
Forst	**361**	**60,2**	**304**	**58,2**	**400**	**58,3**
Positiv	292	48,7	190	36,4	229	33,4
Ambivalent	43	7,2	51	9,8	60	8,7
Negativ	26	4,3	63	12,0	111	16,2
Naturschutz	**239**	**39,9**	**218**	**41,8**	**286**	**41,7**
Positiv	220	36,7	169	32,4	226	32,9
Ambivalent	10	1,7	22	4,2	15	2,2
Negativ	9	1,5	27	5,2	45	6,6
Summe	600		522		686	

Die stochastische Unabhängigkeit zwischen der Valenz eines Ereignisses und der Wertung von Aussagen zum Konfliktbereich wurde durch den Chi-Quadrat Test auf Unabhängigkeit in einer Mehrfeldertabelle, sowohl für die Naturschutz- als auch für die Forstaussagen abgelehnt. Es muss daher alternativ von der Abhängigkeit der Valenz eines Ereignisses und der Wertung von Aussagen zum Konfliktbereich ausgegangen werden.

Dieses Ergebnis ist insofern nicht überraschend, als in der Berichterstattung über Waldereignisse mit negativer Tendenz auch vermehrt negativ bewertete Interessen zu erwarten sind, da diese als Ursache des Ereignisses angeführt werden. Positiv bewertete Interessen können in diesem Zusammenhang nur Erwähnung finden, wenn die Akteure und die von ihnen vertretenen Interessen als Problemhelfer auftreten. Eine Begründung für ein Ereignis mit positiver Valenz wird dagegen sehr viel häufiger auch in positiv zu bewertenden Interessen beschrieben sein.

4.2.3.1.6 Kollektive Symbole in den Konfliktaussagen

Eine Überprüfung des Zusammenhangs zwischen den Konfliktinteressen und den kollektiven Symbolen kann aufzeigen, ob mit der Nennung spezifischer wertender Waldkonfliktinteressen vermehrt kollektive Symbole genutzt werden und ob bestimmte Symbole bei der Beschreibung der Interessen eines Sektors häufiger genannt werden.

In 38,9% aller Aussagen der Waldberichterstattung wird mindestens ein kollektives Symbol genutzt (s. Kapitel 4.2.2.6). Die Ergebnisse aus Tabelle 4.2-22 zeigen, dass bei den Aussagen zu den Konfliktinteressen im Durchschnitt mehr Symbole auftreten, da in 43,9 % der Aussagen zu den Konfliktinhalten Symbole enthalten sind. Dieses Ergebnis resultiert vornehmlich aus der größeren Anzahl von Konfliktaussagen mit kollektiven Symbolen, die Forstinteressen positiv oder ambivalent, bzw. Naturschutzinteressen negativ beschreiben. Diese so dargestellten Interessen werden insbesondere von Akteuren aus dem Forstbereich definiert (Tab. 4.2-17). Dieses Ergebnis macht deutlich, dass Forstakteure bei der Darstellung von Interessen zum Waldkonflikt häufiger symbolträchtige Begrifflichkeiten nutzen als Naturschutzakteure.

Die Verknüpfung bestimmter kollektiver Symbole mit den wertenden Aussagen zu den Sektorinteressen hat gezeigt, dass kein eindeutiger Zusammenhang zwischen den Faktoren besteht. Lediglich die bereits in Kap. 4.2.2.6 beschriebenen Tendenzen zeigen sich auch in den Aussagen der Konfliktproblematik. So werden z.B. *Waldsterben* und *Jagd* insbesondere in positiven Aussagen zu forstlichen Interessen benannt und Assoziationen wie z.B. *Grün* oder *Leben* sind eher in positiv bewerteten Aussagen zu Naturschutzinteressen zu finden. Dieses Ergebnis ist jedoch nicht auf dem Zusammenhang zwischen bewerteten Konfliktinteressen und kollektiven Symbolen, sondern auf der Nutzung kollektiver Symbole durch die Problemdefinierer, zurückzuführen.

Tabelle 4.2-22: *Wertende Forst- und Naturschutzinteressen im Zusammenhang mit den Aussagen zu kollektiven Symbolen*

Bewertung von Interessen	Absolut (n)	Aussagen mit kollektiven Symbolen n (in %)
Forst	**1065**	**491 (46,1)**
Positiv	711	324 (45,6)
Ambivalent	154	73 (47,4)
Negativ	200	94 (20,3)
Naturschutz	**743**	**303 (40,8)**
Positiv	615	244 (39,2)
Ambivalent	47	19 (40,4)
Negativ	81	40 (49,4)
	1808	**794 (43,9)**

4.2.3.2 Andere Konflikte

Konflikte, die spezielle, sich widersprechende Forst- und Naturschutzinteressen betreffen, finden sich nur in knapp der Hälfte aller Aussagen. Weitere 43% der Fälle behandeln Waldkonflikte, in denen andere Interessen im Vordergrund stehen. Die aus der Analyse hervorgegangenen Probleme sind zu Themenkomplexen zusammengefasst, um einen besseren Überblick über die Themenstruktur vermitteln zu können.

Wie Tabelle 4.2-23 zeigt, behandelt ein Viertel der analysierten Konflikte das Thema Waldschäden. Die Unterschiede innerhalb des Themeninhaltes nach den benannten Ursachen der beschriebenen Waldschäden machen deutlich, dass es sich hierbei in erster Linie um von Menschen gemachte Probleme handelt. Trotz gegenläufiger Prognosen bleibt das Thema Waldsterben, bzw. die abgeschwächte Form der Waldschäden, auch nach seiner großen Themenkarriere in den 80er Jahren ein Hauptthema des medialen Walddiskurses. Dieses Ergebnis wird durch die Resultate einer Analyse österreichischer Tageszeitungen bestätigt (Krumland 2000).

Die Verringerung der Waldflächen ist ein weiterer Themenkomplex, der einen großen Stellenwert in der Waldberichterstattung einnimmt. Hier sind es insbesondere Waldrodungen und der Raubbau der Wälder, die in der medialen Darstellung Beachtung finden. Ereignisse dieses Konfliktes sind zwar zumeist im Ausland verortet, doch auch die Abnahme der Waldflächen in Deutschland wird thematisiert. Das zeigt sich insbesondere im Konflikt um den Startbahnneubau am Frankfurter Flughafen.

In 250 Fällen wird das Thema Waldbrände beschrieben. Die dargestellten Brände sind ebenfalls Ereignisse, die vornehmlich im Ausland stattfinden und häufig in Kurznachrichten beschrieben werden. Aussagen dazu und zu den Akteuren in den jeweiligen Interessenpositionen werden vornehmlich von den Medien selbst getroffen. Die Benennung des Verursachers ist je nach Ursache des Brandes unterschiedlich. Häufig werden in den Artikeln keine Angaben gemacht, es sei denn, der Brand ist von Menschenhand gelegt und die Täter sind überführt. Die Helfer sind in der Waldbrandthematik vornehmlich der Kategorie „Sonstige" zuzuordnen, da es sich meist um Feuerwehrleute handelt. Opfer von Waldbränden ist, bis auf wenige Ausnahmen, die Natur. Die drei beschriebenen Hauptthemenkomplexe Waldschäden, Waldflächenabnahme und Waldbrände, die insgesamt in 865 Fällen und damit fast einem Drittel aller analysierten Fälle behandelt werden, zeigen die inhaltlich deutlich negative Tendenz der Waldberichterstattung.

Die Bedeutung des Konflikts Jagd/Tiere tritt bereits stark hinter den vorgenannten zurück. In diesem Konfliktfeld treffen insbesondere die Interessen der Akteure Jäger und Naturschützer aufeinander. Es handelt sich hierbei nicht um einen spezifischen Forst – Naturschutzkonflikt, da die forstlichen Akteure auch Koalitionen mit dem Naturschutz eingehen, z.B. Waldbesitzer, die durch den Wildverbiss einen Vermögensnachteil an ihrem Waldeigentum erwarten oder bereits verzeichnen (Volz 2000).

Die anderen, in Tabelle 4.2-23 dargestellten Themenkomplexe sind von deutlich geringerer Bedeutung als die bereits beschrieben. Diese Themen sind vornehmlich auf Ereignisse in Deutschland bezogen, wie z.B. Waldbewirtschaftung oder Schutzwald. Dass der Wald eng verknüpft ist mit dem Sektor Forst, zeigen 37 Aussagen, in denen die Reform in der Forstverwaltung zum Thema gemacht wurde. Dies wird, wie die Berichterstattung über die Flughafenerweiterung, vornehmlich in Artikeln der Frankfurter Rundschau beschrieben, da die Reform in Hessen stattfand und daher insbesondere in dieser Region von großem Interesse ist. Das Thema Erholung gehört nicht zu den dominierenden Konflikten, obwohl die Walderholung, wie z.B. Wandern oder Fahrradfahren, von großem öffentlichen Interesse und vielfach mit Konfliktpotential verbunden ist.

Tabelle 4.2-23: *Konfliktinhalte außerhalb des Konflikts Forstwirtschaft - Naturschutz*

Konfliktinhalte	Absolut	In Prozent
Waldschäden	**320**	**25,5**
Luftschadstoffe	284	22,6
Schädlinge	15	1,2
Sturm	5	0,4
Waldflächenabbau	**295**	**23,5**
Rodung	123	9,8
Raubbau	93	7,4
Flughafenbau	64	5,1
Sonstige	14	1,1
Waldbrand	**250**	**19,9**
Jagd/Tiere	**81**	**6,4**
Forstliche Waldbewirtschaftung	**67**	**5,3**
Schutzwald	**53**	**4,2**
Forstliche Verwaltungsreform	**37**	**2,9**
Waldnaturschutz	**23**	**1,8**
Müll	**19**	**1,5**
Waldverkauf	**18**	**1,4**
Erholung	**15**	**1,2**
Waldpädagogik	**10**	**0,8**
Sonstige	**69**	**5,5**
	1275	**100**

4.2.3.3 Aussagen ohne Problem

Zusätzlich zu den Aussagen, bei denen es sich um den Forst-Naturschutz- Interessenkonflikt oder um andere Konflikte handelt, gibt es Aussagen, in denen keine Probleme beschrieben werden. Wie Tabelle 4.2-24 zeigt, geht ein Drittel der Fälle ohne Problem auf Beschreibungen der Waldpädagogik zurück. Hierbei handelt es sich häufig um Ankündigungen von Veranstaltungen, z.B.: „Mit Förstern in den Wald können Urlauber sowohl in der Pfalz als auch im Nordschwarzwald und im Allgäu ziehen,(...)“ die unter anderem „Aspekte des Waldes als natürliche Lebensgrundlage vorstellen.“ (Frankfurter Rundschau, 05.04.97). Die Darstellungsart der Naturbeschreibungen divergiert je nach Inhalt. Waldbeschreibungen als Teil von Reiseberichten sind oftmals Ausschnitte aus Reportagen, hingegen sind die Mitteilungen zu einzelnen Waldevents, wie z.

B. "Der Baum des Jahres" oder "Der Tag des Baumes", häufig als Kurznachrichten in den Zeitungen zu finden. Seltener handelt der Inhalt von Kultur und Mensch. Hinter dieser Kategorie verbergen sich Buch-, Theater- und Museumsbeschreibungen, aber auch Informationen über Jubiläen, Einstellungen und das Ausscheiden aus dem Dienst von Personen, die in enger Beziehung zum Wald stehen. Eine weitere Thematik, die häufig nicht als Problem vermittelt wird, sind wissenschaftliche Erkenntnisse. Hier werden in Berichten wissenschaftliche Untersuchungen beschreiben, ohne auf den Hintergrund und damit auf den eigentlichen Ursprung des Forschungsvorhabens einzugehen, z.B. bei Berichten über die Zersetzung von Laub. Dass die wissenschaftliche Betrachtung des Themas Wald häufig nicht als Problem beschrieben wird, unterstützt die Ergebnisse über die Akteure in den Interessenpositionen, in denen Wissenschaftler nur eine untergeordnete Rolle spielen.

Tabelle 4.2-24: *Aussagen ohne Problemdarstellung (N=226)*

Problemlose Inhalte	Absolut	In Prozent
Waldpädagogik	72	31,9
Naturbeschreibungen	63	27,9
Beschreibung Kultur und Mensch	19	8,4
Wissenschaft	18	8,0
Erholung	14	6,2
Waldstatistik	7	3,1
Sonstige	33	14,6
	226	**100**

In der Kategorie Erholung sind im Unterschied zum vorhergehenden Kapitel Fälle verortet, die Freizeitmöglichkeiten im Wald beschreiben und dabei nicht auf eine Problemsituationen eingehen. In der Kategorie „Waldstatistik“ werden Zahlen zum Wald, z.B. Waldfläche, Anteil Laub- und Nadelwald, bekannt gegeben. Dies geschieht häufig in Kurznachrichten, z.B. unter der Rubrik „Zahl des Tages“: „Die Krautschicht auf einem Quadratkilometer Waldboden produziert mit ihren Pflanzen in Stengeln, Blättern und Blüten pro Jahr rund 80 Tonnen organische Substanz.“ (Die Welt, 07.01.97). Insgesamt wird deutlich, dass es sich bei den Themen, die nicht als Konflikte in der Medienberichterstattung auftauchen, hauptsächlich um Ankündigungen und Beschreibungen handelt.

4.2.3.4 Zusammenfassung Merkmale des publizistischen Konflikts

Unterschiede in der Bewertung der Sektorinteressen von Forst und Naturschutz in der Waldberichterstattung sind in erster Linie abhängig von den Akteuren, die diesen Konflikt in ihren Kommunikationshandlungen in den Medien erwähnen. Insgesamt werden die Interessen beider Sektoren vornehmlich positiv beschrieben, wobei die Akteure insbesondere die eigenen Interessen positiv in der Berichterstattung darstellen. Die negative Bewertung der Interessen wird in erster Linie von Akteuren des jeweiligen gegnerischen Sektors vorgenommen. Forstakteure nehmen, im Gegensatz zu den Naturschutzakteuren, auch zu ihrer eigenen Position kritisch Stellung. Die dargestellten Instrumente sind in erster Linie abhängig vom jeweiligen Problemdefinierer und weniger von den dargestellten Interessen. Aus der differenzierten Betrachtung in- und ausländischer Ereignisse geht hervor, dass die Darstellung von positiv bewerteten Naturschutzinteressen in der Berichterstattung über ausländische Waldereignisse vermehrt zu finden ist. Die Ereignisvalenz steht, genau wie die Art der Darstellung, nicht in Abhängigkeit zu den Sektoren der berichteten Interessen, sondern zur Bewertung der Interessen. Negativ bewertete Interessen finden sich vor allem in Kritiken und Leserbriefen und in Ereignissen mit negativem Charakter wieder. Dagegen sind positiv bewertete Interessen in Ankündigungen und Reportagen und in der Berichterstattung über Ereignisse mit positivem Charakter lokalisiert. Zwischen den kollektiven Symbolen und den Sektorinteressen kann kein eindeutiger Zusammenhang festgestellt werden. Andere Waldkonflikte, die nicht auf den Interessenkonflikt zwischen Forst und Naturschutz eingehen, behandeln insbesondere Waldschäden, Waldrodungen und Waldbrände. Themen, die keine Konflikte beinhalten, beschäftigen sich dagegen häufig mit Waldpädagogik oder Naturdarstellungen.

4.2.4 Selektionsmechanismen im medialen Walddiskurs

Die zentrale Stellung der Medien im Öffentlichkeitssystem macht sie auch hinsichtlich der Thematik Wald zu einem umkämpften Gebiet. Unterschiedliche kollektive Akteure des Waldes versuchen, ihre Themen und Deutungen in den Medien zu lancieren, und konkurrieren damit um die Medienaufmerksamkeit. Die Medien sind jedoch ein politischer Akteur mit eigenen, spezifischen Interessen. Im Folgenden werden die verschiedenen Faktoren, die einen Einfluss auf die Darstellung des medialen Walddiskurses haben, beschrieben. Dazu finden die drei Säulen der Medienselektion - Input-Ansatz, Nachrichtenwert-Ansatz und Medienbias-Ansatz - Anwendung auf die Waldberichterstattung.

4.2.4.1 Ereignismanagement der Akteure im Politikfeld Wald

Gesellschaftliche Akteure machen sich die Kenntnisse der journalistischen Selektionskriterien zunutze und betreiben gezieltes Ereignismanagement, um den Input an Informationen in die Medien aktiv mitzubestimmen. Ereignisse, über die in den Medien berichtet wird, können mit Blick auf ihre Ursachen (Kepplinger 1992, 52), in drei Kategorien unterteilt werden.

Genuine Ereignisse sind vollständig unabhängig von der Berichterstattung. Beispiele hierfür sind Waldbrände, Sturm oder Schädlingsvorkommen.

Mediatisierte Ereignisse sind Geschehnisse, die vermutlich auch ohne die zu erwartende Berichterstattung geschehen wären, aber einen spezifischen mediengerechten Charakter erhalten. Beispiel hierfür ist der jährliche Waldschadensbericht

Inszenierte Ereignisse werden eigens zum Zweck der Berichterstattung herbeigeführt und würden folglich ohne die Erwartung der Berichterstattung nicht geschehen. Beispiel hierfür sind manche Demonstrationen, z.B. mit „Baumbesetzern“ und symbolische Aktionen wie "Der Baum des Jahres"

Nach Kepplinger (1998, 173) ist die Berichterstattung über mediatisierte und inszenierte Ereignisse in den letzten 50 Jahren stetig angestiegen. Dies resultiert vornehmlich aus der Anpassung von Politikern an die Regeln der Medien. Die Auswertung der Waldberichterstattung zeigt, dass auch in dieser speziellen Thematik in über 50 % aller Fälle über Ereignisse berichtet wird, die mediatisiert wurden, d.h. über Ereignisse mit einem medienspezifischen Charakter (Tabelle 4.2-25). Auch die eher geringe Anzahl inszenierter Ereignisse stimmt mit den Ergebnissen von Kepplinger überein, dessen Untersuchungsgegenstand die Deutschlandberichterstattung der letzten 50 Jahre ist. Im deutlichen Unterschied zu der Studie von Kepplinger steht jedoch die Häufigkeit des Vorkommens genuiner Ereignisse. In der Waldberichterstattung wird sehr viel seltener über genuine Ereignisse berichtet als in der Deutschlandberichterstattung. Dies kann unter anderem aus dem unterschiedlichen Nachrichtenwert der Themen resultieren. Von genuinen Ereignissen aus dem Wald, wie Schädlingsbefall oder Sturmschäden, sind meistens nur sehr wenige Menschen betroffen. Deshalb liegt es nahe, dass diese Ereignisse als weit weniger negativ angesehen werden als andere, von denen viele Menschen direkt betroffen sind, z.B. wenn ein Sturm einen ganzen Ort verwüstet hat. Auch positive Ereignisse des Waldes betreffen häufig weit weniger Menschen als positive Ereignisse, die aus dem sozialen Zusammenleben entstehen. Dem Ereignis einer guten Naturverjüngung wird sicher ein geringerer Nachrichtenwert zugesprochen als der Erhöhung des Kindergeldes. Genuine Ereignisse des Waldes stehen nur selten im direkten Zusammenhang mit Personen. Das bedeutet zum einen, dass wenige Menschen betroffen sind und damit die Reichweite des Ereignisses als gering einzuschätzen ist. Zum anderen werden diese Ereignisse nicht wahrgenommen und erreichen somit gar nicht erst die Medien als Input.

Tabelle 4.2-25: *Ursachen von Ereignissen (N=2935)*

	Absolut	In Prozent
Genuine Ereignisse	434	14,8
Mediatisierte Ereignisse	1617	55,1
Inszenierte Ereignisse	128	4,4
Nicht erkennbar	756	25,8
	2935	**100**

Wenn verschiedene kollektive Akteure um die Aufmerksamkeit der Medien konkurrieren, steht zu erwarten, dass diejenigen, die sich den Medienregeln besser angepasst haben und durch professionelle Öffentlichkeitsarbeit Ereignisse für die Berichterstattung mediatisieren und inszenieren, bessere Chancen haben, ihre Nachricht über die Medien an die Öffentlichkeit zu transportieren. Der Vergleich der Problemdefinierer mit den von ihnen dargestellten Ereignissen und ihren Ursachen zeigt, dass es in den Akteursgruppen des Waldes Unterschiede in der Anpassung an die Medienregeln gibt. Aus Tabelle 4.2-26 geht hervor, dass die Ereignisse sehr viel häufiger genuiner Art sind, wenn die Medien als Problemdefinierer auftreten. Ihnen kommt eine Sonderrolle in der Medienkommunikation zu. Dies lässt sich zum einen aus der Tatsache erklären, dass die Medien selbst, im Vergleich zu den anderen Akteuren, keine Ereignisse mediatisieren oder inszenieren müssen. Zum anderen definieren sie häufig Probleme in Form von genuinen Ereignissen, da diese nicht als Input von anderen Akteuren zu erwarten sind, wie z.B. Informationen über die meisten Waldbrände, die den Medien häufig von den Nachrichtenagenturen zugeleitet werden. Bei den anderen Akteursgemeinschaften überwiegen die Definitionen von Problemen, deren Ereignisse mediatisiert wurden. Besonders auffällig ist die große Anzahl mediatisierter Ereignisse bei der Problemdefinition durch Akteure aus der Politik. Wenn Akteure politischer Parteien bei Waldereignissen zugegen sind, handelt es sich meistens um mediatisierte Ereignisse, da die Gelegenheit wahrgenommen wird, ebenfalls die Presse und die Medien einzuladen, um eine Berichterstattung herbeizuführen. Dies liegt in der Tatsache begründet, dass allein durch die Anwesenheit von Akteuren politischer Parteien bereits eine Mediatisierung des Ereignisses vorliegt. Ein Beispiel ist der Waldspaziergang zur Begutachtung von Schäden mit Lokal- oder Regionalpolitikern, der zwar einerseits tatsächlich der Information der Politik dient, andererseits aber auch dazu genutzt wird, die Medienöffentlichkeit anzusprechen. Des Weiteren geht aus der Tabelle hervor, dass es sich bei der Problemdefinition durch Akteure des Naturschutzes doppelt so häufig um inszenierte Ereignisse handelt als im Durchschnitt aller Akteure. Dies resultiert vornehmlich aus Ereignissen mit den Naturschutzverbänden, die eine professionelle Öffentlichkeitsarbeit betreiben und die Inszenierung von Ereignissen nutzen, um Medienaufmerksamkeit zu erreichen. Zu den inszenierten Ereignissen gehören nicht nur spektakuläre Aktionen, für die z.B. Greenpeace bekannt ist (Rossmann 1993, 91), sondern auch lokale Aktionen, die einzig veranstaltet werden, um durch die Medien die Öffentlichkeit erreichen zu können. Deutlich wird durch die Analyse der Unterschied zu den Forstakteuren, die weit seltener Problemdefinierer eines inszenierten Ereignisses sind. Die Begründung für die geringe Anzahl an Inszenierungen kann zum einen in dem niedrigen Professionalisierungsgrad der Öffentlichkeitsarbeit der Forstverwaltung gesehen werden, da diese vornehmlich durch das eigene, nur forstlich ausgebildete Personal durchgeführt wird. Zum anderen sind sich die Forstakteure des Waldes traditionell sicher und sehen wenig Veranlassung in der Öffentlichkeit um Legitimation zu werben (Krott 2001, 139). Dennoch zeigen die Ergebnisse auch, dass die Akteure mit den meisten inszenierten Ereignissen nicht notwendigerweise die Waldberichterstattung dominieren. Forstakteure kommen mit einer Vielzahl von mediatisierten, aber auch mit genuinen Ereignissen in die Medien.

Tabelle 4.2-26: *Problemdefinierer im Zusammenhang mit den der Ereignisursachen (N=2935)*

	Problemdefinierer													
	Forst		**Natur-schutz**		**Politik**		**Medien**		**Wirt-schaft**		**Sonstige**		**Summe**	
	N	In %	N	In %	N	In %	N	In %	N	In %	N	In %	N	In %
Genuine E.	57	7,6	37	7,7	22	6,7	258	**37,4**	2	8	58	8,8	434	14,8
Mediatisierte E.	471	62,5	315	65,6	240	**73,4**	174	25,3	17	68	400	60,5	1617	55,1
Inszenierte E.	27	3,6	42	**8,8**	14	4,3	11	1,6	3	12	31	4,7	128	4,4
Nicht erkennbar	198	26,3	86	17,9	51	15,6	246	35,7	3	12	172	26,0	756	25,8
Summe	**753**		**480**		**327**		**689**		**25**		**661**		**2935**	

Eine Einteilung der Problemdefinierer nach den Akteursgemeinschaften, unabhängig von den Sektorinteressen, kann zeigen, ob es sich vornehmlich um Akteure mit Ressourcen für professionelle Öffentlichkeitsarbeit handelt, die die Medienberichterstattung dominieren. Tabelle 4.2-27 zeigt, dass es nach den Medien - diese sind auf Grund ihrer Sonderstellung zurückzustellen - insbesondere die Verbände sind, die in der Berichterstattung die Probleme des Waldes aufzeigen. Sie sind in 623 Fällen Problemdefinierer. Warum die Verbände am erfolgreichsten in der Selbstplatzierung sind, kann nicht eindeutig nachgewiesen werden. Es ist jedoch davon auszugehen, dass der entscheidende Faktor zur Erklärung der häufigen Repräsentanz der Verbände in den Medien in der Nutzung einer professionellen Abteilung für Presse- und Öffentlichkeitsarbeit zu sehen ist. Ein Hinweis dafür ist auch die mit Abstand höchste Anzahl von inszenierten Ereignissen, die in Verbindung mit den Verbänden als Problemdefinierer auftreten. Das bedeutet, dass sich die Verbände insgesamt in der Berichterstattung über den Wald durchsetzen konnten. Dies ist erster Linie ein Verdienst der Naturschutzverbände, auf die über die Hälfte der von Verbänden definierten Aussagen zurückgehen. Dieses Resultat steht den Ergebnissen der Medienanalyse von Gerhards (1993) entgegen. In seiner Analyse des Diskurses der Anti-IWF Kampagne sind es in erster Linie Akteure der Exekutive, die den Diskurs beherrschen, obwohl sich viele Mobilisierungsgruppen daran beteiligt haben. Dies führt Gerhards insbesondere auf die professionelle Öffentlichkeitsarbeit der Exekutive, aber auch auf den Status des Absenders zurück, der zum Zentrum des politischen Systems gehört und dem damit schon dem Anschein nach Wichtigkeit verliehen wird. In der hier vorliegenden Untersuchung der Waldberichterstattung liegen die Akteure aus der Politik in der Häufigkeit ihres Auftretens nicht nur hinter den Verbänden, sondern auch hinter den Akteuren der Verwaltung zurück. Die Ressourcenausstattung und der Professionalisierungsgrad der Öffentlichkeitsarbeit sind bei politischen Akteuren nach bisherigen Erkenntnissen aber als sehr ausgereift zu sehen. Sie verfügen über eine ausgebaute, professionell arbeitende Presseabteilung, die sich auf massenmediale Öffentlichkeitsarbeit spezialisiert hat, Kontakte zu den Redaktionen pflegt und diese dauerhaft mit Informationen versorgt. Der Unterschied zwischen der vorliegenden Analyse der Waldberichterstattung und der von Gerhards (1999), aber auch der von Gerhards/Neidhardt/Rucht (1998) und Weßler (1999) durchgeführten Untersuchung, liegt im Betrachtungsgegenstand. Sowohl bei der Anti-IWF Diskussion als auch im Abtreibungsdiskurs und im Diskurs der Drogenberichterstattung sind es politische Entscheidungsträger und Akteure politischer Parteien, die den Mediendiskurs dominieren. Die Begründung kann zum einen in der Aktualität und Brisanz des Untersuchungsgegenstands liegen, d.h. Akteure aus der Politik wenden ihre Aufmerksamkeit insbesondere Themen zu, die aktuell von großem Interesse sind. Zum anderen ist in den angesprochenen Analysen kein Thema der Umwelt betroffen. Damit ist auch eine Beteiligung von Umwelt- und Naturschutzgruppen nicht zu erwarten. Diese haben aber, im Gegensatz zu anderen Mobilisierungsgruppen, eine bereits zu öffentlicher Bedeutung angewachsene Stellung in der Gesellschaft (Nusser 1994, 114). Aus diesen Ergebnissen lässt sich ableiten, dass der Input nicht allein abhängig ist von der Ressourcenausstattung für Öffentlichkeitsarbeit und dem Status der Akteure, sondern auch von dem Interesse, das die einzelnen Akteure dem Thema entgegenbringen. Aus den Ergebnissen der Studie von Nusser (1994) geht deutlich hervor, dass sich die politischen Akteure umso mehr an einem Diskurs beteiligen, je größer das öffentliche Interesse ist. Steht kein allgemeines Interesse für ein Thema zu erwarten, wird auch die Beteiligung der Akteure aus der Politik zurückgenommen. Andere Akteure, die nicht zum Zentrum gehören, erhalten damit eine größere Chance auf Medienaufmerksamkeit.

Die Beteiligung der Akteure aus der Wissenschaft ist erwartungsgemäß gering. Denn trotz zunehmender Mediatisierung der Wissenschaft (Weingart 2001) fehlt es an Professionalisierung der Öffentlichkeitsarbeit und in vielen Fällen an der Motivation, am Mediendiskurs mitzuwirken. Dies zeigt unter anderem auch die sehr geringe Anzahl mediatisierter und inszenierter Ereignisse im Zusammenhang mit Akteuren der Wissenschaft.

Tabelle 4.2-27: *Problemdefinierer im Zusammenhang mit Ereignisursachen – unabhängig von den Sektoren (N=2935)*

	Problemdefinierer													
	Verwaltung ges.		**Politik ges.**		**Verbände ges.**		**Wissenschaft ges.**		**Medien**		**Sonstige**		**Summe**	
	N	In %	N	In %	N	In %	N	In %	N	In %	N	In %	N	In %
Genuine E.	67	11,6	32	6,0	36	5,8	18	9,4	258	37,4	23	7,1	434	14,8
Mediatisierte E.	334	58,0	400	75,3	428	68,7	78	40,6	174	25,3	203	62,7	1617	55,1
Inszenierte E.	12	2,1	24	4,5	68	10,9	3	1,6	11	1,6	10	3,1	128	4,4
Nicht erkennbar	163	28,3	75	14,1	91	14,6	93	48,4	246	35,7	88	27,2	756	25,8
Summe	576		531		623		192		689		324		2935	

Aus der Theorie des zunehmenden Ereignismanagements leitet sich die Frage nach den Folgen für den politischen Prozess ab. Diese lassen sich insbesondere anhand der Instrumente erkennen, die als Mittel für die Problemlösung vorgeschlagen werden. In Tabelle 4.2-28 sind die Häufigkeiten der Darstellung der einzelnen Instrumente, getrennt nach den unterschiedlichen Ereignisursachen, aufgeführt. In den Ergebnissen sind deutliche Unterschiede zwischen genuinen und inszenierten Ereignissen in der Benennung von Lösungsinstrumenten erkennbar. In den Aussagen über genuine, d.h. von den Medien vollkommen unbeeinflusste Ereignisse, werden vornehmlich Sachleistungen zur Lösung der Waldprobleme erwähnt. Beispielsweise werden im Fall von Waldbränden die Löscharbeiten als Lösungsinstrument dargestellt. Wird über inszenierte Ereignisse berichtet, finden Sachleistungen hingegen vergleichsweise selten Erwähnung. In diesen Fällen wird zur Lösung der Waldprobleme vermehrt auf informationelle Instrumente zurückgegriffen, d.h. auf Aufklärung und Information. Dieses Instrument wird wiederum in der Berichterstattung über genuine Ereignisse nur in wenigen Fällen als Mittel gegen die Waldprobleme benannt.

Die Dominanz informationeller Instrumente in der Berichterstattung über inszenierte Ereignisse lässt den Schluss zu, dass es sich bei den eigens für die Medien produzierten Aktionen um „Nullereignisse“ handelt, die sich nicht mit den konkreten Problemen des Waldes beschäftigen. Am Beispiel des alljährlich wiederkehrenden Ereignisses „Baum des Jahres“ wird deutlich, dass die Inszenierung kein konkretes Problem der Waldpolitik betrifft. Dennoch findet die Inszenierung ein großes Echo in der Presse. Die Initiatoren dieses, aber auch anderer Ereignisse, argumentieren mit Information und Aufklärung, die durch den Medienevent geliefert werden. Für den politischen Prozess können das zunehmende Ereignismanagement und die damit verbundene Stilisierung von „Nullereignissen“ zu Nachrichten nicht folgenlos bleiben. Wird die Policy-Agenda durch die Medien Agenda beeinflusst, gelangen Waldprobleme in den politischen Prozess, die eigentlich keine sind, aber durch die erhöhte Aufmerksamkeit dazu gemacht werden. Hinzu kommt, dass Themen inszenierter Ereignisse den politischen Entscheidungsträgern durch die gehobene Aufmerksamkeit mehr Prestige bieten, wie z.B. der Fall der „Brent Spar“.

Tabelle 4.2-28: *Instrumente in Zusammenhang mit Ereignisursachen (N=2935)*

	Ereignisursachen							
	Nicht erkennbar		**Genuin**		**Mediatisiert**		**Inszeniert**	
Instrumente	N	In %	N	In %	N	In %	N	In %
Sachleistungen	192	24,1	190	**42,4**	449	25,8	31	22,5
Informationelle	106	13,3	44	9,8	365	21,0	61	**44,2**
Regulative	93	11,7	26	5,8	183	**10,5**	8	5,8
Ökonomische	50	6,3	28	6,3	198	**11,4**	12	8,7
Planerische	24	3,0	2	0,4	34	**2,0**	1	0,7
Sonstige	91	11,4	17	3,8	161	**9,3**	8	5,8
Keine	240	30,2	141	**31,5**	349	20,1	17	12,3
Summe	**796**	**100**	**448**	**100**	**1739**	**100**	**138**	**100**

4.2.4.2 Nachrichtenfaktoren in der Waldberichterstattung

Die Nachrichtenwerttheorie soll nach Kepplinger (2000) drei Sachverhalte klären: die Auswahl, die Platzierung und den Umfang von Nachrichten. Trotz der zahlreichen Untersuchungen auf diesem Gebiet kommt es nicht zu einem Konsens bezüglich der genauen Wirkungsweise von Nachrichtenfaktoren auf die Auswahl von Nachrichten. Die Nachrichtentheorie von Galtung und Ruge (1965) ist einerseits in einer Reihe von Untersuchungen empirisch bestätigt und konzeptionell weiterentwickelt worden (Schulz 1989; Kepplinger 1989; Staab

1990), wird andererseits aber bis heute nicht kritiklos als Erklärung der Nachrichtenauswahl anerkannt (Wilke/Rosenberger 1991). Ein Versuch der Klärung wurde diesbezüglich von Kepplinger (2000) unternommen, der für die Anerkennung des Nachrichtenwerts der Nachrichtenfaktoren als eigenständige Variable plädiert. Denn der Wert, dem ein Nachrichtenfaktor beigemessen wird, ist abhängig vom jeweiligen Journalisten und vom Medium.

Da es sich bei der vorliegenden Untersuchung der Waldberichterstattung um eine reine Output- Analyse handelt, kann und soll kein empirischer Test über die Nachrichtenauswahl durchgeführt werden. Stattdessen wird ein Einfluss auf die Auswahlentscheidung durch die bereits vielfach untersuchten und verifizierten Nachrichtenfaktoren vorausgesetzt. Die Überprüfung der Waldberichterstattung im Hinblick auf die bekannten Nachrichtenfaktoren soll zeigen, ob sich in dieser speziellen Thematik bestimmte Faktoren in der Berichterstattung gehäuft wiederfinden. Aus Tabelle 4.2-29 geht hervor, dass es deutliche Unterschiede in der Häufigkeit des Vorkommens der neun untersuchten Nachrichtenfaktoren gibt. Es wurden 3575 Nachrichtenfaktoren in den 2492 untersuchten Artikeln der Waldberichterstattung codiert. Das verdeutlicht die große Anzahl von Mehrfachnennungen, d.h. das Vorkommen mehrerer Nachrichtenfaktoren pro Artikel. Der Nachrichtenfaktor, der am häufigsten in der Waldberichterstattung zu finden ist, ist der Faktor Negativität. In fast jedem dritten Artikel wird ein negatives Ereignis thematisiert, was auf die große Anzahl von Waldthemen mit negativem Charakter zurückzuführen ist, wie z.B. Waldschäden, Waldflächenabbau oder Waldbrände (Beispiel: *„ Umweltexperten: Im Jahre 2050 kein Wald mehr"; Frankfurter Rundschau, 19.11.94).*

Ebenfalls von großer Bedeutung in der Waldberichterstattung ist der Faktor *Kontrovers*, der ebenso wie der Faktor *Negativität* in fast einem Drittel aller Artikel zu finden ist. Dies ist zum einen ein Resultat des in den Medien ausgetragenen Konflikts zwischen Forstwirtschaft und Naturschutz um das Ökosystem Wald (Beispiel: „Die Förster, der Kalk und der deutsche Wald. Naturschützer attackieren Aufzucht ‚profitträchtiger Industriewälder' – Grünröcke nennen Öko-Vorwürfe ‚Firlefanz'"; Die Welt, *01.02.95*). Zum anderen entstammt die kontroverse Darstellung in der Waldberichterstattung auch dem Streit um die Erweiterung des Frankfurter Flughafens, für die einige Hektar Wald gerodet werden müssen. Der Konflikt zwischen Befürwortern und Gegnern der Flughafenerweiterung findet in den überregionalen Medien, insbesondere aber in der Frankfurter Rundschau, ein großes Medienecho. Das gleiche Beispiel lässt sich auch für den Faktor *Kontinuität* heranziehen, der in einem Fünftel aller Artikel aufzufinden ist. Denn über den Ausbau des Frankfurter Flughafens wird kontinuierlich, von unterschiedlichen Akteursgemeinschaften initiiert, berichtet. Das gleiche gilt auch für die Berichte über Waldschäden und Waldschädlinge, die zumeist nicht nur in einem, sondern in mehreren aufeinander folgenden Artikeln zum Thema der Berichterstattung gemacht werden (Beispiel: „Sorgen bereitet nur der Borkenkäfer" 10.05.96; „'Invasion' im Spessart: Schädlinge fressen Blätter" (15.05.96); Frankfurter Rundschau.) Ein Faktor mit positivem „Charakter", der ebenfalls in fast einem Fünftel aller Beiträge zu finden ist, ist der Faktor *Erfolg*, d.h. die Artikel berichten über ein Ereignis mit außergewöhnlichem Erfolg. Dies ist insbesondere der Fall, wenn immense Waldbrände eingedämmt werden konnten, die Rodung von Waldflächen verhindert wurde oder von einer Verbesserung der Waldsituation gesprochen wird. Erfolge von großer Reichweite sind in der Thematik Wald eher selten zu finden (Beispiel: „Kalkung mindert Treibhauseffekt durch Lachgas" ; Die Welt, 13.05.97). In über zehn Prozent aller Artikel sind Ereignisse gespickt mit prominenten Personen. Hauptsächlich handelt es sich dabei um politische Akteure, da andere Prominente, wie Sportler oder Schauspieler, nur in Ausnahmefällen in die Waldthematik eingebunden sind (Beispiel: „Prinz Philip, Gatte von Königin Elisabeth II, fordert bindende Regeln zum Schutz der Naturwälder" ; Die Welt, 30.07.94). Zu den Faktoren, die in der Waldberichterstattung nicht so häufig zu finden sind, gehören *Personalisierung*, *Selbstreferentialität*, *Reichweite* und *Überraschungen*. Das geringe Vorkommen kann einerseits in der Thematik Wald begründet sein. Hier finden nur selten überraschende Ereignisse statt, bzw. sie werden von einer großen Anzahl von Personen nicht als solche angesehen. Auch Fragestellungen von größerer Reichweite sind im Wald eher selten, es sei denn die Funktion des Waldes als CO_2-Senke und Sauerstofflieferant wird angesprochen. Zudem ist das Thema Wald von eher regionaler Bedeutung. Es sind insbesondere die Rezipienten betroffen, die sich in der Nähe des beschriebenen Waldes befinden und deshalb eigene Interessen mit ihm verbinden, z.B. den täglichen Spaziergang. Andererseits kann das geringe Vorkommen bestimmter Nachrichtenfaktoren auch in dem untersuchten Zeitungstyp begründet liegen. Denn die Relevanz einiger Faktoren ist in überregionalen Zeitungen anders einzuschätzen als in Lokalzeitungen (Krumland/Beerboom 2000).

Nach der Additivitätshypothese der Nachrichtenwerttheorie von Galtung und Ruge (1965) steigt der Nachrichtenwert, je mehr unterschiedliche Faktoren in einer Nachricht vorhanden sind. Tabelle 4.2-30 zeigt die Häufigkeit unterschiedlicher Faktoren-Mengen in den Artikeln. In fast der Hälfte aller Berichte ist lediglich ein Nachrichtenfaktor zu erkennen. In nahezu jedem dritten Beitrag sind zumindest zwei der untersuchten Nachrichtenfaktoren nachweisbar. Weitaus seltener kommen mehr als zwei Faktoren pro Artikel vor, und in zehn Prozent aller Artikel konnte kein Nachrichtenfaktor ausgemacht werden. Dass eine Nachricht dennoch berichtet wird, kann unterschiedliche Ursachen haben. Zum einen befinden sich in den Artikeln Nachrichtenfaktoren, die im Kategoriensystem nicht berücksichtigt werden. Der Faktor *Aktualität*, dem anerkannten Studien zur Folge eine große Bedeutung bei der Nachrichtenauswahl zukommt, geht in diese Erhebung nicht ein. Der Faktor *Nähe* wird im Folgenden extra betrachtet und damit ebenfalls nicht in Tabelle 4.2.29 repräsentiert. Zum anderen lässt sich der komplexe Vorgang der Nachrichtenauswahl nicht allein auf das Vorhandensein von Nachrichtenfaktoren beschränken.

Tabelle 4.2-29: *Nachrichtenfaktoren in der Waldberichterstattung (N=2492)*

Nachrichtenfaktoren	Absolut	In Prozent aller Artikel (N=2492)
Negativität	805	32,3
Kontrovers	761	30,5
Kontinuität	545	21,9
Erfolg	493	19,8
Prominenz	356	14,3
Personalisierung	199	8,0
Selbstreferentialität	163	6,5
Reichweite	163	6,5
Überraschung	90	3,6
	3575	**143,4**

Tabelle 4.2-30: *Anzahl von Nachrichtenfaktoren pro Artikel (=2492)*

Anzahl von Faktoren pro Artikel	Absolut	In Prozent
Kein Nachrichtenfaktor	271	10,9
Ein Nachrichtenfaktor	1185	47,6
Zwei Nachrichtenfaktoren	766	30,7
Drei Nachrichtenfaktoren	223	8,9
Vier Nachrichtenfaktoren	46	1,8
Fünf Nachrichtenfaktoren	1	0,0
	2492	**100**

Die Nachrichtenfaktoren lassen sich beliebig miteinander kombinieren. Tabelle 4.2-31 zeigt die fünf häufigsten Kombinationen von Nachrichtenfaktoren in der untersuchten Waldberichterstattung. Das Ergebnis zeigt deutlich, dass der Faktor *Kontinuität* am häufigsten mit anderen Faktoren gemeinsam in den Artikel zu finden ist. In einem Sechstel aller Beiträge tritt er in Kombination mit dem Faktor *Kontrovers* auf. Das deutet darauf hin, dass über Waldereignisse, die einen Konflikt bergen, wiederholt in den Zeitungen berichtet wird. Dabei kann es sich um die Darstellung von Problemen und in den Folgeartikeln um die Darstellung der Lösung handeln. Jedoch kann auch die Konfliktsituation über viele Artikel hinweg immer wieder behandelt werden. Dieses Vorgehen wird forciert durch die Akteure des Konflikts, die durch die Aufmerksamkeit der Medien auf Unterstützung hoffen, wie es das Beispiel der Flughafenerweiterung zeigt. Tabelle 4.2-31 verdeutlicht außerdem, dass prominente Personen, bei denen es sich, wie oben erwähnt, zumeist um Entscheidungsträger aus der Politik handelt, häufig im Zusammenhang mit kontroversen Ereignissen genannt werden. Dies unterstützt das aus Kapitel 4.2.4.1 hervorgegangene Ergebnis aus der Analyse der Inputhypothese, dass die Teilnahme von Akteuren aus der Politik am Mediendiskurs in Abhängigkeit zum öffentlichen Interesse steht. Denn zunehmende Konflikthaltigkeit eines Ereignisses lässt auch ein zunehmendes öffentliches Interesse erwarten. Dass damit auch das Medieninteresse steigt, zeigt die häufig auftretende Kombination der Faktoren *Kontinuität*, *Kontrovers* und *Prominenz*. Die Kombination von *Kontinuität* und *Negativität* macht deutlich, dass insbesondere negative Ereignisse eine Fortsetzung in der Medienberichterstattung finden. Über ein Erfolgsereignis wird dagegen nur selten wiederholt berichtet.

Tabelle 4.2.31: *Die häufigsten Kombinationen von Nachrichtenfaktoren in der Waldberichterstattung*

Kombination von Nachrichtenfaktoren	Absolut
1. Kontinuität + Kontrovers	389
2. Kontrovers + Prominenz	182
3. Kontinuität + Negativität	142
4. Kontinuität + Prominenz	126
5. Kontinuität + Kontrovers + Prominenz	106

Ein weiterer Nachrichtenfaktor, dem in der Nachrichtenwerttheorie eine große Bedeutung zugemessen wird, ist die *Nähe* zu den Rezipienten und zum Erscheinungsort des Mediums. Da sich die empirischen Untersuchungen auf deutschlandweite Tageszeitungen beziehen, kann sich die *Nähe* über berichtete Ereignisse innerhalb Deutschlands ausdrücken. Die Waldberichterstattung in den überregionalen Tageszeitungen beschäftigt sich mit dem Wald und seinen Problemen sowohl in Deutschland als auch im Ausland. Wie aus Tabelle 4.2-32 hervorgeht, beschränken sich die Inhalte in mehr als dreiviertel aller Fälle auf die Waldproblematik in Deutschland. Nur in 22,5% beziehen sich die Aussagen auf Waldthemen aus dem Ausland. Davon berichten über 25% aus den europäischen Nachbarländern. Dass damit über 83 % der berichteten Ereignisse in oder in der Nähe von Deutschland stattfinden, zeigt die große Bedeutung des Faktors *Nähe* zum Rezipienten. Der Nachrichtenfaktor *Nähe* im internationalen Kontext kann unterteilt werden in ranghöhere, geographisch oder kulturell nahe Staaten (Kunczik 1989, 167). Im Fall der Waldberichterstattung ist der Faktor *Nähe* überwiegend geprägt durch die geographische Nähe.

Die Unterkategorie *International* bedeutet, dass eine Problematik beschrieben wird, die in mehreren Erdteilen von Bedeutung ist, z.B. die des Raubbaus, der sowohl in Nordamerika, als auch in Osteuropa ein Problem darstellt. Die Häufigkeit des Vorkommens der Länder, in denen bekanntermaßen Konflikte um den Raubbau der Wälder vorherrschen, ist deutlich. In Asien ist es insbesondere Malaysia, in Südamerika in erster Linie Brasilien und in Nordamerika ist es Kanada, die mit großen Kahlschlägen im veröffentlichten Problemdiskurs der Wälder Erwähnung finden. Dies spricht für eine eher negative Darstellung der Waldsituation im Ausland, was im Folgenden detaillierter untersucht wird. In der Kategorie „Nicht erkennbar" sind zwei Fälle eingeordnet, aus deren Inhalt nicht eindeutig hervorgeht, auf welches Land oder auf welchen Kontinent sich das Waldproblem bezieht.

Tabelle 4.2-32: *Länder in der Waldberichterstattung*

	Absolut	**In Prozent**
Inland	**2273**	**77,4**
Ausland	**660**	**22,5**
Europa	181	6,2
International	126	4,3
Asien	122	4,2
Südamerika	99	3,4
Nordamerika	57	1,9
Afrika	31	1,1
Australien	24	0,8
Mittelamerika	20	0,7
Nicht erkennbar	**2**	**0,1**
	2935	**100**

Wie bereits in Kapitel 4.2.3.1.5 beschrieben, wird die Valenz als der positive oder negative Charakter von Ereignissen betrachtet. Die Wertung positiv oder negativ wird vom Codierer vorgenommen, der sich dabei nach der vermuteten Mehrheit der Bevölkerung richtet. Geschehnisse, denen nicht eindeutig ein positiver oder negativer Charakter zugesprochen werden kann, werden als ambivalent eingestuft.

Werden alle Berichte zum Thema Wald von 1994 bis 1998 zusammen betrachtet, zeigt sich eine negative Tendenz in der Berichterstattung über den Wald. In 48% aller Artikel wird über ein Ereignis mit negativem Charakter berichtet. In 28,3% der Berichterstattung wurden positive Waldereignisse zum Thema gemacht und in 23,6% sind die Geschehnisse als ambivalent zu betrachten oder konnten nicht zweifelsfrei als positives oder negatives Ereignis gewertet werden. Das Ergebnis bestätigt die Behauptung, dass Medien vorwiegend über negative Ereignisse berichten würden (Kepplinger/Weißbecker 1992). Jedoch entspricht das Resultat nicht völlig den Erwartungen, da Analysen von Berichten über politisch relevante Ereignisse gezeigt haben, dass die aktuelle Berichterstattung eher positiv ausfällt und vermehrt mit ambivalenten Geschehnissen zu rechnen ist. Diese von Kepplinger (1998b, 111ff.) vorgestellte Tendenz der Berichterstattung wird nur in zwei Fällen unterbrochen. In Berichten zum politischen System und in Beiträgen zu politisch relevanten Unglücken, Krankheiten und Katastrophen. Daraus geht deutlich hervor, dass die Valenz des berichteten Ereignisses abhängig ist vom behandelten Thema. Auch Ergebnisse spezieller Medienanalysen der Umweltberichterstattung haben gezeigt, das insbesondere im Unglücks- oder Katastrophenfall die beruhigenden Nachrichten die alarmierenden Nachrichten bei weitem übertreffen (Meier 1993, 227). Der Unterschied dieser Analysen zu der vorliegenden ist die Brisanz der Thematik. Während die Medien in Krisensituationen beruhigende Äußerungen abgeben, greifen sie in der alltäglichen Umweltberichterstattung überwiegend pessimistische Fragestellungen heraus, deren relativierende ökonomische und ökologische Zusammenhänge durch die isolierte Betrachtungsweise vielfach ignoriert werden (Voss 1995, 127). Die häufig negative Valenz der berichteten Ereignisse stimmt überein mit der Bedeutung des oben erwähnen Nachrichtenfaktors *Negativität*.

Die Häufigkeit von Waldereignissen in anderen Kontinenten deutet auf eine verstärkte Berichterstattung negativer Ereignisse hin, da insbesondere über Kontinente, die durch die Kahlschlagsproblematik großer Holzunternehmen bekannt sind, berichtet wird. Eine Unterteilung der Valenz der berichteten Ereignisse verdeutlicht die unterschiedlichen Tendenzen der Berichterstattung im In- und Ausland. Dass die Valenz des Ereignisses in engem Zusammenhang zum Faktor *Nähe* steht, ist aus Tabelle 4.2-33 erkennbar. Die Ergebnisse zeigen, dass die Berichterstattung über Waldprobleme innerhalb Deutschlands deutlich positiver ausfällt als die Berichterstattung über ausländische Waldprobleme. Nach Frühauf (1995, 222f.) liegt die Begründung für die negative Medienberichterstattung über ausländische Umweltereignisse in der zunehmend plakativer werdenden Informationsvermittlung begründet. Da weltweit nicht alle Neuigkeiten berücksichtigt werden können, haben komplexe Themen, zu denen häufig auch wichtige positive Nachrichten zählen, nur noch einen äußerst geringen Stellenwert. Umweltthemen wie der Wald bieten jedoch nur selten Sensationen, es sei denn, es handelt sich um Katastrophen. Eine Erklärung auf Grundlage der Nachrichtenwert-Theorie bieten Wilke und Schenk (1987, 30f.). Da der Faktor *Nähe* im Ausland, insbesondere in den Ländern anderer Kontinente, ausfällt, bleibt die Negativität eines Ereignis als wichtigster Nachrichtenfaktor.

Tabelle 4.2-33: *Valenz in- und ausländischer Waldthemen in % (N=2935)*

	Gesamt	Inland	Ausland
Positiv	28,3	30,9	19,4
Ambivalent	23,6	24,9	19,4
Negativ	48,0	44,2	61,2
Gesamt	100	100	100

4.2.4.3 Einfluss der redaktionellen Linie auf die Darstellung des Konflikts zwischen Forst und Naturschutz

Befragungen von Journalisten (Weischenberg/Löffelholz/Scholl 1994) und Politikern (Puhe/Würzberg 1989) weisen die Frankfurter Allgemeine Zeitung, die Süddeutsche Zeitung, die Welt und seit den sechziger Jahren auch die Frankfurter Rundschau als Elite-Medien aus. D.h. sie gehören zu den Medien mit einer zentralen Stellung innerhalb des Mediensystems, die drei Teilöffentlichkeiten erreichen. Dabei handelt es sich um die Journalisten anderer Medien, die Entscheidungsträger in Politik, Wirtschaft und Kultur, und die Masse der Leser, die nicht zu den ersten beiden Kategorien gehören. Die Ausrichtung der Medien innerhalb des politisch-publizistischen Spektrums wird als ihre redaktionelle Linie bezeichnet. Die redaktionelle Linie der untersuchten Tageszeitungen soll in dieser Arbeit nicht neu untersucht werden, stattdessen wird auf Ergebnisse früherer Analysen zurückgegriffen. Unterschiedliche Methoden der Untersuchung der redaktionellen Linien haben zu ähnlichen Ergebnissen geführt (Schönbach 1977; Kepplinger 1985, 25). Für die folgende Darstellung wird, da der Untersuchungszeitraum mit dem der durchgeführten Inhaltsanalyse übereinstimmt, eine Expertenbefragung von 1997 herangezogen (Peter 1998 nach Kepplinger 1998, 43). Hierzu wurden 412 Bundestagsabgeordnete und Pressesprecher von großen Unternehmen und Verbänden nach ihrer Kenntnis der redaktionellen Linie verschiedener Zeitungen, Zeitschriften und Radio- und Fernsehsendungen befragt (Abbildung 4.2-1[9]). Die Positionen fast aller Medien, außer der TAZ und dem Neuen Deutschland, liegen innerhalb eines Spektrums, das von der Frankfurter Rundschau auf der linken und der WELT auf der rechten Seite begrenzt wird. Zwischen diesen Blättern nehmen die Süddeutsche Zeitung und die Frankfurter Allgemeine Zeitung eine moderate Stellung ein, wobei die SZ von der linken Seite näher an der Mitte liegt als die FAZ von der rechten Seite.

9 Der y-Achse in der Abbildung kommt keine inhaltliche Bedeutung zu. Die Anordnung der Printmedien übereinander dient ausschliesslich der Übersichtlichkeit.

Abbildung 4.2-1: *Redaktionelle Linien von Printmedien im Spektrum der Qualitätszeitungen;(Quelle: Peter 1998 nach Kepplinger 1998, 251)*

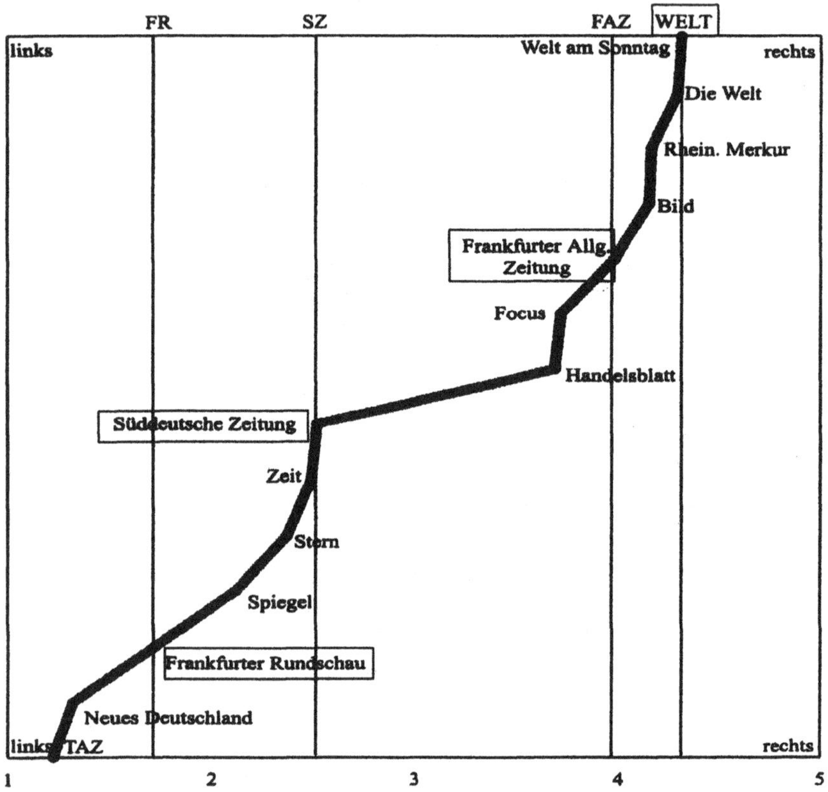

Auf Grundlage des Medienbias-Ansatzes steht zu erwarten, dass die redaktionelle Linie einer Zeitung einen Einfluss auf die Selektion von Nachrichten hat. Wie bereits in den vorhergehenden Kapiteln lassen sich auch hier keine direkt quantifizierbaren Aussagen über den Einfluss auf die Selektion treffen, da dazu eine Input-Output- Analyse notwendig wäre. Dennoch kann ein Vergleich der Waldberichterstattung der verschiedenen Zeitungen Unterschiede aufzeigen und darlegen, ob sich die redaktionelle Linie der Zeitung in der Berichterstattung wiederspiegelt. Dazu wird im Folgenden auf die Beiträge zum Konflikt Forstwirtschaft – Naturschutz fokussiert. Da sich die Forstwirtschaft durch traditionell eher auf Wirtschaft ausgelegte Interessen charakterisieren lässt, steht zu vermuten, dass die auf Grund ihrer redaktionellen Linie eher zum rechten Spektrum gehörenden Zeitungen (FAZ und Welt) mehr Aussagen über die Forstwirtschaft zulassen als die eher links orientierten Zeitungen (SZ und FR). In den politisch links orientierten Zeitungen kann dagegen eine vermehrte Berichterstattung über den Naturschutz erwartet werden. Denn trotzdem die Idee des Naturschutzes in eher konservativen Gruppierungen, wie z.B. Heimatverbänden, entstandenen ist (Eser 1999), wird dieser heute den politisch eher links orientierten Postmaterialisten zugerechnet.

In Tabelle 4.2-34 und Tabelle 4.2-35 sind nur die Aussagen enthalten, die einen direkten, wertenden Bezug zum Konflikt Forstwirtschaft – Naturschutz nehmen. Alle anderen Aussagen, die nicht den Konflikt betreffen, oder als ambivalent zu den Sektoreninteressen zu sehen sind, werden hier nicht berücksichtigt. Die stark divergierende Anzahl von Aussagen zum Konflikt zwischen den Zeitungen resultiert aus der insgesamt unterschiedlichen Häufigkeit veröffentlichter Artikel und Aussagen zum Thema Wald in den Zeitungen. Die Begründung für die unterschiedliche Veröffentlichungsanzahl ist aber weniger in der politischen Richtung der Zeitung zu suchen als in der Ausprägung ihres regionalen Charakters. In der Frankfurter Rundschau und in der Süddeutschen Zeitung wird beispielsweise vermehrt Bezug auf regionale Gegebenheiten genommen, in deren Kontext auch das Thema Wald vielfach eingebettet wird.

Tabelle 4.2-34: *Wertung von Forstwirtschaftsinteressen getrennt nach Zeitungen (N=911)*

	FR		SZ		FAZ		Welt	
	N	In %	N	In %	N	In %	N	In %
Forstwirtschaft positiv	376	**76,9**	197	79,4	113	78,5	25	**83,3**
Forstwirtschaft negativ	113	**23,1**	51	20,6	144	21,5	30	**16,7**
Summe	489	100	248	100	144	100	30	100

Tabelle 4.2.35: *Wertung von Naturschutzinteressen getrennt nach Zeitungen (N=696)*

	FR		SZ		FAZ		Welt	
	N	In %	N	In %	N	In %	N	In %
Naturschutz positiv	308	**92,7**	180	84,9	99	85,3	28	**77,8**
Naturschutz negativ	24	**7,2**	32	15,1	17	14,7	8	**22,2**
Summe	332	100	212	100	116	100	36	100

Die Interessen beider Sektoren, Forstwirtschaft und Naturschutz, werden in allen Zeitungen überwiegend positiv dargestellt. Damit wird deutlich, dass die Akteure des Waldes und ihre Interesse eine positive Rolle in der Thematik einnehmen, unabhängig von der Zeitung, die über sie berichtet. Trotz dieser Gemeinsamkeit der Zeitungen wird eine Polarisierung der Berichterstattung, die auf der einen Seite von der Frankfurter Rundschau und auf der anderen Seite von der Welt ausgeht, deutlich. Die Süddeutsche Zeitung und die Frankfurter Allgemeine Zeitung befinden sich eher in der Mitte des Spannungsfeldes, wie es auch bei der Ausrichtung der redaktionellen Linie der Zeitungen der Fall ist. Die auf Basis der Medienbias-Ansatzes aufgestellte Hypothese, dass politisch eher links einzuordnende Zeitungen vermehrt über den Naturschutz und weniger über Forstwirtschaft berichten, und bei den politisch eher rechts einzuordnenden Zeitungen das Gegenteil der Fall ist, lässt sich dennoch nicht bestätigen. Die FR trifft beispielsweise 489 Aussagen zur Forstwirtschaft, aber nur 332 Aussagen zum Naturschutz. In der Welt hingegen beziehen sich mehr Aussagen auf den Naturschutz, als auf die Forstwirtschaft. Damit berichten die Zeitungen mehr über die Interessen, die nicht ihrer eigenen redaktionellen Linie entsprechen. Ein detaillierter Vergleich der prozentualen Häufigkeitsverteilung der dargestellten Interessen zeigt jedoch, dass auch die Berichterstattung zum Konflikt zwischen Forstwirtschaft und Naturschutz nicht vollkommen unabhängig von der redaktionellen Linie einer Zeitung ist. Denn die FR trifft im Vergleich zu den anderen Zeitungen prozentual sowohl die meisten negativen als auch die wenigsten positiven Aussagen zur Forstwirtschaft. Im Gegensatz dazu trifft die Welt im Vergleich zu den anderen Zeitungen prozentual sowohl die meisten negativen als auch die wenigsten positiven Aussagen zum Naturschutz. Der Einfluss der redaktionellen Linie auf die gefilterten Nachrichten kann damit zwar in dem Sinne bestätigt werden, dass die FR und die Welt, im Vergleich zu den jeweils anderen untersuchten Zeitungen, von der prozentualen Häufigkeit her die meisten negativen Aussagen über Interessen getroffen haben, die nicht ihrer redaktionellen Linie entsprechen. Gleichzeitig sind in ihren Aussagen die Interessen vermehrt positiv gewertet worden, die ihrer redaktionellen Linie entsprechen. Dennoch deutet das Ergebnis auf Grund der absoluten Häufigkeit auf besondere Aufmerksamkeit der Zeitungen gegenüber Interessen, die nicht denen der eigenen redaktionellen Linie entsprechen. Dass die FR und die Welt absolut gesehen die Interessen seltener positiv darstellen, die der eigenen Zeitung am nächsten liegen, kann durch die „Asymmetrie negativer und positiver Informationen" begründet werden. Demnach wird negativen Informationen in einem publizistischen Konflikt eine höhere Glaubwürdigkeit zugeschrieben als positiven (Kepplinger 1989, 207). Dieser Theorie folgend, werden Konfliktgegner und Journalisten, die diese Konfliktsicht teilen, eher negative Informationen über die gegnerische Seite als positive Informationen über die eigene Seite verbreiten. Dadurch lässt sich die häufige negative Darstellung „gegnerischer" Interessen und die seltenere Nennung der eigenen Interessen erklären. Des weitern gilt es bei der Betrachtung der Ergebnisse zu beachten, dass der Medienbias nur ein Erklärungsansatz für die Selektionsmechanismen der Medien bietet und durch andere Faktoren, wie z.B. dem Input an Informationen überlagert werden kann. Hinzu kommt, dass der Medienbias sich zwischen den Ressorts unterscheidet, und von der persönlichen Einstellung und dem Rollenverständnis des zuständigen Journalisten überdeckt sein kann.

Um genauere Aussagen über den Grad der Abhängigkeit zwischen der Wertung der dargestellten Interessen und der redaktionellen Linie der Zeitung treffen zu können, sind zunächst in Abbildung 4.2-2 die Wertepaare der prozentualen Häufigkeit der positiv gewerteten Sektorinteressen Forst und Naturschutz für die einzelnen Zeitungen aufgetragen.

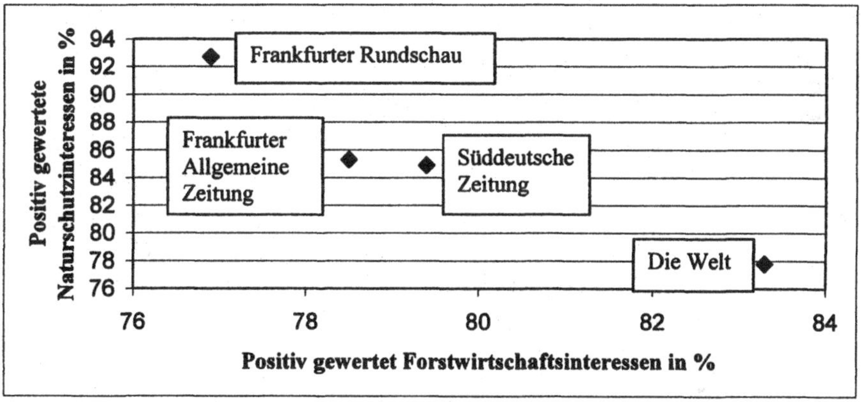

Abbildung 4.2-2: *Wertepaare der positiv gewerteten Sektorinteressen getrennt nach Zeitung*

Das Ergebnis zeigt bereits die große Differenz zwischen FR und der Welt. Die Berechnung des Korrelationskoeffizienten r = -0,96 macht weiterhin deutlich, dass ein negativer stochastischer Zusammenhang zwischen der redaktionellen Linie einer Zeitung und der positiven Wertung von Sektorinteressen besteht. Dieser Zusammenhang ist bei 5% Irrtumswahrscheinlichkeit von Null verschieden.

4.2.4.4 Zusammenfassung Selektionsmechanismen

Das Ereignismanagement der an der Waldpolitik beteiligten Akteure schlägt sich auf die Medienberichterstattung über den Wald nieder. Verbände, insbesondere aus dem Sektor Naturschutz, und Akteure politischer Parteien handeln nach den Gesetzmäßigkeiten der Medien, indem sie vermehrt Ereignisse mediatsieren oder sogar eigens für die Berichterstattung produzieren. Dennoch dominieren Akteure aus dem Sektor Forst die Kommunikationshandlungen in den überregionalen Tageszeitungen. Durch die Darstellungshäufigkeit wird der Einfluss des Faktors Ereignismanagement reduziert. Diese These gilt es in weiteren Forschungsarbeiten zu überprüfen. Eine andere Folge des zunehmenden Ereignismanagements kann jedoch als gesichert angesehen werden. Durch die Inszenierung von Ereignissen erscheinen „Nullereignisse" in der Medienöffentlichkeit, die sich nicht an den realen Waldproblemen orientieren und dadurch auch keine konkreten Lösungen erfordern. Basierend auf der Annahme einer Wirkung der Medien- auf die Policy-Agenda lässt das Ergebnis erwarten, dass Probleme im politischen Prozess berücksichtigt werden, die eigentlich gar keine sind. Auch diese These gilt es in weiterführenden Studien zu überprüfen.

Die Waldberichterstattung zeichnet sich insbesondere durch die Nachrichtenfaktoren *Negativität* und *Kontroverse* aus. Weiterhin ist der Faktor *Nähe* von großer Bedeutung, was sich am Hauptanteil der Aussagen abzeichnet, die sich auf Ereignisse aus dem Inland beziehen. Ausländische Waldereignisse sind insbesondere durch den Faktor *Negativität* geprägt. Weniger Relevanz in der Waldberichterstattung kann den Nachrichtenfaktoren *Prominenz, Personalisierung* oder auch *Überraschung* beigemessen werden.

Der Einfluss der redaktionellen Line einer Zeitung auf die Darstellung der Konfliktinteressen aus den Sektoren Forst und Naturschutz lässt sich bei Betrachtung der absoluten Häufigkeit dargestellter Sektorinteressen nicht eindeutig nachweisen. Ein Vergleich des prozentualen Anteils bewerteter Interessen zeigt jedoch, dass die Zeitungen vermehrt die Interessen positiv bewerten, die auch der redaktionellen Linie ihrer Zeitung entsprechen.

4.2.5 Vergleich des Medienwaldbildes mit dem Waldbild der Bevölkerung

In den vorhergehenden Kapiteln wurden Faktoren der Waldberichterstattung, denen ein Einfluss auf die politische Position eines Sektors zugesprochen werden kann, sowie die Charakteristika der Selektionsmechanismen der Qualitätszeitungen im Walddiskurs aufgezeigt. Die politische Position steht jedoch nicht nur in Abhängigkeit zur veröffentlichten Meinung sondern kann auch durch die Gesellschaftsmeinung beeinflusst werden. Hinzu kommt, dass politische Akteure das Erreichen der Aufmerksamkeit der Bevölkerung als ein Hauptziel der medialen Kommunikation ansehen, obwohl nach wissenschaftlichem Erkenntnisstand zu vermuten steht, dass das Beeinflussungspotential der Medien beschränkt ist und in Abhängigkeit zu vielen anderen Faktoren steht. Da es sich auch bei der Medienkommunikation nicht um ein einseitiges Kommunikationsmodell handelt, hat der Empfänger Einfluss auf den Kommunikationsinhalt, da dieser im Hinblick auf den Rezipienten vermittelt wird. Das folgende Kapitel soll zeigen, ob das mediale Waldbild mit dem Waldbild der Bevölkerung übereinstimmt oder ob deutliche Unterschiede zu bemerken sind. Zu diesem Zweck werden Ergebnisse verschiedener, bereits abgeschlossener Bevölkerungsumfragen zum Vergleich herangezogen.

4.2.5.1 Akteure

Im Folgenden werden die Ergebnisse der Medienanalyse den Ergebnissen unterschiedlicher, in Kapitel 3 vorgestellter, Bevölkerungsumfragen zum Wald gegenübergestellt. Zu diesem Zweck wurden bestimmte Akteursgruppen zusammengefasst. Analogien und Differenzen in der Häufigkeitsverteilung der Interessenpositionen werden präsentiert und interpretiert.

4.2.5.1.1 Problemdefinierer

Abbildung 4.2-3 zeigt die aus der Medienanalyse hervorgegangenen Definierer der Waldprobleme und deren prozentuale Häufigkeit (siehe Kapitel 4.2.2.1), sowie die prozentuale Verteilung der Nennungen auf die Frage: „Von welcher der folgenden Organisationen und Institutionen hört man Ihrer Meinung nach in der Öffentlichkeit am häufigsten etwas zum Thema Wald?“. Bei der Untersuchung handelte es sich um eine geschlossene Telefonbefragung, in der die Antwortmöglichkeiten vorgegeben sind. Deshalb lassen sich keine Aussagen darüber machen, ob die befragten Personen auch andere als die vorgegebenen Akteure als Problemdefinierer genannt hätten. Dies ist insbesondere bei den Medien zu berücksichtigen, die nicht in die Kategorien der vorgegebenen Antworten gehören. Aus der Abbildung 4.2.-3 geht hervor, dass die Häufigkeit, mit der Akteure aus den Sektoren Forstwirtschaft und Naturschutz Probleme des Waldes definieren, nicht mit deren Wahrnehmung durch die Bevölkerung übereinstimmt. Nach Meinung der befragten Personen sind es in erster Linie Naturschutzorganisationen, die sich zum Thema Wald äußern. Aus den Analysen der deutschen Qualitätszeitungen geht jedoch hervor, dass sich Akteure aus dem Forstsektor anderthalb mal häufiger in der Position des Problemdefinierers befinden. Die Begründung für den Unterschied zwischen Medienrealität und Bevölkerungswahrnehmung kann zum einen in dem Begriff der Öffentlichkeit liegen, der in der Umfrage verwendet wird. Unter Öffentlichkeit summieren sich nicht nur überregionale Tageszeitungen, sondern auch andere Massenmedien wie Fernsehen, Radio, Lokalzeitungen usw. Daneben werden auch andere Formen von Öffentlichkeiten einbezogen, z.B. Demonstrationen oder Informationsstände. Weber (1997, 1098) konnte beispielsweise eine große Diskrepanz zwischen den Internetauftritten des Forst- und Naturschutzsektors aufdecken. In diesem Medium haben sich die forstlichen Akteure als nicht oder kaum konkurrenzfähig erwiesen. Die Wahrnehmung der befragten Personen kann daher aus einer starken Präsenz der Naturschutzakteure in den anderen, nicht untersuchten Teilöffentlichkeiten, stammen. Eine weitere Begründung für den Unterschied zwischen dem untersuchten medialen Walddiskurs und der Bevölkerungswahrnehmung kann in der Annahme liegen, dass die Quantität der Berichterstattung der entscheidende Einflussfaktor für die Wahrnehmung des Rezipienten ist. Vergleiche von Analysen der Umweltberichterstattung der letzten Jahrzehnte mit dem Grad des Umweltbewusstseins in der Bevölkerung konnten zeigen, dass keine lineare Beziehung zwischen der Quantität der Medienberichterstattung und der Problemwahrnehmung in der Bevölkerung besteht (de Haan 1995, 20). Ergebnisse der Medienwirkungsforschung machen deutlich, dass die Aufmerksamkeit und Wahrnehmung des einzelnen Individuums von einer Vielzahl von Faktoren abhängig ist, z.B. vom kulturellen Kontext, vom Bildungsstand und der politischen Einstellung. Die Aufmerksamkeit des Rezipienten wird damit von seinen eigenen Interessen und Erwartungen beeinflusst. Meldungen mit Inhalten, die dem Interesse des Rezipienten entsprechen, werden besser behalten als andere Meldungen (Brosius 1990). Trotzdem konnte ein Zusammenhang von ereignisabhängigem Ansteigen des Umweltbewusstseins durch medial vermittelte Ereignisse nachgewiesen werden. Die Begründung dafür sieht de Haan (1995, 20) in einer kurzen intensiven Berichterstattung, die mehr Einfluss bewirken kann, als eine über einen längeren Zeitraum anhaltende Berichterstattung.

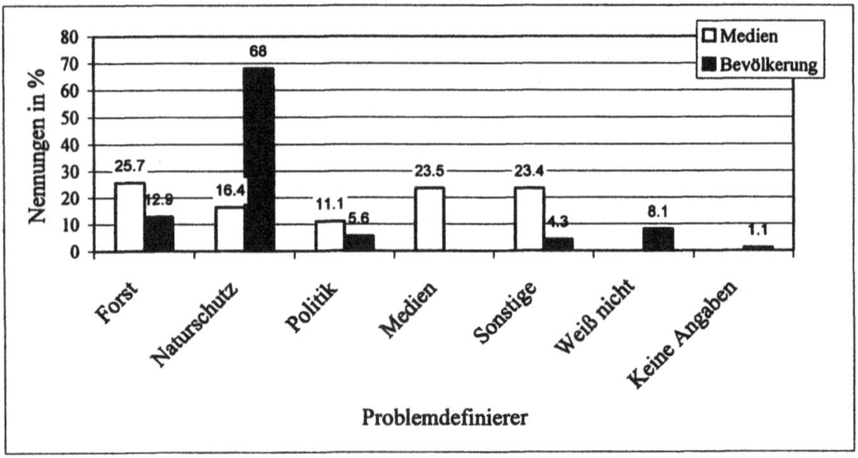

Abbildung 4.2-3: *Problemdefinierer in den Medien und nach Meinung der Bevölkerung in % (Quelle: Bevölkerungsmeinung: Pauli 2000, 176)*

Eine Differenzierung der Umfrageergebnisse nach Alter und Bildungsstand zeigt signifikante Unterschiede in der Benennung dominierender Organisationen der Waldthematik. Ältere Menschen und Menschen mit einem geringeren Bildungsstand stellen häufiger Forstakteure, jüngere Menschen und Menschen mit einer besseren Schuldbildung hingegen eher Akteure aus dem Naturschutzsektor als Quelle der Waldthematik dar. Dieses Ergebnis zeigt, dass die Wahrnehmung nicht allein von der Medienrealität abhängig ist, sondern stark geprägt wird durch das persönliche Umfeld und die eigenen Erfahrungen und Einstellungen des Rezipienten. Die Darstellung der Sektoren in den überregionalen Tageszeitungen ist somit nur ein Faktor unter vielen, der zur Gesellschaftsmeinung über die Akteure des Politikfeldes Wald beiträgt.

4.2.5.1.2 Problemopfer

Ein Vergleich des medialen Waldbildes mit dem Waldbild der Bevölkerungsmeinung ist hinsichtlich der Opferrolle der Waldprobleme nicht durchführbar, da der Medienanalyse keine entsprechende Bevölkerungsbefragung entgegenzusetzen ist. Dennoch bieten Umfragen zur Rolle des Waldes eine Verknüpfungsmöglichkeit zu den analysierten Problemopfern. Die dargestellte Häufigkeitsverteilung der genannten Opfer der Waldprobleme in der Medienberichterstattung zeigt, dass es in erster Linie die Natur ist, der in den Aussagen der Waldartikel die Opferrolle zugeschrieben wird. Die Gesellschaft wird nur in 3,6% und die Forstwirtschaft nur in 5,5% aller Aussagen als Opfer dargestellt. In der Mediendarstellung wird der Zustand des Waldes demnach nicht in enger Beziehung zur Gesellschaft und zur Forstwirtschaft gesehen, da diese ansonsten bei der Beschreibung der Waldprobleme hätten vermehrt als Betroffene Erwähnung finden müssen.

Tabelle 4.2-36 zeigt die Reihung der Interessen am Wald. Insgesamt wird deutlich, dass die Funktionen des Waldes auf breite Akzeptanz in der Bevölkerung stoßen. Die Ergebnisse veranschaulichen, dass die Mehrzahl der befragten Personen die Erhaltung von Naturfunktionen generell als besonders wichtig ansieht. Diese Funktion des Waldes steht, im Gegensatz zu den an dritter und vierter Stelle genannten Schutz- und Erholungsfunktionen, nicht in direktem Zusammenhang mit der Gesellschaft. Denn nur, wenn die Schutzfunktion oder die Erholungsfunktion des Waldes gefährdet ist, wird auch die Gesellschaft direkt betroffen sein. Die Funktion der Holzversorgung betrifft hingegen nicht nur die Gesellschaft, sondern auch die Forstwirtschaft, deren vornehmliches Interesse am Wald der Holzproduktion gilt.

Tabelle 4.2-36: *Die Rolle des Waldes in der Gesellschaft in Deutschland (Quelle: nach Rametsteiner 2000, 74)*

Rolle des Waldes	Mittelwert[10]
Erhaltung der Biodiversität	1,49
Erhaltung der Waldfläche	1,51
Schutz vor Naturgefahren	1,61
Erholungsangebote	1,99
Holzversorgung	2,23

4.2.5.1.3 Problemverursacher

Abbildung 4.2-4 zeigt die Häufigkeitsverteilung der Nennung von Verursachern der Waldprobleme aus der Umfrage und der Medienanalyse. Deutliche Unterschiede in der Rangfolge der Verursacher aus beiden Quellen werden aufgezeigt. Menschen und die Folgen ihres Handelns werden in den Umfragen als Hauptursache der Waldprobleme genannt. Dazu zählen die Wirtschaft, aber auch die Gesellschaft. Das zeigt, dass nicht automatisch die Schuld bei anderen Akteuren gesucht wird, sondern dass das eigene Handeln im Zusammenhang mit der Waldsituation reflektiert wird. In der Waldsterbensdebatte der 80er Jahre zählten die beiden genannten Hauptfaktoren, Wirtschaft und Gesellschaft, als Verantwortliche für den „sauren Regen" in der Folge von Luftverschmutzung durch Industrieemissionen und Autoabgase zu den klassischen Verursachern. Zu den von Menschen gemachten Waldproblemen zählen auch die durch Bewirtschaftung entstandenen Schäden. Dass die Bevölkerung der Forstwirtschaft eine Mitschuld an der Situation des Waldes gibt, geht aus der Abbildung 4.2.4 hervor. Pauli (2000, 147) ist in der von ihm durchgeführten Studie direkt auf die Forstwirtschaft als Verursacher der Waldprobleme eingegangen. Auf die Frage, ob die Forstwirtschaft selbst für viele ökologische Probleme im Wald verantwortlich ist, antworteten 38% der befragten Personen, dass dieser Vorwurf gerechtfertigt sei. Dagegen wird die Natur selbst in den Befragungsergebnisse seltener als verursachender Faktor für die Waldprobleme genannt.

Die Ergebnisse der Medienauswertung zeichnen eine Art Negativbild zu dem in der Bevölkerung vorherrschenden Eindruck von den Verursachern. In der Medienberichterstattung ist der Hauptverursacher der Waldprobleme die Natur selbst. Aussagen dazu stammen in erster Linie von Akteuren aus dem Sektor

[10] Mittel einer quasi-metrischen Skala mit einer Antwortskala von 1 –7, wobei 1= besonders wichtig und 7= gar nicht wichtig.

Forst. Zu den von ihnen benannten Ursachen zählen, außer Stürmen und Waldbränden, auch andere Kalamitäten und die Witterung. Kategorien in denen der Mensch für die Waldsituation verantwortlich gemacht wird, treten in der Medienberichterstattung hinter der Natur als Verursacher zurück.

Die Verursacher der Waldprobleme sind nicht offensichtlich, d.h. direkt erfahrbar. Daher ist die Bevölkerung auf Erklärungen von anderen angewiesen. Trotz der daraus resultierenden Zunahme der Bedeutung von Medieninformationen (Zucker 1978, 227) ist der Einfluss der Berichterstattung auf die Bevölkerungsmeinung nicht erkennbar. Bei der Betrachtung der Ergebnisse muss berücksichtigt werden, dass es sich bei dem Analysematerial um einen kleinen Ausschnitt der Medienöffentlichkeit handelt, dem ein gewisser Qualitätsstandard zueigen ist. In anderen Medien sind einfache, unerklärte Schuldzuweisungen möglicherweise einfacher unterzubringen. Unabhängig von dem in anderen Teilöffentlichkeiten vermittelten Verursacherbild können für die unterschiedliche Gewichtung der Verursacher von Waldproblemen in den Medien und in der Bevölkerungsmeinung zwei Erklärungen herangezogen werden. Zum einen beschränkt sich die Medienwirkung vornehmlich auf Verstärkung bereits vorgefasster Meinungen der Rezipienten (Hunziker 1996, 104). Die Aufmerksamkeit der Leser beschränkt sich damit auf Inhalte, die ihrem eigenen Deutungsmuster entsprechen,

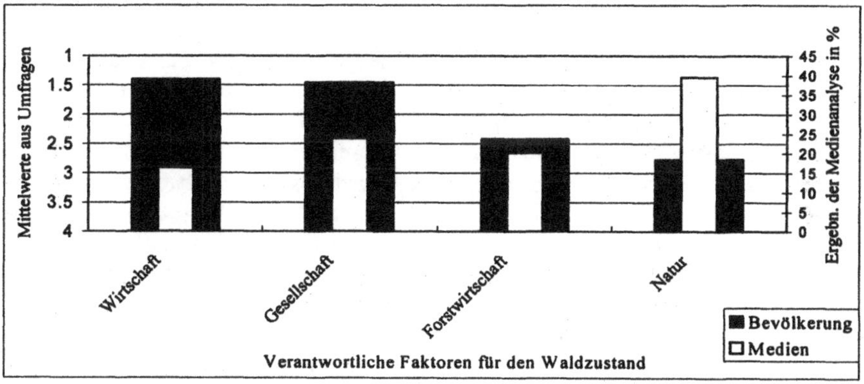

Abbildung 4.2-4: *Vergleich Verursacher der Waldprobleme in der Gesellschaftsmeinung*[11] *und in den Medien*[12]

[11] Mittel einer metrischen Skala mit einer Antwortskala von 1- 4, wobei 1= sehr und 4= gar nicht (Quelle: Nach Rametsteiner 2000, 139)

auch wenn andere Deutungsmuster häufiger vermittelt werden. Gleichbleibende Akteure in der Rolle der Verursacher der Waldprobleme seit der öffentlichkeitswirksamen Waldsterbensproblematik zeigen, dass die Meinung der Bevölkerung diesbezüglich festgelegt zu sein scheint, unabhängig von der Medienberichterstattung. Zum anderen kann die häufige Darstellung der Natur als Verursacher in der Medienberichterstattung auf der Möglichkeit der Entpolitisierung des Inhalts beruhen. Akteure, die sich zum Waldzustand äußern, umgehen es mit der Benennung der Natur, bestimmte Akteure und damit auch sich selbst in Misskredit zu bringen und in der Folge Konfliktpotential zu steigern.

4.2.5.1.4 Problemhelfer

Hinsichtlich der Helfer in Waldproblemen kann kein Vergleich zwischen Medienberichterstattung und Bevölkerung vorgenommen werden, da zu dieser Rolle keine Befragungsergebnisse vorliegen. Einzelne Befragungen lassen dennoch Rückschlüsse auf die Kompetenzzuteilung im Wald zu. In der von Pauli durchgeführten Befragung (2000) wurde zum einen die Zufriedenheit mit der Bewirtschaftung der Wälder durch die Forstwirtschaft, zum anderen die Einstellung zum zunehmenden Einfluss von Umweltorganisationen auf die Waldwirtschaft hinterfragt. Die Ergebnisse zeigen, dass die Hälfte der befragten Personen mit der Bewirtschaftung der deutschen Wälder durch die Forstwirtschaft eher zufrieden ist. Dagegen sind 25,2% eher unzufrieden und 22,6% haben auf die Frage mit „weiß nicht“ geantwortet. Aufgrund der mangelnden Kompetenz, die der Forstwirtschaft zugeschrieben wird, befürworten die befragten Personen, dass Akteure aus dem Sektor Natur- und Umweltschutz verstärkt Einfluss auf die Bewirtschaftung des Waldes nehmen. Dies wird aus dem Antwortergebnis folgender Frage deutlich: „In letzter Zeit nehmen Umweltorganisationen wie Greenpeace oder der WWF in Deutschland verstärkt Einfluss auf die Bewirtschaftung des Waldes. Was halten Sie persönlich von dieser Entwicklung? Finden Sie diese Entwicklung sehr gut, eher gut, eher schlecht oder sehr schlecht?“. Insgesamt haben fast dreiviertel der befragten Personen den zunehmenden Einfluss der Umweltorganisationen für eher gut und sehr gut befunden. Lediglich 17,8% der Befragten beschrieben diese Entwicklung als eher schlecht oder sehr schlecht. Die Ergebnisse zeigen, dass die Kompetenz der Akteure sowohl aus dem Sektor Forst als auch aus dem Sektor Naturschutz von der Bevölkerung anerkannt wird. Jedoch wird insbesondere den zuletzt genannten Akteuren ein positiver Einfluss auf die Waldbewirtschaftung zugetraut.

---

[12] Die Aussagen zu den Verursachern Wirtschaft, Gesellschaft, Forstwirtschaft und Natur der deutschen Waldereignisse sind gleich 100% gesetzt. Aussagen zu anderen Verursachern bleiben in dieser Abbildung unbeachtet.

Die Ergebnisse der Medienanalyse zeigen, dass in 23,8% der Aussagen Akteure aus dem Forstbereich als Helfer der Waldprobleme genannt werden, in 16,4% solche aus dem Naturschutzsektor. Die Nennungshäufigkeit resultiert vornehmlich aus der eigenen Kompetenzzuschreibung der Akteure. Ob die vermehrten Aussagen der Bevölkerung zugunsten der Naturschutzorganisationen in der höheren Präsenz dieser Akteure in anderen Öffentlichkeiten begründet liegt, ist durch das vorliegende Datenmaterial nicht überprüfbar. Eine andere Begründung liegt nach Volz (1997, 297) in dem „Halo-Effekt der Glaubwürdigkeit" der Sektoren. Volz sieht das große Glaubwürdigkeitspotential der Naturschutzorganisationen als ein Resultat von Erfolgen an, die sie an anderen Orten und auch in anderen Bereichen errungen haben. Dieses Ausstrahlen, also das „Halo" hat damit auch einen Einfluss auf die Kompetenzzuschreibung im Wald. Dies gilt auch für den Sektor Forstwirtschaft, der aber, unter anderem durch Tropenholzabbau, mit einem vermehrt negativen „Halo" belastet ist. Bestärkt wird das Modell des „Halo-Effekts der Glaubwürdigkeit" durch ein weiteres Ergebnis der Bevölkerungsumfragen durch Pauli. Auf die Frage nach der Verlässlichkeit der Informationsquellen schneiden Umweltorganisationen besonders gut ab. Die einzige Quelle, deren Verlässlichkeit von den befragten Personen noch höher eingeschätzt wurde, ist die Wissenschaft. Den „fast grenzenlosen Blankoscheck auf Vertrauen" (Beck 1996, 141) erhalten die Umweltorganisationen insbesondere von Menschen jüngeren Alters und von Menschen mit einem mittleren oder höheren Bildungsabschluss (Pauli 2000, 182).

Insgesamt lassen sich bei der Betrachtung der Interessenposition des Helfers, ebenso wie bei den Positionen des Definierers und des Verursachers, deutliche Unterschiede zwischen Medienöffentlichkeit und Gesellschaftsmeinung erkennen.

4.2.5.2 Inhalte

4.2.5.2.1 Valenz

Wie bereits in Kapitel 4.2.3.1.5 beschrieben, wird die Valenz als der positive oder negative Charakter eines Ereignisses betrachtet. Von einer Medienwirkung auf die Rezipienten ausgehend, steht zu erwarten, dass die Valenz der berichteten Waldereignisse einen Einfluss auf die Gesellschaftsmeinung über den Zustand des Waldes und damit auch auf die Zufriedenheit mit der Waldsituation hat. Dieser Effekt gilt insbesondere für ausländische Waldereignisse, die nur in seltenen Fällen für die Bevölkerung direkt erfahrbar sind. Im folgenden Vergleich von Medienberichterstattung und Bevölkerungsmeinung sind lediglich die prozentualen positiven und negativen Bewertungen berücksichtigt. Fälle in denen keine eindeutige Bewertung erkennbar ist oder die befragten Personen keine eindeutige Antwort abgegeben haben, werden nicht in den Vergleich einbezogen.

Abbildung 4.2-5 zeigt die Ergebnisse zu der Frage nach dem Zustand des Waldes und nach der Zufriedenheit mit dieser Waldsituation im Inland im Vergleich zu der aus der Medienanalyse hervorgegangenen Häufigkeitsverteilung der Valenz der berichteten Waldereignisse. Wie aus der Abbildung hervorgeht, weisen alle drei Faktoren die gleiche negative Tendenz auf. Die in den Medien berichteten Waldereignisse sind jedoch vergleichsweise positiver bewertet, als es für die Einschätzung des Waldzustandes durch die Bevölkerung der Fall ist. Die Meinung, dass sich der deutsche Wald in einem schlechten Zustand befindet, ist bis heute erheblich durch die Waldsterbensdebatte der 80er Jahre beeinflusst. Unter dem Waldzustand summieren sich Aussagen zur Waldfläche, zur Artendiversität und zur Waldgesundheit. Letzterer wurde von den befragten Personen deutlich negativer bewertet als die vorhergehenden Faktoren (Rametsteiner 2000, 77). Dass die aktuell eingeschätzte Waldsituation nicht losgelöst von der Waldsterbensproblematik ist, wird auch durch Ergebnisse anderer Forschungsanalysen zu diesem Thema gestützt. Dass dem Thema Waldsterben bis heute große Aufmerksamkeit geschenkt wird, kann zum Teil auch auf den Einfluss der Medien zurückgeführt werden (Braun 1999, 131ff.).

Auf die Frage nach der Zufriedenheit mit der Waldsituation wurde ein insgesamt positiveres Bild gezeichnet, als es die Meinung zum Waldzustand erwarten lässt. Dies deutet einerseits darauf hin, dass die Situation zwar als schlecht eingeschätzt wird, dass diesem Umstand aber nicht unbedingt Beachtung geschenkt wird (Rametsteiner 200, 81). Andererseits weist Rametsteiner darauf hin, dass auch andere Faktoren einen Einfluss auf die Meinungsbildung "Zufriedenheit" haben, die bei der Befragung zum Waldzustand nicht berücksichtigt wurden.

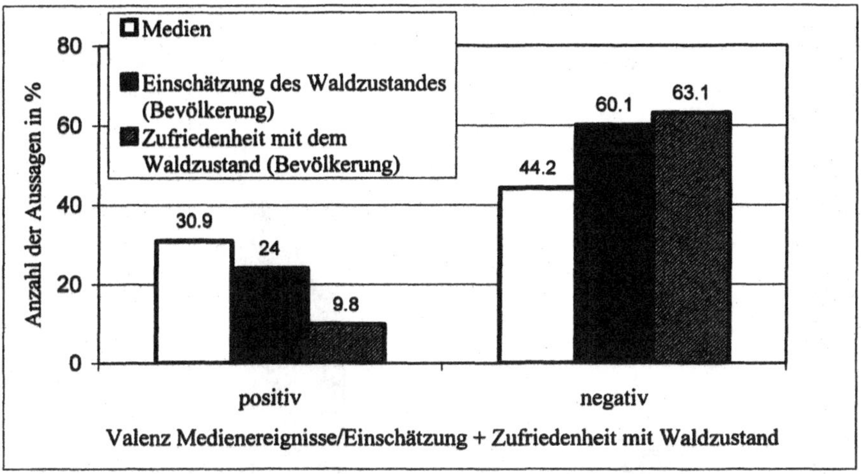

Abbildung 4.2-5: *Vergleich der Meinung der Bevölkerung zum Waldzustand in Deutschland und ihre Zufriedenheit mit dieser Situation (Quelle: Nach Rametsteiner 2000, 82) mit der Valenz der berichteten deutschen Waldereignisse in Prozent*

Abbildung 4.2-6 zeigt die Zufriedenheit mit dem Zustand der Wälder in tropischen Ländern im Vergleich zu der Valenz der ausländischen Waldereignisse in der Medienberichterstattung. Wie auch in Abbildung 4.2-5, weisen beide Ergebnislinien eine negative Tendenz auf. Diese ist, genau wie in der vorherigen Abbildung, in der Zufriedenheit der Bevölkerung mit der Waldsituation stärker ausgeprägt. Insgesamt wird jedoch, sowohl in der Medienberichterstattung als auch in der Bevölkerungsmeinung, ein negativeres Bild vom Waldzustand im Ausland gezeichnet.

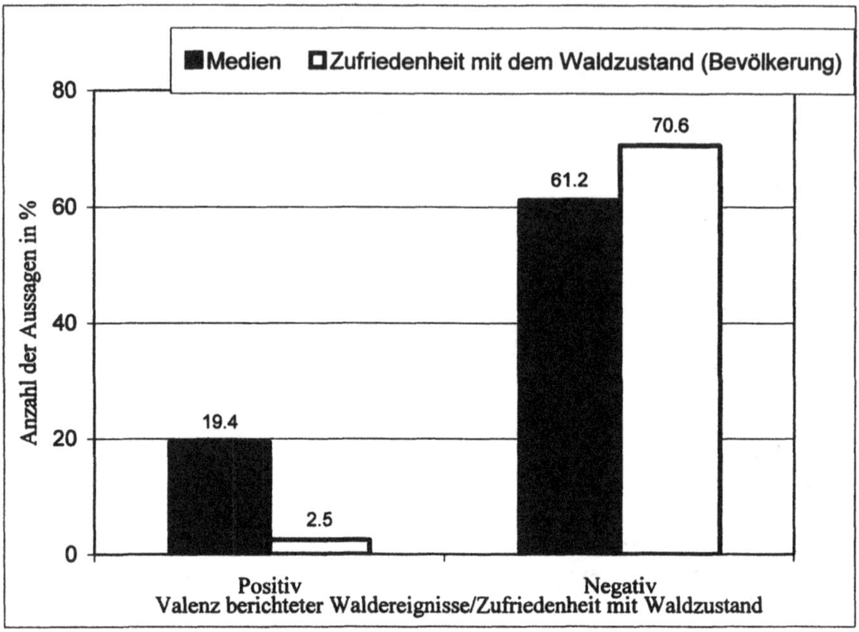

Abbildung 4.2-6: *Vergleich der Zufriedenheit der Bevölkerung mit dem Zustand der Wälder in tropischen Ländern (Quelle: Nach Rametsteiner 2000, 82) mit der Valenz der berichteten ausländischen Waldereignisse in Prozent*

4.2.5.2.2 Kollektive Symbole

Im Folgenden werden die weiter oben beschriebenen, in der Medienberichterstattung häufig auftretenden kollektiven Symbole auf ihre Relevanz und Bewertung in der Meinung der Bevölkerung hin überprüft. Hierzu werden, wie auch in den vorhergehenden Kapiteln, Umfrage– und Interviewergebnisse aus bereits vorliegenden Studien herangezogen. Die Reihenfolge der Beschreibung der Symbole ergibt sich aus der Häufigkeit ihres Vorkommens in der Medienberichterstattung.

Erholung ist das in der Medienberichterstattung am häufigsten mit dem Wald verknüpfte Bild. Eine Auswertung der Frage „Welche drei Begriffe fallen Ihnen spontan ein, wenn Sie an Wald denken?“ in der Befragung durch Pauli (2000, 89) ergab, dass über 40% der Antworten in die Dimension „Wald als unmittelbares Erlebnis“ gehören. In diese Kategorie fallen alle direkten Kontakte des Menschen zum Wald, die durch Assoziationen wie „frische Luft“, „Ruhe“, aber auch durch direkte Aussagen zu den „Erholungsfunktionen des Waldes“ beschrieben werden. Der Wald wird in den Medien, wie auch in der Meinung der Bevölkerung, in erster Linie als ein Ort gesehen, an dem die Freizeit verbracht werden kann. Der sehr hoch eingeschätzte Erholungswert des Waldes liegt überwiegend in den durch ihn vermittelten positiven Sinneseindrücken, begründet. Diesen wird eine wohltuende Wirkung auf die Psyche zugesprochen, die häufig in Zusammenhang mit der körperlichen Betätigung steht (Braun 1999, 97).

Dennoch ist die Freude am Wald nicht völlig ungetrübt. Wie in den Ergebnissen der Medienanalyse, geht auch aus der Befragung der Bevölkerung hervor, dass die zweithäufigste Assoziation zum Wald das Waldsterben, bzw. die „Gefährdung des Waldes und der Umwelt; Waldverlust und Waldvernichtung“ ist (Pauli 2000, 90). In ihren Antworten sehen die befragten Personen den Wald in erster Linie von den Waldschäden bedroht. Nach Lehmann (1999, 263ff.) unterscheiden sich die Annahmen zu Waldschädigungen nach dem Grad der eigenen Erfahrungen. Während Stadtbewohner, auf Waldschäden angesprochen, leicht zur „Hysterie“ neigen, schätzen Landbewohner die Situation durch die alltäglichen eigenen Erfahrungen und die häufig vorhandenen Kontakte zu Forstakteuren weniger dramatisch ein. Zusätzlich dazu zeigen sich auch, je nach Alter und Bildungsstand, Unterschiede in der Meinung zum Waldsterben (Braun 1999, 139). Deutlich wird jedoch, dass in den Medien und in allen befragten Bevölkerungsgruppen dem Thema Waldschäden und Waldsterben eine große Bedeutung zukommt, und dass die Existenz des prognostizierten Waldsterbens nur in wenigen Ausnahmefällen in Frage gestellt wird (Pauli 2000, 90).

Die Jagd, ein in den Medien häufig angesprochenes Thema im Zusammenhang mit dem Wald, geht aus der Befragung von Pauli (2000) nicht als eine der häufigsten Assoziationen hervor. Einzig im Zusammenhang mit Holz und Forstwirtschaft findet sie als eine Bewirtschaftungsform des Waldes Erwähnung. Die Bewertungen der Bevölkerung sind geteilt, knapp 40% der Aussagen sind positiv, jeweils 30% sind negativ bzw. neutral. Interviews zu diesem Thema zeigen, dass die Jagd allgemein als notwendig empfunden wird, die Einstellung gegenüber den ausübenden Jägern jedoch divergiert. Insbesondere Personen eines höheren Bildungsstandes geben die negativen Charakteristika der Jagdakteure wieder. Frauen und Personen, die dem Unterhaltungsmilieu[13] zuzuordnen sind sprechen sich häufiger gegen das Töten von Tieren aus (Braun 1999, 148). Eine österreichische Umfrage zum Wald und zur Jagd hat gezeigt, dass nahezu dreivier-

[13] Hauptsächlich jüngere Personen (unter 50) mit einem niederigem Bildungsstand (Braun 1999, 79).

tel aller befragten Personen, die den Wienerwald als Erholungsort nutzen, sich durch die Ausübung der Jagd gestört fühlen, obwohl häufig kein direkter Kontakt mit den Jägern bestanden hat. Der Grund für die negative Einstellung wird in der Wertehaltung gesehen, nach der vielfach schon der Anblick eines Hochsitzes negative Assoziationen wecken kann und den subjektiven Störeffekt hervorruft (Bürg/Ottitsch/Pregernig 1999, 59).

Die Assoziation des Ökosystems wird in keiner der durchgeführten Befragungen direkt angesprochen, dennoch geht aus der Umfrage von Pauli hervor, dass die Komplexität des Waldes und seine zahlreichen Verknüpfungen mit anderen Prozessen in der Bevölkerung erkannt und anerkannt werden. Unter der Dimension „Wald ist Natur und hat eine große Bedeutung für das Leben der Menschen" und der Dimension „Wald als unmittelbares Erlebnis" werden Antworten summiert, welche die Zusammenhänge zwischen Wald, Tieren, Böden, Klima und weiteren Faktoren schildern. Die Beschreibung des Waldes im Sinne einer unversehrten Natur und als Gegenstück zur technisierten Gesellschaft durch die Bevölkerung, scheint im Vergleich zu dem, in den Medien häufig verwendeten, technischen Begriff des Ökosystems, widersprüchlich.

Die Assoziation und Symbolik des „Deutschen Waldes" ist entgegen der vorher beschriebenen Assoziation vielfach Gegenstand volkskundlicher Untersuchungen. Die Ursache der Bedeutung des deutschen Waldes für die Bevölkerung wird von Johler unter anderem in der Vorstellung gesehen, dass die nationale Kultur durch die Natur determiniert ist. Diese Ansicht zum Kultur-Natur-Verhältnis entstammt vornehmlich dem deutschsprachigen Raum. In anderen Ländern wie England, Frankreich und Italien herrscht dagegen die Meinung der unumschränkten Herrschaft des Menschen gegenüber der Natur vor (Johler 2000, 86). Aus den Interviewergebnissen von Braun geht hervor, dass die Verknüpfung von „Deutsch", „Wald" und auch der „Eiche" bis heute besteht, auch wenn bekannt ist, dass diese gedankliche Verbindung durch die nationalsozialistische Ideologie vorbelastet ist (Braun 1999, 121). Obwohl Braun die Vorliebe für den deutschen Wald eher bei älteren Personen sieht, wird deutlich, dass die Assoziation „Deutsch" mit dem Wald ein Medienphänomen ist, das von der Bevölkerung getragen wird.

Ebenso sind die anderen Assoziationen, wie z.B. Heimat, Ruhe, Dunkel, Leben, aber auch der Wald als Ort des Verbrechens, sowohl Teil des Medienbildes vom Wald, als auch Teil des Waldbildes der Bevölkerung. Bei Assoziationen, die nicht durch eigene Erfahrungen unterstützt werden, wie z.B. bei „Märchen und Mythen", fällt der Bevölkerung die direkte Verknüpfung zu Waldthemen hingegen schwerer.

Insgesamt lässt sich feststellen, dass in den Medien die gleichen Assoziationen genutzt werden, die auch in der Bevölkerung einen festen Platz haben. Zu diesen zählen insbesondere solche die dem eigenen Erfahrungsbereich entstammen, wie z.B. die Erholung und die Ruhe aber ebenso diejenigen, die aus kulturellen Gründen in unserer Gesellschaft fest verankert sind. Ob die Medien die Angst der Deutschen um ihren Wald, die auch die emotionale Verbundenheit widerspiegelt, in ihrer Berichterstattung nur aufgreift oder ob diese Angst erst durch die Medien immer wieder ins Bewusstsein gerückt wird, geht aus den vorhandenen Daten nicht hervor.

4.2.5.3 Interessenkonflikt Forst – Naturschutz

Im folgenden Kapitel wird die Darstellung der Konfliktinteressen Forst – Naturschutz in der Medienberichterstattung mit der Bevölkerungsmeinung zu diesem Themenbereich verglichen.

Ein graphischer Vergleich der relativen Häufigkeit von bewerteten Aussagen zum Forstsektor in den Medien mit der relativen Antworthäufigkeit auf die Frage nach der Zufriedenheit mit der Bewirtschaftung der Wälder durch die Forstwirtschaft, zeigt eine deutliche Korrelation beider Faktoren (Abbildung 4.2-7). Sowohl in den Medien als auch in der Meinung der Bevölkerung fällt die Bewertung der Forstwirtschaft deutlich positiv aus. Insgesamt liegt jedoch die Bewertung durch die Bevölkerung unterhalb der der Medien.

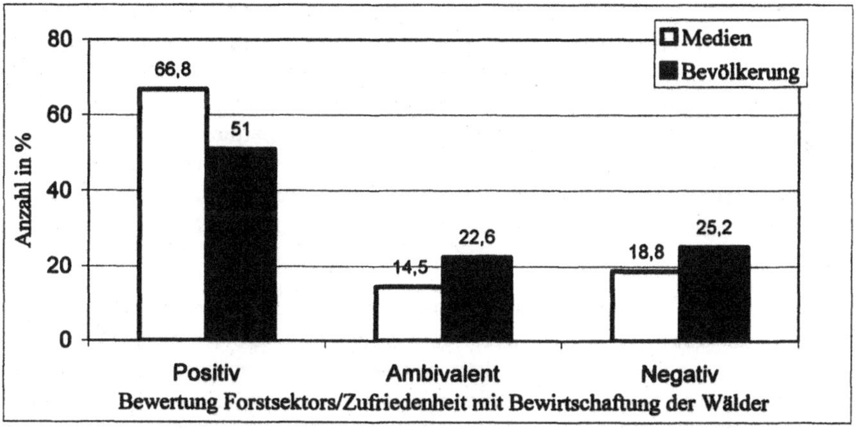

Abbildung 4.2-7: *Zufriedenheit der Bevölkerung mit der Waldbewirtschaftung durch die Forstwirtschaft (Quelle: Nach Pauli 2000, 138) im Vergleich zur Bewertung des Forstsektor in den Medien in %.*

Zu beachten ist aber, dass bei der Frage nach der Zufriedenheit mit der Bewirtschaftung nicht speziell auf den Konfliktbereich zwischen Forst – Naturschutz eingegangen wird. Die Medienanalyse dieser Kategorie fokussiert jedoch ausschließlich auf diese Aussagen. Zunehmende Rationalisierung im Wald durch neue Holzerntemethoden ist ein Beispiel für eine solche Konfliktthematik. Die Bevölkerungsmeinung zu diesem Thema zeigt einen gegenläufigen Trend zur Zufriedenheit mit der Waldbewirtschaftung (Abbildung 4.2-6). Der zunehmende Einsatz großer Holzerntemaschinen im Wald wird deutlich negativ bewertet. Pauli sieht im Einsatz der Großmaschinen die Toleranzgrenze gegenüber der ökonomischen Nutzung des Waldes erreicht. Dieses Urteil wird jedoch relativiert durch den engen Zusammenhang des Maschineneinsatzes mit der Rationalisierung. Die damit verbundene Arbeitsplatzvernichtung, zählt zu einem der größten Probleme der Gesellschaft, weshalb die Skepsis vornehmlich diesem Umstand gelten dürfte. Weitere detaillierte Fragen zur nachhaltigen Bewirtschaftung und zur Ursache ökologischer Waldprobleme zeigen, dass der Forstwirtschaft insgesamt mangelnde Kompetenz zum Schutz des Waldes zugeschrieben wird (Pauli 2000, 148). Die Bewertung einzelner forstlicher Interessen durch die Bevölkerung fällt damit weit negativer aus als in der Waldberichterstattung. Der von Pauli vertretene Standpunkt, dass die Forstwirtschaft durch gezielte Informationen ein besseres Verständnis in der Bevölkerung erwirken kann, ist auf Grund der vorliegenden Ergebnisse anzuzweifeln. Das von den Medien verbreitete Bild über forstwirtschaftliche Interessen ist bereits zum Zeitpunkt der durchgeführten Umfragen bedeutend positiver ausgefallen als die Meinung der Bevölkerung. Die Meinungsbildung lässt sich nicht durch einen Faktor erklären, sondern es handelt sich um einen komplexen Prozess, der von vielen Faktoren mitbestimmt wird. Die Fragen, die auf die Zufriedenheit mit der Bewirtschaftung der Forstwirtschaft abzielen, sind altersabhängig und geschlechtsspezifisch signifikant unterschiedlich beantwortet worden. Dieses Ergebnis macht deutlich, dass ein gezieltes Informationsmanagement durch die Medien allein keine Garantie für verbesserte Akzeptanz in der Bevölkerung darstellt.

Abbildung 4.2-9 zeigt die relative Häufigkeit der Bevölkerungsmeinung über zunehmenden Einfluss von Umweltorganisationen auf die Waldbewirtschaftung im Vergleich zur relativen Häufigkeit von wertenden Aussagen in der Medienberichterstattung über Naturschutzinteressen im Konfliktbereich Forst – Naturschutz. Es wird deutlich, dass Naturschutzaktivitäten im Bereich der Waldbewirtschaftung nach Meinung der Bevölkerung eher begrüßt werden. Diese grundsätzlich positive Haltung deckt sich, wie auch bei den vorher beschriebenen Forstinteressen, mit der Wertung der Medienaussagen. Wie bei der Betrachtung der Forstinteressen fällt auch in dieser Abbildung die vergleichsweise negativere Tendenz der Bevölkerungsmeinung in Bezug zur Medienberichterstattung auf.

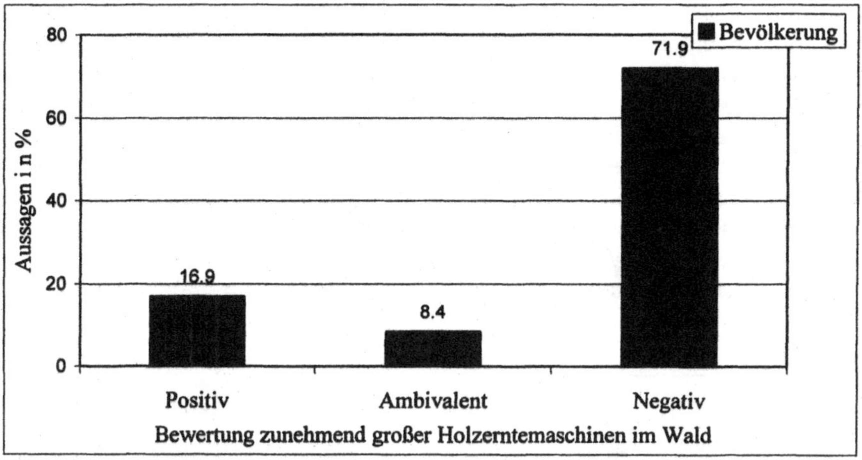

Abbildung 4.2-8: *Bevölkerungsmeinung über zunehmenden Einsatz großer Holzerntemaschinen in % (Quelle: Nach Pauli 2000, 141).*

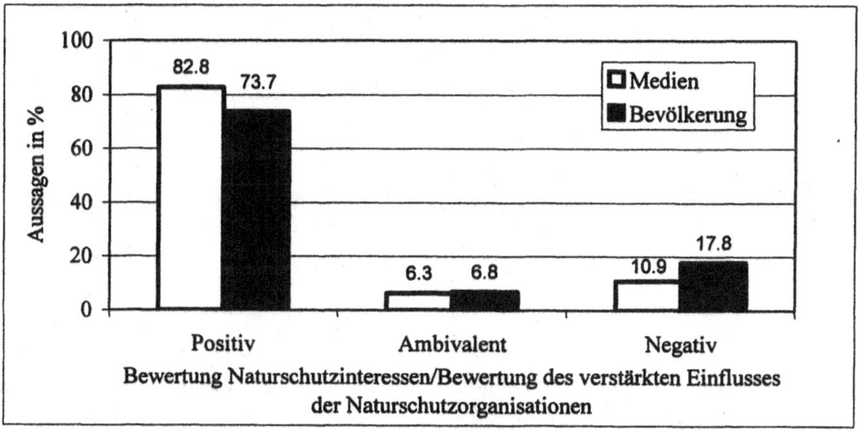

Abbildung 4.2-9: *Bewertung des zunehmenden Einflusses der Naturschutzorganisationen auf die Bewirtschaftung des Waldes (Quelle: Nach Pauli 2000, 148) im Vergleich zu den bewertenden Aussagen über die Interessen von Naturschutzorganisationen in den Medien in %.*

In Abbildung 4.2-10 sind die Daten der Abbildung 4.2-8 und der Abbildung 4.2-9 zusammengeführt. Es wird deutlich, dass die Interessen beider Sektoren, sowohl in der Bevölkerungsmeinung als auch in den Aussagen der Medien, vornehmlich positiv bewertet werden. Des Weiteren zeigt die Abbildung, dass die Bewertung der Forstinteressen aus den Umfragen und der Medienanalyse negativer ausfällt als die Bewertung der Naturschutzinteressen. Trotz der deutlichen Korrelationen von Medienaussagen und Bevölkerungsmeinung darf nicht vernachlässigt werden, dass sich die Umfrageergebnisse nicht auf den eingegrenzten Konfliktbereich zwischen Forst- und Naturschutzinteressen beziehen, sondern aus einer allgemeineren Fragestellung hervorgegangen sind.

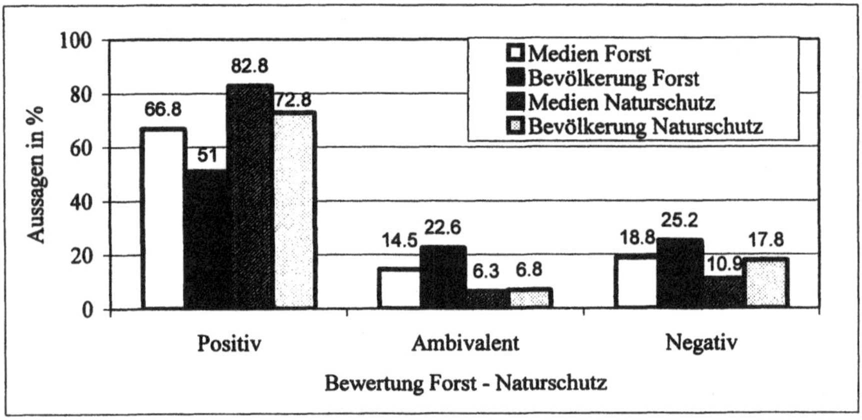

Abbildung 4.2-10: *Bewertung der Forst- und Naturschutzinteressen nach Meinung der Bevölkerung (Quelle: Nach Pauli 2000) im Vergleich zu den Medienaussagen in %.*

4.2.5.4 Zusammenfassung Vergleich des Medienwaldbildes mit dem Waldbild der Bevölkerung

Zwischen der veröffentlichten Meinung und der Gesellschaftsmeinung sind Analogien in der Bewertung der Sektorinteressen, der Valenz der Waldereignisse und in der Verwendung kollektiver Symbole zu sehen. Differenzen ergeben sich in der Darstellung und Wahrnehmung der Interessenpositionen der Akteure. Die Akteure des Forstsektors stellen sich in den Medien in einer besseren Position dar, als es von der Bevölkerungsmeinung widergespiegelt wird. Den Naturschutzakteuren wird von dieser Seite hingegen mehr Kompetenz zugetraut. Diese Unterschiede in den beiden Teilöffentlichkeiten sind für die politische Positionierung der Sektoren von Bedeutung. Insbesondere bei der Austragung von Konflikten kann die Unterstützung durch die Öffentlichkeit zur Legitimation beitragen. Durch die Ergebnisse des Vergleichs wird deutlich, dass forstliche Akteure diese eher in den Medien, die Akteure des Naturschutzes dagegen eher in der Bevölkerungsmeinung finden.

4.3 Fallstudie Waldgipfel

In den vorherigen Kapiteln sind die Ergebnisse von Analysen zur gesamten Waldberichterstattung der überregionalen Tageszeitungen, unabhängig von den unterschiedlichen berichteten Ereignissen, dargestellt worden. In der folgenden Fallstudie ist dagegen ein bestimmtes Ereignis Gegenstand der Untersuchung. Das Analysematerial umfasst daher nicht nur die Artikel der vier überregionalen Tageszeitungen, sondern alle Veröffentlichungen die zum Ereignis erschienen sind. Bei dem untersuchten Ereignis handelt es sich um den, im Jahr 2002 vom Verband des Deutschen Forstwirtschaftsrats (DFWR) organisierten und durchgeführten, 1. Deutsche Waldgipfel. Ergebnisse der Fallstudie sollen zeigen, ob das gezielte Ereignismanagement von Akteuren positive Auswirkungen auf ihre Problemdeutungsmacht in den Medien hat. Zu diesem Zweck wird das Medienecho des inszenierten Ereignisses Waldgipfel mit den Untersuchungsergebnissen zur Waldberichterstattung der vier überregionalen Tageszeitungen verglichen.

4.3.1 Zeitverlauf

Es können verschiedene Phasen der Aufmerksamkeit unterschieden werden, die einem Problem von Seiten der Öffentlichkeit gewidmet werden. Nach Downs (1972, 14ff.), erweitert durch Russ-Mohl (1981, 73), gliedern sich diese Phasen in Vorstadium, Initialphase, Aufschwungphase, Umschwungphase, Abschwungphase und Terminalstadium. In den Analysen zum Gesamtthema Wald sind solche Phasen nicht erkennbar. Insgesamt sind zum 1. Deutschen Waldgipfel 87 Artikel in einem Zeitraum von zwölf Monaten erschienen, in denen 212 Aussagen getroffen wurden. Wie Abbildung 4.3-1 zeigt, durchläuft der 1. Deutsche Waldgipfel eine typische Medienkarriere. Die geringe Anzahl veröffentlichter Artikel in den Monaten vor dem Ereignis ist nicht auf die Medienselektion, sondern auf die Passivität der verantwortlichen Akteure zurückzuführen. Dass bereits zu einem früheren Zeitpunkt Medienaufmerksamkeit hätte erreicht werden können, belegt ein Artikel zum Waldgipfel im Februar, der als Reaktion auf eine Stellungnahme des DFWR erschienen ist. Dieses Ergebnis verdeutlicht, dass die Medienselektivität nicht der einzig entscheidende Faktor der Berichterstattung ist. Der Weg zur Medienaufmerksamkeit beginnt bei den Akteuren und ihrem Input in das Mediensystem.

Mit dem Beginn aktiver Öffentlichkeitsarbeit zum Waldgipfel setzt auch das Medieninteresse, drei Wochen vor dem eigentlichen Ereignis ein. In dieser dreiwöchigen Aufschwungphase steigerte sich die Anzahl veröffentlichter Artikel zu einem Maximum von 30, die in der Woche erreicht werden, in der der Gipfel stattfindet *(Umschwungphase)*. Ein direkter Vergleich zu den durchschnittlich 41,5 Beiträgen, die monatlich in den vier überregionalen Tageszeitungen zum Thema Wald erscheinen, ist nicht zulässig, da die Analyse der Artikel zum Waldgipfel ein anderes Datenmaterial umfasst. Dennoch geht aus dem Ergebnis deutlich hervor, dass mit einem inszenierten Waldthema Medienaufmerksamkeit erreicht werden kann.

In der zeitlich direkt auf den Gipfel folgenden Abschwungphase werden Resultate veröffentlicht. Trotz des stetig sinkenden Interesses der Medien gleitet das Thema nicht direkt im Anschluss in die Terminalphase. Die erneut ansteigende Zahl von Veröffentlichungen resultiert vornehmlich aus Artikeln, die in Fachzeitschriften erschienen sind, die nur 14tägig oder monatlich herausgegeben werden und damit zu einer verzögerten Berichterstattung beitragen. Mit Beginn des Jahres 2002 befindet sich das Thema Waldgipfel in der Terminalphase.

Die Medienkarriere des 1. Deutschen Waldgipfels zeigt, dass inszenierte Ereignisse ein kurzes, aber wirksames Aufmerksamkeitsfenster in den Medien erreichen können.

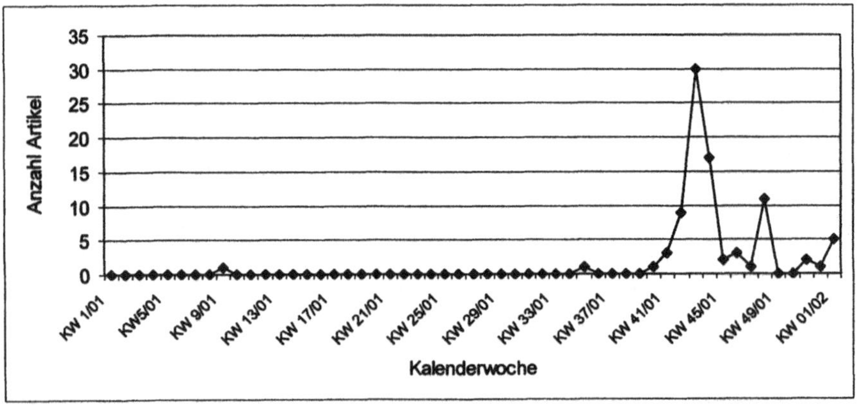

Abbildung 4.3-1: *Anzahl veröffentlichter Artikel zum 1. Deutschen Waldgipfel je Woche (Quelle: Nach Düker 2002)*

Im Folgenden wird aufgezeigt, in welchen Medien Artikel zum Waldgipfel veröffentlicht werden. Die Presse in Deutschland ist unter anderem gekennzeichnet durch die lokale Bindung vieler Tageszeitungen, eine geringe Anzahl überregionaler Blätter und eine großes Zeitschriftenangebot (Meyn 1996, 59). Diese drei Pressetypen weisen unterschiedliche Merkmale auf, die sich insbesondere aus den, ihnen zur Verfügung stehenden Ressourcen, ihrem Verbreitungsgebiet und ihrer Leserschaft ergeben. Die Artikel zum Waldgipfel werden in die drei Kategorien Lokal-Regionalzeitung, Überregionale Tageszeitung und Fachpresse aufgeteilt, da diesen Pressetypen eine unterschiedliche politische Wirksamkeit unterstellt werden kann. Nachrichten aus überregionalen Tageszeitungen wird ein größerer Einfluss auf die Policy-Agenda zugesprochen als Lokal- oder Regionalzeitungen. Die Fachpresse wendet sich in erster Linie an ein Expertenpublikum und bringt die Nachrichten damit nur in eine sehr begrenzte Teilöffentlichkeit.

Tabelle 4.3-1 zeigt die Anzahl veröffentlichter Artikel in den drei verschiedenen Pressetypen. Aus dem Ergebnis geht deutlich hervor, dass die Beiträge zum Waldgipfel in erster Linie in den Lokal- Regionalzeitungen und in der Fachpresse erschienen sind. In den überregionalen Tageszeitungen sind insgesamt nur acht Berichte veröffentlicht worden. Insbesondere Lokal- und Regionalzeitungen, deren Verbreitungsgebiet in der Nähe des Veranstaltungsortes liegt, haben Artikel zum Thema veröffentlich. Obwohl es sich bei dem 1. Deutschen Waldgipfels um ein nationales Ereignis handelt, ist die Wirkung in der Medienberichterstattung eher als lokal einzuordnen. Die Artikel der Fachpresse sind vornehmlich in Forstzeitschriften, in selteneren Fällen in Zeitungen aus dem Naturschutzbereich erschienen. Sie sprechen hauptsächlich Akteure an, die bereits mit dem Themengebiet Wald/Natur vertraut sind.

Tabelle 4.3-1: *Artikelanzahl in den drei Presstypen (Quelle: Datenmaterial Düker 2002)*

Pressetypen	Absolut	in Prozent
Lokal- und Regionalzeitungen	39	44,8
Überregionale Tageszeitungen	8	9,2
Fachpresse	40	46
	87	**100**

Ursächlich für die geringe Anzahl von Artikeln in überregionalen Tageszeitungen ist zum Teil das geringe Angebot von Zeitungen mit einem deutschlandweiten Verbreitungsgebiet. Aber auch die starke lokale Bedeutung des Themas Wald ist ein Faktor, der für die insgesamt geringe Resonanz in diesem Pressetyp mitverantwortlich ist. Bei der Betrachtung der politischen Wirkung des Waldgipfels ist die nachgeordneten Außenwirkung von Lokal- und Regionalzeitungen und der Fachpresse sowie die geringe Anzahl von Veröffentlichungen in den überregionalen Tageszeitungen zu berücksichtigen.

Abbildung 4.3-2 zeigt, wie viele Artikel pro Kalenderwoche in den drei Pressetypen erschienen sind. Das Ergebnis macht deutlich, dass Beiträge in den Lokal- und Regionalzeitungen sowie in den überregionalen Tageszeitungen nur bis eine Woche nach dem Ereignis veröffentlicht werden. In den Folgewochen ist es lediglich die Fachpresse, die über den Waldgipfel berichtet. Resultate des Waldgipfels, wie z.B. Unterschriften auf dem „Generationsvertrag für die Zukunft", die erst im Nachhinein erreicht wurden, finden damit, außer in der Fachpresse, keine Erwähnung. Die Artikel der überregionalen Tageszeitungen werden lediglich innerhalb eines Zeitraumes von drei Wochen veröffentlicht: einer im Februar, vier in der Woche, in der das Ereignis stattfindet sowie ein letzter Artikel in der Folgewoche.

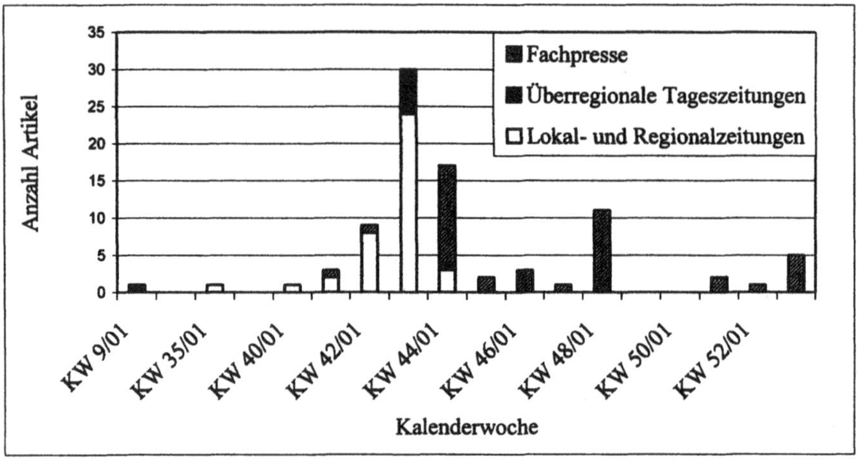

Abbildung 4.3-2: *Anzahl Artikel je Pressetyp und Kalenderwoche (Quelle: Datenmaterial Düker 2002)*

4.3.2 Akteure und Instrumente

Im Folgenden werden die Akteure und Instrumente, die in der Berichterstattung über den Waldgipfel Erwähnung finden, dargestellt. Die relative Häufigkeit der Akteure in den einzelnen Gruppen wird in Vergleich zu der Häufigkeitsverteilung der Akteure in der Waldberichterstattung der überregionalen Tageszeitungen gesetzt.

4.3.2.1 Problemdefinierer

Tabelle 4.3.2 zeigt die Häufigkeit, mit der die jeweiligen Akteure der unterschiedlichen Sektoren die 212 Aussagen zum Waldgipfel treffen. Fast 50% der Aussagen werden von Forstakteuren abgegeben, damit dominieren sie deutlich die Berichterstattung über den Waldgipfel. Die Medien selbst definieren fast ein Drittel der Aussagen, dies resultiert vornehmlich aus den Artikeleinleitungen oder Schlussfolgerungen, die zur Abrundung des Themas von Journalisten geschrieben werden. Akteure aus dem Naturschutzsektor, die zu den Teilnehmern des Waldgipfels zählten, insbesondere aber auch Akteure aus der Politik kommen in den Beiträgen zum Waldgipfel selten zu Wort.

Tabelle 4.3.2: *Problemdefinierer in der Waldgipfelberichterstattung (N=212) (Quelle: Datenmaterial Düker 2002)*

Akteure	Absolut	In Prozent
Forst	101	47,6
Naturschutz	20	9,4
Politik	2	0,9
Medien	68	32,1
Wirtschaft	0	0
Sonstige	21	9,9
	212	**100**

Abbildung 4.3-3 vergleicht die Häufigkeitsverteilungen der Problemdefinierer in der Berichterstattung des Waldgipfels mit der Verteilung in der gesamten Waldberichterstattung der überregionalen Tageszeitungen. In den Veröffentlichungen zum Thema Wald werden ein Viertel der Aussagen von Akteuren aus dem Forstsektor getroffen. Im speziellen Fall des Waldgipfelereignisses, das durch Forstakteure inszeniert und durchgeführt wurde, beträgt die relative Definitionshäufigkeit fast das Doppelte. Die relative Häufigkeit, mit der Akteure aus dem Sektor Naturschutz in den Beiträgen zum Waldgipfel als Problemdefinierer auftreten, nimmt im Vergleich zur Waldberichterstattung ab. Auch Akteure politischer Parteien sind nur mit zwei Aussagen an der Problemdefinition beteiligt. Gleiches gilt für Akteure aus der Wirtschaft und anderen Sektoren. Diese Ergebnisse zeigen, dass die Inszenierung eines Events durch Akteure eines Sektors für diesen deutliche Vorteile in der Medienberichterstattung bringen. Denn durch die verstärkte Medienaufmerksamkeit haben die Akteure eine größere Chance, ihre Argumentationslinien und Deutungsmuster in die Medienöffentlichkeit zu bringen.

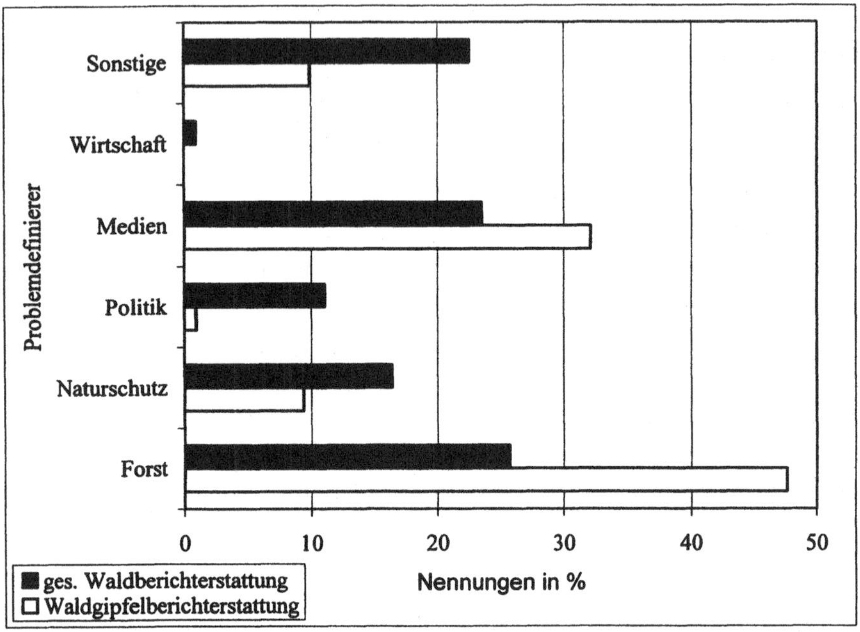

Abbildung 4.3-3: *Problemdefinierer in der Waldgipfelberichterstattung und der Waldberichterstattung der überregionalen Tageszeitungen von 1994 – 1998.*

4.3.2.2 Problemopfer

Tabelle 4.3-3 zeigt die absolute und relative Häufigkeit von Problemopfernennungen in der Waldgipfelberichterstattung. In über der Hälfte der Aussagen zum Waldgipfel werden keine Problemopfer genannt. In diesen Fällen wird die Möglichkeit versäumt, die Aufmerksamkeit der Medien zu nutzen, um die Brisanz der Waldsituation darzustellen und daraus abzuleitende Handlungen zu fordern. Die anderen Fälle, in denen Aussagen zum Opfer getroffen werden, zeigen, dass die Akteure aus dem Forstsektor die Medienaufmerksamkeit genutzt haben, um sich selbst als Leidtragende der Waldprobleme darzustellen. Dies resultiert zum einen aus Beiträgen, in denen die gesamte Forstwirtschaft als Opfer der Waldsituation beschrieben wird, zum anderen aus konkreteren Darstellungen, die die Privatwaldbesitzer als Leidtragende der Waldprobleme schildern.

Die Natur wird in 42 Aussagen als Opfer der Waldprobleme benannt, damit findet sie nur halb so häufig wie der Forstsektor Erwähnung in dieser Rolle. Noch weniger Beachtung in der Interessenposition des Opfers finden die Sektoren Naturschutz und Wirtschaft. Die Politik oder die Gesellschaft wurden in keinem Fall als Opfer der Waldprobleme geschildert. Mit dieser Art der Darstellung wird zur Entpolitisierung des Themas beigetragen, da die Handlungsbereitschaft sinkt, wenn nur wenige Menschen von dem Problem betroffen sind. Die Medienöffentlichkeit, die das Waldgipfelereignis hervorgerufen hat, wurde damit nicht vollständig genutzt, um die Waldsituation zu schildern und Opfer zu benennen, die ein politisches Handeln notwenig machen. Stattdessen haben die Akteure aus dem Forstsektor den Event genutzt, um die eigene schlechte Situation in den Vordergrund zu stellen.

Tabelle 4.3-3: *Problemopfer in der Waldgipfelberichterstattung (N=143) (Quelle: Datenmaterial Düker 2002)*

Akteure	**Absolut**	**In Prozent**
Forst	87	60,8
Naturschutz	9	5,9
Politik	0	0
Medien	0	0
Wirtschaft	4	2,6
Gesellschaft	0	0
Natur	42	27,5
Sonstige	1	0,7
Keine	*110*	-
Summe (ohne „Keine“)	**143**	**100**

Abbildung 4.3-4 zeigt die relativen Häufigkeiten von Problemopfernennungen in der Waldgipfelberichterstattung und in der Waldberichterstattung der überregionalen Tageszeitungen. Deutliche Unterschiede sind in den Kategorien Natur und Forst zu erkennen. Dass in den Artikeln zum Thema Wald dominierende Opfer Natur findet in den Beiträgen zum Waldgipfel vergleichsweise selten Erwähnung. Gleiches gilt für die Gesellschaft, die in den Waldartikeln ebenfalls als Leidtragende der Waldsituation beschrieben wird, in den Veröffentlichungen zum Waldgipfel aber keine Beachtung findet. Die Benennungen des Opfers verschieben sich zugunsten des Forstsektors, der aus der Waldgipfelberichterstattung dominierend als Leidtragender der Waldprobleme hervorgeht. Wie bereits erwähnt, muss die Opferrolle jedoch von zwei Seiten betrachtet werden. Zum

einen bietet sie einen moralischen, legitimatorischen Vorteil, zum anderen demonstriert sie Machtlosigkeit (Hütte 1999, 43). Dass die Akteure des Forstsektors, die Aufmerksamkeit der Medien dazu genutzt haben, sich selbst in der Opferrolle zu präsentieren, muss damit nicht unbedingt zu ihrem Vorteil gereichen.

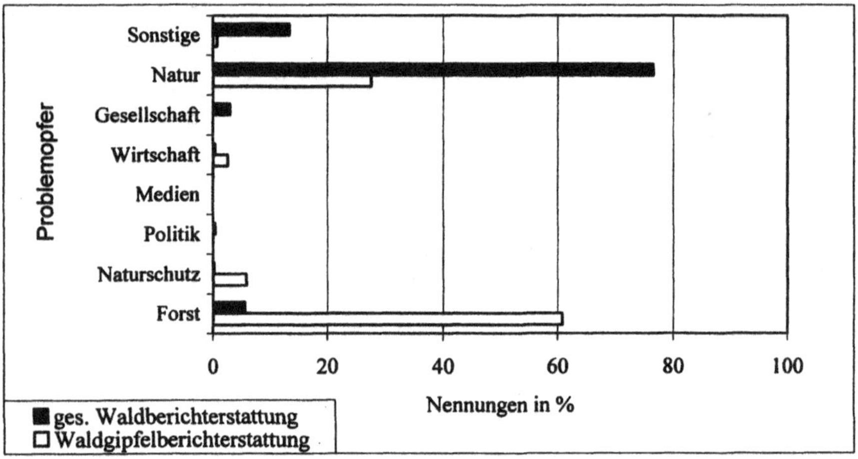

Abbildung 4.3-4: *Problemopfer in der Waldgipfelberichterstattung und der Waldberichterstattung der überregionalen Tageszeitungen von 1994 – 1998.*

4.3.2.3 Problemverursacher

Tabelle 4.3-4 zeigt die absolute und relative Häufigkeit von Problemverursachern in der Waldgipfelberichterstattung. In 159 Aussagen, d.h. in 75 % aller Fälle, wird kein Verursacher der Waldprobleme benannt. Wie bei der Nichtbenennung von Problemopfern, trägt auch die Unterschlagung von Problemverursachern zur Entpolitisierung des Problems bei, da der Adressat für Forderungen fehlt. In den Aussagen, die keinen Verursacher benennen, wird somit die Chance vergeben, das Problem in der Politikarena zu etablieren und politische Handlungsbereitschaft zu fordern.

In einem Drittel aller Fälle, die einen Verursacher der Waldprobleme vorstellen, wird die Gesellschaft genannt. Ihre Verursacherinteressen werden in erster Linie in umweltbelastenden Tätigkeiten, wie z.B. dem Autofahren, gesehen. Falls die Initiatoren an den Waldgipfel die Erwartung stellen, ein vermehrtes Interesse in der Bevölkerung zu erreichen und Vertrauen und Akzeptanz in den Sektor zu steigern, kann dieses Ziel durch die Darstellung der Gesellschaft als Verursacher torpediert werden. Denn wenn sie in die Rolle des Verursachers gedrängt wird, besteht für die Bevölkerung die Schwierigkeit gleichzeitig Helferinteressen wahrzunehmen, bzw. das Problem als ein solches anzuerkennen. Wie die Ergebnisse der Bevölkerungsumfrage gezeigt haben (Kapitel 4.2.5), erkennt die Gesellschaft die Problematik des eigenen Handelns in Bezug auf die Waldsituation an, was jedoch nicht bedeutet, dass das Problem damit auf die Public Agenda gesetzt wird. Weitere Verursacher, die in den Beiträgen über den Waldgipfel Erwähnung finden, gehören den Sektoren Wirtschaft, Politik, Naturschutz und Forst an.

Tabelle 4.3-4: *Problemverursacher in der Waldgipfelberichterstattung (N=143) (Quelle: Datenmaterial Düker 2002)*

Akteure	Absolut	In Prozent
Forst	11	11,5
Naturschutz	12	12,5
Politik	15	15,6
Medien	0	0
Wirtschaft	20	20,8
Gesellschaft	32	33,3
Natur	0	0
Sonstige	6	6,3
Keine	*159*	-
Summe (ohne „Keine“)	**96**	**100**

Die Abbildung 4.3-5 zeigt die Häufigkeitsverteilungen der genannten Verursacher in der Waldgipfelberichterstattung und in der Berichterstattung zum Thema Wald in den vier überregionalen Tageszeitungen. Deutliche Unterschiede in der Häufigkeit zeigen sich insbesondere in den Kategorien Natur und Gesellschaft. In den Artikeln zum Thema Wald ist die Natur selbst der Hauptverursacher der Waldprobleme, z.B. durch Stürme oder Borkenkäferkalamitäten. Hingegen wird in den Beiträgen zum Waldgipfel die Natur in keinem Fall als Verursacher dargestellt. Die Rolle des Hauptverursachers wird stattdessen der Gesellschaft zugeschrieben. Den Sektoren Wirtschaft, Politik und Naturschutz werden in der Waldgipfelberichterstattung vergleichsweise häufiger Verursacherinteressen unterstellt als in den Artikeln, die allgemein das Thema Wald behandeln. Eine Begründung für dieses Ergebnis liegt in der dominanten Stellung der Forstakteure in der Rolle des Problemdefinierers. Insbesondere die Benennung des Sektors

Naturschutz als Verursacher spricht dafür, dass die Akteure aus dem Forstsektor die Aufmerksamkeit der Medienöffentlichkeit genutzt haben, um ihre Problemsicht zu erläutern und Konfliktgegner in ihrem Interessengebiet Wald als Verursacher darzustellen. Der Forstsektor selbst wird in elf Aussagen ebenfalls als Problemverursacher hingestellt. Dies geschieht insbesondere in den Darstellungen von Naturschutzverbänden, den Medien und anderen Verbänden, wie z.B. dem Kommunalverband. Damit sind kritische Stimmen zum Forstsektor in den Beiträgen zum Waldgipfel ebenso häufig wie in der Waldberichterstattung.

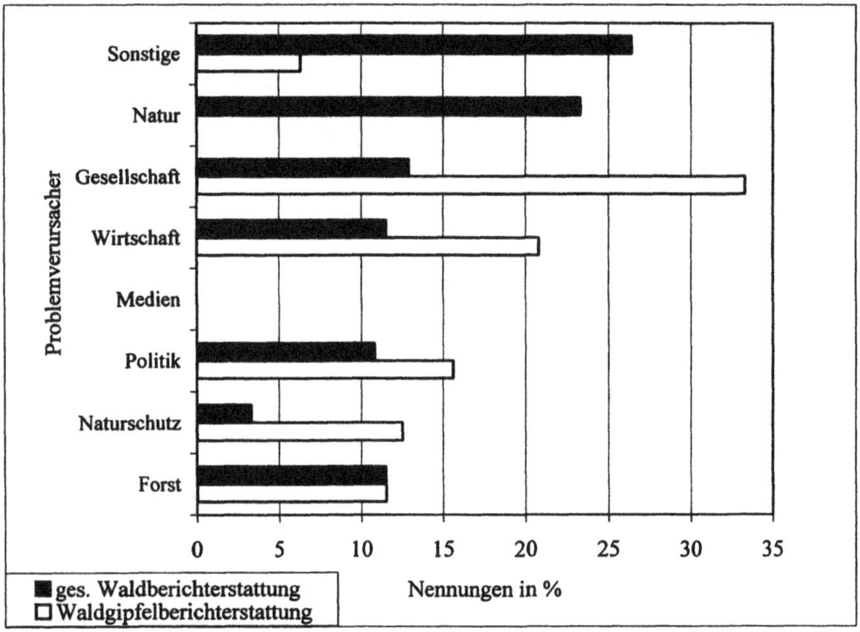

Abbildung 4.3-5: *Problemverursacher in der Waldgipfelberichterstattung und der Waldberichterstattung der überregionalen Tageszeitungen von 1994 – 1998.*

4.3.2.4 Problemhelfer

In Tabelle 4.3-5 werden die absoluten und relativen Häufigkeiten von Problemhelfern in der Waldgipfelberichterstattung dargestellt. In knapp einem Drittel aller Fälle wird keine Aussage zu Akteuren gemacht, die bei der Lösung der Waldprobleme hilfreich sein könnten. Die Definierer dieser Aussagen haben sich in diesen Fällen die Chance genommen die eigene Problemlösungskompetenz in der Öffentlichkeit zu verdeutlichen. Die Akteure des Forstsektors haben ihre Position als Initiator des Waldgipfels und damit als dominanter Medienpartner genutzt, um sich selbst in der Helferrolle darzustellen. In 202 Aussagen werden sie, in erster Line durch Akteure des eigenen Sektors, als Problemhelfer benannt. Dem Sektor Naturschutz werden in den Beiträgen zum Waldgipfel ebenfalls Helferinteressen zugeschrieben. Dies trifft vor allem für die Aussagen der Medien zu, aber auch Akteure der Naturschutz- und Kommunalverbände stellen die Helferinteressen des Naturschutzsektors in den Medien dar. Selbst von Seiten der Akteure aus dem Forstsektor, wie z.B. vom Deutschen Forstwirtschaftsrat oder vom Forstministerium, werden die Helferinteressen der Naturschutzakteure in den Medien erwähnt. Die Medien, der DFWR und die Kommunalverbände benennen zudem die Sektoren Politik und Wirtschaft als Helfer der Waldprobleme. Zu den Akteuren, die unter Sonstige in dieser Interessenposition kategorisiert wurden, gehören insbesondere Sport- und Tourismusverbände, sowie die Gewerkschaften, die sich aktiv am Waldgipfel beteiligt haben und einen Beitrag zum Generationsvertrag leisten wollen, um die nachhaltige Bewirtschaftung und Holznutzung zu sichern.

Tabelle 4.3-5: *Problemhelfer in der Waldgipfelberichterstattung (N=143) (Quelle: Datenmaterial Düker 2002)*

Akteure	Absolut	In Prozent
Forst	202	54,0
Naturschutz	69	18,4
Politik	19	5,1
Medien	0	0
Wirtschaft	17	4,5
Gesellschaft	0	0
Natur	0	0
Sonstige	67	17,9
Keine	*66*	-
Summe (ohne „Keine")	**374**	**100**

In Abbildung 4.3-6 sind, nach dem bekannten System, die Häufigkeitsverteilungen der benannten Problemhelfer aus der Waldgipfelberichterstattung und aus den Artikeln zum Thema Wald der überregionalen Tageszeitungen aufgeführt. Ein Unterschied zwischen den Analyseergebnissen zeigt sich insbesondere im Sektor Forst, der in den Beiträgen zum Waldgipfel deutlich häufiger als Problemhelfer auftritt, als in den Artikeln, die das Thema Wald allgemein behandeln. Die Darstellung der Helferinteressen von Akteuren aus dem Naturschutzsektor ist in beiden Analysen ähnlich häufig. Dieses Ergebnis ist insofern überraschend, als dass der Waldgipfel ein vom Forstsektor inszeniertes Ereignis ist, das zudem in der Problemdefinition von Forstakteuren dominiert wird. Dass der Naturschutzsektor dennoch in der positiv besetzten Helferrolle auftritt, resultiert insbesondere aus den Medienaussagen. Dem Sektor Politik werden in den Beiträgen zum Waldgipfel seltener Helferinteressen zugesprochen. Dies liegt in der geringen Anzahl von Problemdefinierern aus diesem Bereich begründet. Die Natur wird in den Waldgipfelartikel in keinem Fall als Problemhelfer benannt. Die Selbstheilungskräfte, die ihr in den Artikeln der überregionalen Tageszeitungen zugesprochen werden, finden damit keine Erwähnung. Insgesamt tragen das Waldgipfelereignis und die dominante Rolle, die der Forstsektor in der Problemdefinition spielt, dazu bei, dass die Helferinteressen deutlich durch die Besetzung forstlicher Akteure geprägt sind.

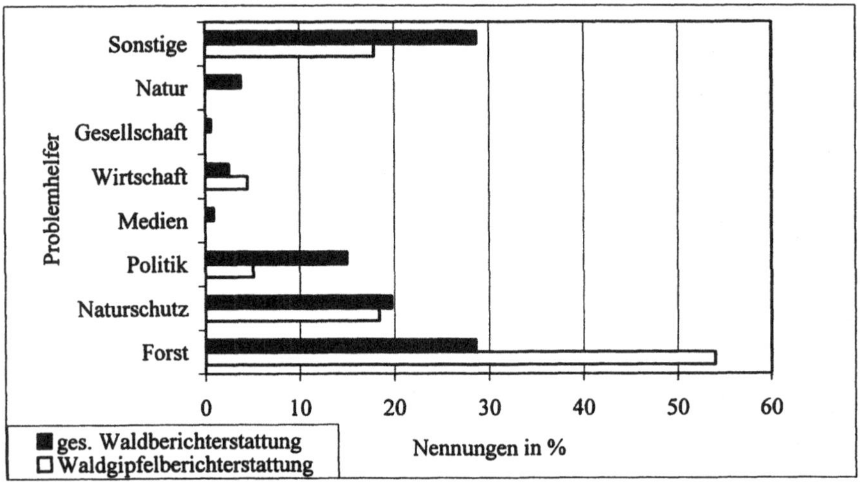

Abbildung 4.3-6: *Problemhelfer in der Waldgipfelberichterstattung und der Waldberichterstattung der überregionalen Tageszeitungen von 1994 – 1998.*

4.3.2.5 Interessenkonflikt Forst – Naturschutz

In diesem Kapitel wird überprüft, ob der Waldgipfel dazu genutzt wird, die Konfliktinteressen zwischen den Sektoren Forst und Naturschutz in der Medienöffentlichkeit darzustellen. Des weiteren wird die Häufigkeitsverteilung der Interessenbewertungen mit der Verteilung in der Waldberichterstattung der überregionalen Tageszeitungen verglichen, um den Erfolg eines inszenierten und damit auch dominierten Ereignisses hinsichtlich der medial vertretenen Deutungsmuster zu kontrollieren.

Die Konfliktinteressen zwischen Forst und Naturschutz finden in den Aussagen der Waldgipfelbeiträge 245-mal Erwähnung. Dass die Anzahl die Aussagenzahl übersteigt, liegt in den Doppelnennungen von bewerteten Interessen innerhalb einer Aussage begründet. Insgesamt wird in fast 75% aller Aussagen Stellung zu den Konfliktinteressen bezogen, in den anderen 25% finden die Sektorinteressen aus Forst- und Naturschutz keine Erwähnung. Die Ergebnisse aus Tabelle 4.3-6 machen deutlich, dass die positiven Bewertungen von Interessenaussagen, unabhängig vom Sektor, deutlich überwiegen. In 50% aller Aussagen werden die Interessen des Forstsektors positiv dargestellt. Die Initiatoren des Waldgipfels haben damit die Chance der Medienaufmerksamkeit genutzt, um die Deutungsmuster ihres Sektors an die Öffentlichkeit zu bringen. Dass die Interessen des Forstsektors in den Medien gar nicht, nicht eindeutig oder negativ bewertet werden, kommt nur in Einzelfällen vor. Die Interessen des Sektors Naturschutz finden, trotz der dominanten Stellung der Forstakteure, in 96 Aussagen der Waldgipfelbeiträge Erwähnung. Die ambivalenten oder negativen Aussagen sind, ebenso wie bei den Interessen des Forstsektors, zu vernachlässigen.

Tabelle 4.3-6: *Wertung der Sektorinteressen in der Waldgipfelberichterstattung (N=245); (Quelle: Datenmaterial Düker 2002)*

Bewertung von Interessen	Absolut	In Prozent
Forst	**149**	**60,8**
Positiv	122	49,8
Ambivalent	16	6,5
Negativ	11	4,5
Naturschutz	**96**	**39,1**
Positiv	73	29,8
Ambivalent	5	2,0
Negativ	18	7,3
	245	**100**

Abbildung 4.3-7 zeigt, dass sich die Bewertungen der Interessen in der Waldgipfelberichterstattung zu Gunsten des Forstsektors verschoben haben. Dieser findet in den Beiträgen mehr Zustimmung und weniger Ablehnung als in den Artikeln, die den Wald insgesamt zum Thema haben. Dieses Resultat ist in ers-

ter Linie auf die Dominanz der Forstakteure im Medienereignis Waldgipfel zurückzuführen. Die Häufigkeitsverteilungen der bewerteten Naturschutzinteressen sind ebenfalls eine Auswirkung des vom Forstsektor inszenierten Ereignisses. Dennoch bleibt zu klären, warum sich trotz der guten Position der Forstakteure in der Waldgipfelberichterstattung vergleichsweise häufig positiv bewertete Deutungsmuster des Naturschutzsektors in den Beiträgen wiederfinden.

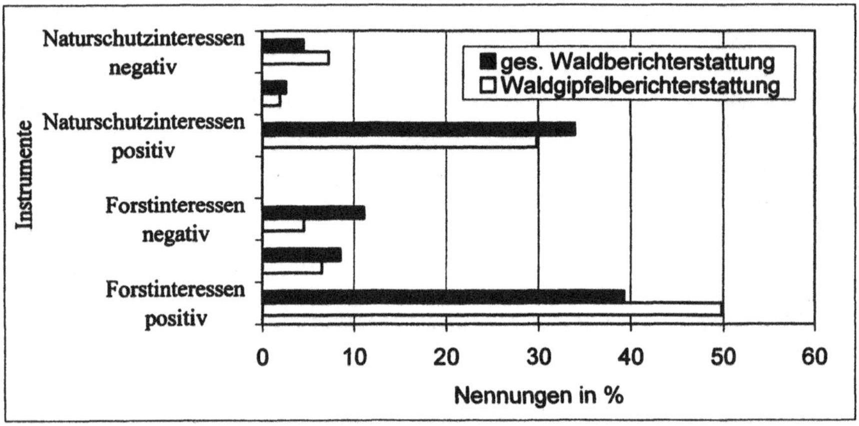

Abbildung 4.3-7: *Wertung der Sektorinteressen in der Waldgipfelberichterstattung und den Artikeln der überregionalen Tageszeitungen von 1994-1998.*

Zu diesem Zweck werden in Tabelle 4.3-7 die Problemdefinierer der bewerteten Sektorinteressen aus der Waldgipfelberichterstattung aufgezeigt. Die Ergebnisse verdeutlichen, dass beide Sektoren einen Großteil der Medienaufmerksamkeit dazu genutzt haben, ihre eigenen Interessen positiv in der Öffentlichkeit zu vertreten. Die Akteure aus dem Forstsektor haben zusätzlich, in über 20% ihrer Aussagen zum Konfliktbereich, in positiver Weise zu den Naturschutzinteressen Stellung genommen. Akteure aus dem Naturschutzsektor haben die Forstinteressen in den Medien ebenfalls anerkannt, allerdings auch in 20% ihrer Aussagen Kritik geäußert. Die Medien äußern sich sowohl zu den Interessen des Forst- als auch zu denen des Naturschutzsektors in erster Linie positiv. Jedoch wird der Forstsektor, insbesondere durch die geringere Anzahl kritischer Aussagen, von dieser Seite begünstigt. Akteure, die nicht den Akteursgemeinschaften des Forst- oder Naturschutzsektors beziehungsweise den Medien angehören, äußern sich nur in wenigen Aussagen zu diesem Konfliktbereich. In den Kommunikationsaktionen der Akteure politischer Parteien und der Wirtschaft wird keine

Stellung zu den Konfliktinteressen aus den Sektoren Forst und Naturschutz bezogen.

Insgesamt zeigen die Ergebnisse, dass die Medienaufmerksamkeit zum Waldgipfel genutzt wurde, um im Interessenkonflikt um den Wald Stellung zu beziehen. Insbesondere der Forstsektor konnte durch seine dominante Stellung, die er sich in diesem Ereignis erworben hat, seine Interessen und Deutungsmuster bezüglich der Waldproblematik in der Öffentlichkeit darstellen. Unterstützt durch Aussagen von Akteuren des Forstbereichs konnte der Sektor Naturschutz ebenfalls, wenn auch nicht mit der gleichen Häufigkeit, den Waldgipfel als Plattform der Öffentlichkeit nutzen, um die eigenen Interessen vorzustellen und positiv zu belegen.

Tabelle 4.3-7: *Problemdefinierer der wertenden Sektorinteressen in der Waldgipfelberichterstattung (N=245); (Quelle: Datenmaterial Düker 2002)*

	Problemdefinierer							
	Forst		Naturschutz		Medien		Sonstige	
	n	In %	N	In %	N	In %	N	In %
Forst								
Positiv	**67**	*63,2*	4	16,0	44	*43,1*	7	*58,3*
Ambivalent	2	1,9	5	20,0	**8**	7,8	1	8,3
Negativ	2	1,9	**5**	20,0	4	3,9	0	0
Naturschutz								
Positiv	23	21,7	11	*44,0*	**35**	34,3	4	33,3
Ambivalent	2	1,9	0	0	**3**	2,9	0	0
Negativ	**10**	9,4	0	0	8	7,8	0	0
Summe	**106**		**25**		**102**		**12**	
In % (von 245 Nennungen)	**43,3**		**10,2**		**41,6**		**4,9**	

4.3.2.6 Instrumente

In Tabelle 4.2-8 ist die relative und absolute Häufigkeit der in der Waldgipfelberichterstattung genannten Instrumente aufgeführt. In 48 Aussagen werden keine Instrumente genannt, die zur Verbesserung der Waldsituation beitragen können. In einigen Fällen finden Instrumente Erwähnung ohne dass deutlich gemacht wird, welche kollektive Gruppe diese einsetzen kann oder sollte. In den Aussagen, die Instrumente zur Problemlösung benennen, dominieren die informationellen Instrumente. Dies resultiert vornehmlich aus dem „Generationsvertrag für die Zukunft", der von den Teilnehmern des Waldgipfels unterschrieben werden soll, um die nachhaltige Bewirtschaftung und Holzbenutzung zu gewährleisten. Dieser Vertrag, findet als eines der Hauptziele des Gipfels, findet vielfach als Hilfe zur Verbesserung der Waldsituation in den in den Medien Erwähnung. Nur halb so häufig werden ökonomische Instrumente als Mittel zur Problemlösung angeführt. Noch seltener werden regulative Instrumente in der Waldgipfelberichterstattung erwähnt. Planerische Instrumente und Sachleistungen sind in den Artikeln überhaupt nicht berücksichtigt.

Tabelle 4.3-8: *Instrumente in der Waldgipfelberichterstattung (Quelle: Datenmaterial Düker 2002)*

Instrumente	Absolut	In Prozent
Sachleistungen	0	0
Informationelle Instrumente	111	54,1
Regulative Instrumente	36	17,6
Ökonomische Instrumente	57	27,8
Planerische Instrumente	0	0
Sonstige Instrumente	1	0,5
Keine	*48*	-
Summe (ohne Keine)	**205**	**100**

In Abbildung 4.3-8 sind die Häufigkeitsverteilungen der Instrumente aus der Waldgipfelberichterstattung und aus den Beiträgen zum Thema Wald der überregionalen Tageszeitungen aufgezeigt. Unterschiede in der Häufigkeit der Nennungen sind in fast allen Instrumenten zu erkennen. Besonderes deutlich ist dieses jedoch im Instrument Sachleistungen zu erkennen. Sachleistungen sind in der Waldberichterstattung der Qualitätszeitungen das am häufigsten genannte Instrument, finden aber in den Beiträgen über den Waldgipfel keinerlei Erwähnung. Dieses Ergebnis ist insofern überraschend, als Sachleistungen im Walddiskurs insbesondere durch Akteure aus dem Forstsektor Erwähnung finden. Eine Begründung für die hier deutlich dominierende Stellung der informationellen Instrumente und das völlige Fehlen von Sachleistungs-Nennungen kann in der Art des Ereignisses gesehen werden. Beim Waldgipfel handelt es sich um ein Ereignis, dass einzig zum Zweck der Berichterstattung inszeniert wurde. Dass trotz der Problemdefinition durch die Forstakteure das Instrument keine Erwähnung findet, stattdessen informationelle Instrumente in den Vordergrund rücken, bestätigt die Hypothese, dass zunehmendes Ereignismanagement Auswirkungen auf die Auswahl der Problemlösungen hat. Die vermehrte Darstellung von ökonomischen Instrumenten in der Waldgipfelberichterstattung resultiert in erster Linie aus der Benennung durch die Medien und aus den Forderungen, die von Seiten der Privatwaldbesitzer gestellt werden. Den regulativen Instrumenten kommt in der Waldgipfelberichterstattung und in den Artikeln zum Thema Wald der überregionalen Zeitungen ein ähnlich geringer Anteil zu.

Insgesamt zeigen die Ergebnisse der Häufigkeitsverteilung der Instrumente, dass die Darstellung von Instrumenten, denen ein Beitrag zur Problemlösung zugesprochen wird, nicht allein abhängig ist von den Akteuren, durch die sie benannt werden, sondern dass auch eine Verknüpfung mit dem Ereignistyp besteht. In dem von Akteuren aus dem Forstsektor dominierten Medienereignis Waldgipfel sind daher nicht Sachleistungen, sondern in erster Linie informationelle Instrumente als problemlösungsfähig dargestellt.

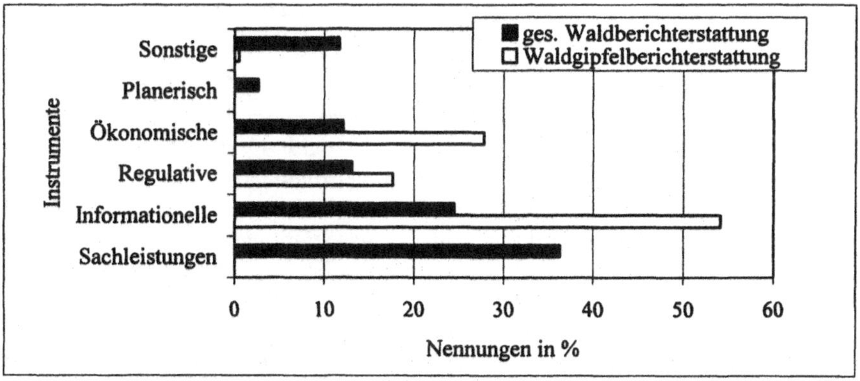

Abbildung 4.3-8: *Instrumente in der Waldgipfelberichterstattung und der Waldberichterstattung der überregionalen Tageszeitungen von 1994 – 1998.*

4.3.2.7 Kollektive Symbole

In diesem Kapitel wird dargestellt, welche Assoziationen in der Berichterstattung über den Waldgipfel Erwähnung finden, und ob Unterschiede zu den in der Waldberichterstattung der überregionalen Tageszeitungen verwendeten Bildern bestehen.

Aus Tabelle 4.3-9 geht hervor, dass in fast drei Viertel aller Aussagen zum Waldgipfel keine kollektiven Symbole verwendet werden. Die Möglichkeit der

Veranschaulichung der Waldgipfelinhalte durch Bilder wird damit kaum genutzt. Finden Symbole in den Artikeln Erwähnung, so wird nur in wenigen Fällen mehr als eines pro Aussage genutzt.

Tabelle 4.3-9: *Kollektive Symbole in der Waldgipfelberichterstattung (N=212); (Quelle: Datenmaterial Düker 2002)*

Anzahl kollektiver Symbole pro Aussage	Absolut	In Prozent
0 Symbol	151	71,2
1 Symbol	40	18,9
2 Symbole	14	6,6
3 Symbole	7	3,3
Summe	**212**	**100**

Abbildung 4.3-9 zeigt die Häufigkeitsverteilungen der Metaphern, die in der Waldgipfelberichterstattung und den Artikeln zum Thema Wald in den überregionalen Zeitungen verwendet wurden. Die Abbildung macht deutlich, dass nicht alle Metaphern, die in den Waldartikeln vertreten sind, auch in den Beiträgen zum Waldgipfel Erwähnung finden. Beispielsweise werden der Wald als Ort des Verbrechens oder der Zuflucht und die Assoziationen zu Freiheit, Dunkel sowie Märchen + Mythen nicht zur Veranschaulichung der Waldgipfelinhalte eingesetzt. Assoziationen zur Erholung, zum Waldsterben und zum Ökosystem haben hingegen in beiden Analyseergebnissen ähnliche Anteile an der Darstellung. Deutliche Unterschiede machen sich jedoch in den Kategorien *Deutsch* und *Heimat* bemerkbar, da diesen Attributen in der Waldgipfelberichterstattung deutlich mehr Gewicht beigemessen wird, als in den Artikeln, die den Wald allgemein zum Inhalt haben. In der Hauptsache werden diese Assoziationsaussagen von den Medien genutzt, die damit zur Steigerung der Aufmerksamkeit in erster Line auf Waldbilder kulturell-traditioneller Herkunft zurückgreifen. Die häufige Verknüpfung von Wald und Erholung resultiert größtenteils aus den Darstellungen der Medien, die die Teilnahme von Sport- und Tourismusverbänden am Waldgipfel zum Anlass nehmen, die Erholungsfunktion des Waldes herauszustellen. Auch die häufige Nennung des Waldsterbens, im Zusammenhang mit dem Waldgipfel, ist in erster Line das Ergebnis von Aussagen, die von den Medien getroffen wurden. Jedoch bedienen sich ebenfalls Akteure aus dem Forst- und Naturschutzsektor des Schreckensszenarios aus dem Wald der achtziger Jahre, um die Dringlichkeit des Handlungsbedarfs deutlich zu machen. Damit wird auch im Falle des Waldgipfels das Waldsterben herangezogen, um Aufmerksamkeit zu erlangen, auch wenn die Inhalte in keinem direkten Zusammenhang stehen.

Insgesamt zeigen die Häufigkeitsverteilungen, dass einige Assoziationen unabhängig vom berichteten Ereignis dauerhafte Verknüpfungen zum Wald darstellen. Auch ein Ereignis wie der Waldgipfel, das zur Verbesserung der aktuellen Waldsituation beitragen soll, wird in den Medien insbesondere durch Assoziationen, die auf kultureller Tradition und weniger auf aktuell gebräuchlichen Bildern der Gesellschaft beruhen, geprägt.

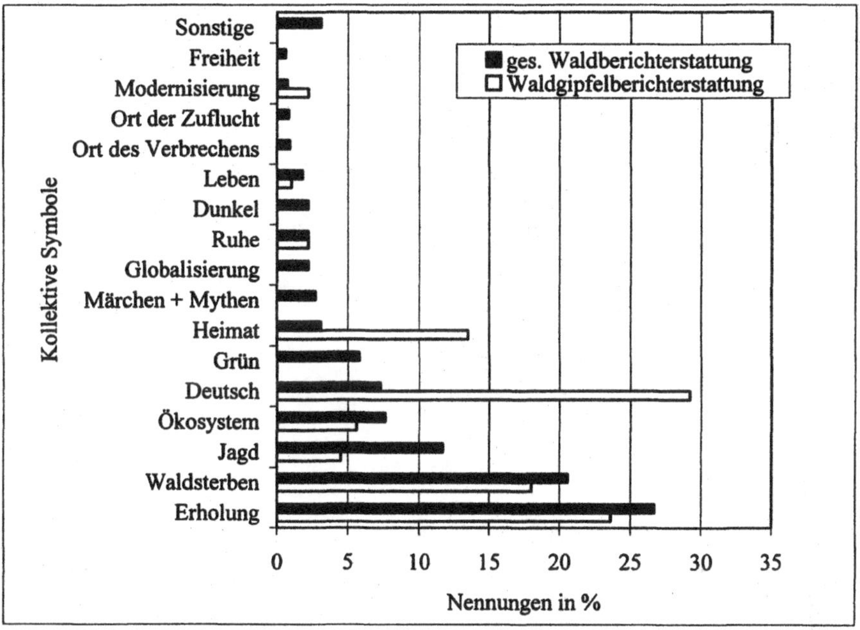

Abbildung 4.3-9: *Metapher der Waldgipfelberichterstattung und der Artikel zum Thema Wald der überregionalen Tageszeitungen von 1994-1998*

4.3.2.8 Valenz der Waldgipfelberichterstattung

Der mediale Erfolg eines Ereignisses resultiert aus einem Zusammenspiel der Faktoren „Häufigkeit veröffentlichter Artikel" und „positive Bewertung des Ereignisses". Kommt nur einer der beiden Faktoren zum Tragen, wird das Ereignis den teilnehmenden Akteuren kaum Legitimationsvorteile einbringen. Das große Medienecho des Waldgipfels kann den Akteuren nicht zum Vorteil gereichen, wenn dieser in den Artikeln in erster Linie kritisiert wird.

Tabelle 4.3-10 zeigt, dass in der Hälfte aller Artikel keine Aussagen zum Waldgipfelereignis getroffen werden. In diesen Fällen nutzen die Akteure die Medienaufmerksamkeit um Belange anzusprechen, die zwar mit dem Wald, nicht aber mit dem Waldgipfel in Zusammenhang stehen. Insbesondere durch die Aussagen der Forstakteure wird der Waldgipfel, in den Fällen, in denen er in den Medien Erwähnung findet, deutlich positiv bewertet. Kritisiert wird das Ereignis nur in einer Aussage der Medien und einer des Naturschutzbundes (NABU). Die Darstellungen des Waldgipfels ohne eindeutig positive oder negative Bewertungen resultieren vornehmlich aus Aussagen, die von den Medien und den Naturschutzverbänden getroffen werden.

Diese Ergebnisse zeigen zum einen, dass die Forstakteure die Medienaufmerksamkeit nutzen, um das Waldgipfelereignis und damit auch sich selbst über die Öffentlichkeit zu legitimieren. Zum anderen wird deutlich, dass die Naturschutzakteure sich mit einer positiven Bewertung des Waldgipfels zurückhalten. Jedoch versuchen sie auch nicht, außer in einem zu vernachlässigenden Einzelfall, den Legitimationsvorteil des Konfliktgegners Forst durch kritische Äußerungen zum Ereignis zu verhindern.

Tabelle 4.3-10: *Wertungen des Waldgipfels (N=212) (Quelle: Datenmaterial Düker 2002)*

	Absolut	**In Prozent**
Positiv	83	39,3
Ambivalent	20	9,4
Negativ	2	0,9
Keine Bewertung	107	50,5
Summe	**212**	**100**

4.3.3 Zusammenfassung Fallstudie 1. Deutscher Waldgipfel

Die Analyse der Waldgipfelberichterstattung hat gezeigt, dass einem inszenierten Ereignis zum Thema Wald nur ein kleines Zeitfenster der Medienaufmerksamkeit, das zudem in erster Linie durch Lokal- und Fachmedien entsteht, zukommt. Dennoch kann ein für den Wald überdurchschnittliches Medienecho hervorgerufen werden. Für den Sektor, der das Ereignis inszeniert, ist ein deutlicher Vorteil bezüglich der Medienaufmerksamkeit zu erkennen. Die Akteure aus dem Forstsektor haben diese Chance wahrgenommen, um sich sowohl in der Rolle des Helfers als auch in der, nicht so eindeutig positiv besetzten, Rolle des Opfers in den Medien zu präsentieren. Auch beim Aufzeigen von Verursacherinteressen haben sowohl der Forstsektor als auch die Medien ihre Definitionsmacht über die Aussagen genutzt, um die Gesellschaft und die Wirtschaft für die Waldprobleme öffentlich verantwortlich zu machen. Die dominante Stellung in der Waldgipfelberichterstattung wurde von den Forstakteuren ebenfalls eingesetzt, um dem Naturschutz vermehrt Verursacherinteressen zu unterstellen. Des weiteren bestätigen die Ergebnisse die Hypothese, dass die Nennung von Instrumenten in der Medienöffentlichkeit nicht allein von den Akteuren abhängig ist, die sie benennen, sondern auch von dem Ereignistyp, in dessen Zusammenhang sie erwähnt werden. Denn obwohl die Beiträge durch Aussagen von Forstakteuren dominiert werden, sind es nicht die Sachleistungen sondern Information und Aufklärung, die als Lösungsinstrument für die Waldsituation dargestellt werden. Insgesamt gesehen findet der Waldgipfel in seinem Medienecho überwiegend Anerkennung und damit Legitimation, die sich auch auf den Veranstalter übertragen lässt. Die in der Berichterstattung genutzten Assoziationen zeigen, dass sie unabhängig vom berichteten Ereignis dauerhafte Verknüpfungen zum Wald darstellen. Die verwendeten Bilder sind insbesondere durch die kulturelle Tradition und weniger durch aktuell gebräuchliche Assoziationen der Gesellschaft geprägt.

Die Medienaufmerksamkeit zum Waldgipfel wird von den Sektoren genutzt, um die eigenen Argumentationslinien und Deutungsmuster im Interessenkonflikt um den Wald darzustellen. Das gezielte Ereignismanagement hat im Fall des inszenierten Ereignisses Waldgipfel für die Initiatoren aus dem Forstsektor positive Auswirkungen auf die Problemdeutungsmacht zum Thema Wald in den Medien. Dieser Vorteil wird von den Forstakteuren nicht ausschließlich dazu genutzt, ihre Position positiv zu untermauern, da sie mit ihren Aussagen zum Teil auch die gegnerischen Interessen des Naturschutzsektors stützen. Obwohl der Waldgipfel nur ein geringes Echo in der überregionalen Presse findet und damit die Möglichkeiten zur Beeinflussungen der Policy-Agenda begrenzt bleiben, konnten die Akteure das Ereignis nutzen, um ihre Interessen im Konflikt zwischen Forst und Naturschutz darzustellen und ihre Legimitation durch die Öffentlichkeit zu steigern.

5 Medienberichterstattung als politischer Faktor im Konflikt

Ausgangspunkt dieser Arbeit sind die drei forschungsleitenden Fragen 1. nach dem Einfluss der Berichterstattung auf die politischen Positionen der Sektoren Forstwirtschaft und Naturschutz, 2. nach den Faktoren, die die Medienberichterstattung über den Wald bestimmen und 3. nach Analogien und Differenzen zwischen Medienöffentlichkeit und Gesellschaftsmeinung im Politikfeld Wald. Durch die Einbettung der Fragen in medien- und politikwissenschaftliche Theorien wurden Faktoren gewonnen, die anhand empirischer Analysen überprüft werden konnten. In diesem Kapitel werden die Ergebnisse der empirischen Untersuchung zu den einzelnen Faktoren zusammenfassend dargestellt, um die forschungsleitenden Fragen direkt zu beantworten. Konkrete Handlungsanweisungen für eine effektive Öffentlichkeitsarbeit der Sektoren Forstwirtschaft und Naturschutz sind in dieser Arbeit nicht vorgesehen. Aus den Resultaten lassen sich jedoch Rückschlüsse für die Praxis ziehen, die in Folgearbeiten weiter ausformuliert werden können.

5.1 Faktoren mit Einfluss auf die politische Position der Sektoren

Im Folgenden werden die Ergebnisse der empirischen Erhebung zu den bekannten Faktoren der Politikfeldanalyse (Tabelle 2.4-1 Kapitel 2.4) zusammenfassend dargestellt. Abschließend werden die negativen und positiven Auswirkungen der Medienberichterstattung auf die beiden Sektoren in einer Tabelle gegenüber gestellt (Kapitel 2.1.6).

5.1.1 Akteursgemeinschaften

Die politische Position eines Sektors wird in erster Linie bestimmt durch die Akteursgemeinschaften, die ihn in der Öffentlichkeit vertreten. Die Ergebnisse der Analyse der Waldberichterstattung zeigen, dass die Sektoren Forstwirtschaft und Naturschutz von verschiedenen Akteursgemeinschaften dominiert werden. Der Sektor Forstwirtschaft ist geprägt durch Sprechäußerungen von Akteuren aus der Verwaltung. Dahingegen wird der Sektor Naturschutz dominiert von den Verbänden. Verwaltung und Verbände sind Teil unterschiedlicher Akteursklassen des politischen Systems (Kapitel 2.1.2.1). Den Annahmen von Habermas folgend, ist die Verwaltung Teil des Zentrums des politischen Systems, dem eine vermachtete Öffentlichkeit zu eigen ist (Habermas 1997, 370). Interessenverbände gehören dagegen zur Peripherie des Systems, die durch eine autonome Öffentlichkeit charakterisiert wird (Habermas 1989, 473ff). Die deutliche Dominanz der Akteursgemeinschaft Verwaltung im Sektor Forst spricht für eine vermachtete Öffentlichkeit, die gekennzeichnet ist durch strategisches Verhalten des Sektors, das auf einen Positionsgewinn durch zunehmende Aufmerksamkeit und Zustimmung der Rezipienten abzielt (Gerhards/Neidhardt/Rucht 1998, 33). Die Vorherrschaft der Verbände im Sektor Naturschutz spricht für eine autonome Öffentlichkeit, deren Merkmal die Erzeugung und Verbreitung praktischer Überzeugungen ist (Habermas 1989, 474). Die sich aus diesem Ergebnis bereits andeutende Stärkung der Position des Sektors Forstwirtschaft im Politikfeld Wald wird unterstützt durch die Häufigkeit der Aussagen des Sektors. Die vergleichsweise geringere Anzahl von Sprechäußerungen aus dem Sektor Naturschutz und damit auch von den Naturschutzverbänden lässt nur wenig Raum für erneuernde Anstöße dieses Sektors im Politikfeld (Habermas 1997, 432ff).

5.1.2 Interessenpositionen

Je nachdem in welcher Interessenposition sich eine Akteursgemeinschaft in den Medien präsentiert oder präsentiert wird, kann es zur Stärkung oder Schwächung des von ihr vertretenen Sektors beitragen. Die empirischen Auswertungen zeigen, dass der Sektor Forst in allen drei aus dem Interessendreieck bekannten Positionen deutlich häufiger Erwähnung findet als der Sektor Naturschutz. Dieses Ergebnis resultiert zu einem überwiegenden Teil aus der vergleichsweise größeren Anzahl von Aussagen, die von Akteursgemeinschaften des Sektors Forst getroffen wurden. Die höhere Präsenz gereicht diesem Sektor jedoch nicht durchweg zum Vorteil. Die im Vergleich zum Naturschutzsektor häufige Darstellung forstlicher Akteursgemeinschaften als Opfer der Waldprobleme trägt nicht uneingeschränkt positiv zur Position des Sektors bei, da sie als mangelnde Problemlösungsfähigkeit ausgelegt werden kann. Dass der Sektor Forst mehr als dreimal so häufig in der Interessenposition des Problemverursachers Erwähnung findet, ist gleichbedeutend mit einer öffentlichen Delegitimierung, die zu einer Schwächung der politischen Position des Sektors führt. Dahingegen stärkt das häufige Auftreten forstlicher Akteursgemeinschaften als Helfer in der Waldproblematik die Position. Der Sektor Naturschutz wird in der Rolle des Opfers und des Verursachers nur selten erwähnt. Durch das Anbieten von Lösungen für Waldprobleme werden ihm jedoch vielfach Helferinteressen, vornehmlich durch Akteure des eigenen Sektors, zugesprochen. Trotz der, im Vergleich zum Forstsektor, geringeren Anzahl von Sprechäußerungen von Naturschutzakteuren wird die Position dieses Sektors insgesamt gestärkt, da sich die Aussagen auf die Kompetenz verleihende und damit Legitimationssteigernde Interessenposition konzentrieren.

5.1.3 Konfliktinteressen

Eine positive Darstellung der eigenen Interessen in den Medien kann die Akzeptanz zum Programm des Sektors steigern und dadurch eine Stärkung der politischen Position bedeuten. Eine negative Darstellung wirkt sich dagegen schwächend auf die Position des Sektors aus. Die Ergebnisse der empirischen Erhebung zeigen, dass die in den Medien berücksichtigten Interessen beider Sektoren hauptsächlich positiv bewertet werden. Die Interessen des Forstsektors finden dabei häufiger Erwähnung als die des Naturschutzsektors. Das gründet sowohl auf den vermehrt positiven Aussagen, die zum großen Teil von den forstlichen Akteursgemeinschaften getroffen wurden, als auch auf den negativen Aussagen, die hautsächlich von Naturschutzakteuren stammen. Im Gegensatz dazu nutzen die Forstakteure nur selten ihre Sprechäußerungen um die gegnerischen Interessen kritisch darzustellen. Obwohl damit vom Sektor Forst nicht alle Möglichkeiten genutzt wurden, trägt die Darstellung der Konfliktinteressen in den Medien insgesamt zur Stärkung der politischen Position beider Sektoren bei.

5.1.4 Kollektive Symbole

Die Verwendung kollektiver Symbole ist eine Strategie, die Akzeptanz der eigenen Programme zu steigern. In der Waldberichterstattung wird diese Strategie in weniger als 40% aller Aussagen angewendet. Einen großen Anteil an diesen Aussagen haben kollektive Symbole kultureller Tradition, Bilder wie Globalisierung oder Modernisierung werden hingegen seltener verwendet. Insgesamt nutzen die Akteure des Forstsektors die Möglichkeit die Aufmerksamkeit durch kollektive Symbole zu steigern häufiger als die Akteure des Naturschutzsektors. Bei der Betrachtung der Häufigkeit der einzelnen genutzten Symbole wird deutlich, dass beide Sektoren in ihren Botschaften in erster Linie die Bilder von Erholung und Waldsterben einsetzen. Die dritte Position in der Häufigkeit genutzter Symbole wird in den Aussagen des Forstsektors von dem traditionell geprägten Bild der Jagd eingenommen und in den Aussagen des Naturschutzsektors von dem aus der Maschinenmetaphorik übernommenen Bild des Ökosystems.

Insgesamt vergeben beide Sektoren vielfach die Möglichkeit durch die Verwendung von kollektiven Symbolen die Aufmerksamkeit der Rezipienten zu steigern. Im Vergleich zu den Naturschutzakteuren nutzen die Akteure des Forstsektors jedoch weit häufiger diese Chance die Akzeptanz ihrer Programme zu fördern.

5.1.5 Instrumente

Die politischen Instrumente tragen zur Lösung der Waldprobleme bei. Akteursgemeinschaften profitieren von dem Einsatz bestimmter Instrumente in unterschiedlicher Weise. Durch die Darstellung eines Instruments in den Medien kann die Akzeptanz desselben gesteigert werden. Die empirischen Erhebungen zeigen, dass zur Lösung der Waldprobleme bevorzugt Sachleistungen als Instrument gefordert werden. Angesprochen werden die Sachleistungen zu einem

Großteil durch Akteure des Forstsektors. Diese erringen durch eine verstärkte Akzeptanz der Sachleistungen als Mittel zur Lösung der Waldprobleme hinsichtlich ihrer politischen Position einen Vorteil. Sie selbst haben die Möglichkeiten zur Anwendung und können z.B. durch Dienstleistungen dieses Instrument zum Einsatz bringen. Die Position forstlicher Akteursgemeinschaften als Helfer in Waldproblemen wird damit gefestigt. Informationelle Instrumente finden in der Waldberichterstattung ebenfalls häufig Erwähnung. Die Akzeptanz dieses Instruments kommt den Akteursgemeinschaften beider Sektoren zugute, da sie sich durch Aufklärung und Beratung in die Position des Helfers versetzen können. Regulative Instrumente, die in Form von Ge- und Verboten das bevorzugte Mittel der Naturschutzakteure zur Lösung der Waldprobleme darstellen und ökonomische Instrumente, die in Form von Finanzhilfen insbesondere für Forstbetriebe eine bedeutende Rolle spielen, werden in den Sprechäußerungen ebenfalls erwähnt. Die Häufigkeit der Darstellungen tritt jedoch hinter den Sachleistungen und den informationellen Instrumenten zurück.

Die Dominanz der Sachleistungen in der Benennung eines geeigneten Instruments zur Lösung der Waldprobleme stärkt die politische Position des Sektors Forst. Da die Akteure des Sektor Naturschutz kaum die Möglichkeit haben Eingriffe im Wald durchzuführen, kann die Akzeptanz des Instruments Sachleistungen nicht zu einer Verbesserung der politischen Situation des Sektors Naturschutz beitragen.

5.1.6 Zusammenfassende Darstellung der Wirkung der Waldberichterstattung auf die Position der Sektoren

Die vorhergehend dargestellten Ergebnisse der empirischen Erhebung werden in Tabelle 5.1-1 zusammenfassend in ihrer Wirkung auf die politische Position der Sektoren in den einzelnen Faktoren visualisiert. Anhand der meisten Faktoren wird deutlich, dass die Übermacht von Sprechäußerungen aus dem Sektor Forstwirtschaft von den Akteurgemeinschaften genutzt wird, die Legitimation dieses Sektors zu steigern. Eine Ausnahme bildet zum einen die Interessenposition Opfer, die keine eindeutige Positionsveränderung zulässt, da sie sowohl negativ als auch positiv ausgelegt werden kann. Zum anderen trägt die Interessenposition des Verursachers nicht zur Positionsverbesserung des Sektors Forst bei. Dies basiert zum überwiegenden Teil auf Aussagen, die von den Akteuren des Naturschutzsektors getroffen wurden. Die Position des Sektors Naturschutz wird durch die Waldberichterstattung insgesamt nicht in dem Maße gestärkt wie der gegnerische Sektor, was u.a. in der geringeren Anzahl von Sprechäußerungen begründet liegt.

Tabelle 5.1-1: *Auswirkungen der Waldberichterstattung auf die politische Position der Sektoren anhand von Faktoren der Politikfeldanalyse*

	Wirkung auf die Sektoren	
Faktoren	**Forstwirtschaft**	**Naturschutz**
Akteursgemeinschaften	++	+
Interessenpositionen:		
Problemopfer	-	0
Problemverursacher	--	+
Problemhelfer	++	+
Konfliktinteressen	+	+
Kollektive Symbole	++	+
Instrumente	++	-

(Bewertung: -- = deutlich schwächend, - = schwächend, 0 = keine Auswirkungen; + = stärkend, ++ = deutlich stärkend)

5.2 Faktoren die die Medienberichterstattung beeinflussen

Im vorhergehenden Kapitel 5.1 wurde dargestellt, wie sich die Waldberichterstattung in den Medien präsentiert und welche Auswirkungen damit auf die politische Positionen der Sektoren verbunden sind. Die Medienöffentlichkeit stellt jedoch keine frei zugängliche Kommunikationsplattform dar. Anhand der Theorie wurden drei Variablenkomplexe unterschieden, die den Prozess der Nachrichtenauswahl erklären. Die im Folgenden zusammenfassend dargestellten Ergebnisse der empirischen Erhebung geben Auskunft über die speziellen Selektionsmechanismen in der Waldberichterstattung.

5.2.1 Ereignismanagement

Die empirische Erhebung der Ursachen der Berichterstattung zeigt, dass mehr als die Hälfte aller berichteten Ereignisse mediatisiert wurden. Dieses Ergebnis macht deutlich, dass die Akteure, die an der Waldberichterstattung beteiligt sind, durch gezieltes Ereignismanagement die Aufmerksamkeit der Medien erreichen wollen und auch können. Genuine Ereignisse werden fast ausschließlich von den Medien selbst eingebracht. Dennoch wird die Waldberichterstattung nicht von den Akteuren dominiert, die sich besonders durch ein gezieltes Ereignismanagement auszeichnen. Naturschutzakteure inszenieren zwar mit Abstand die meisten Ereignisse für die Medien, der Diskurs wird jedoch in erster Linie durch die Aussagen von Akteuren aus dem Forstsektor geprägt. Auch die Ressourcenausstattung für Öffentlichkeitsarbeit und die Zugehörigkeit zur Akteursklasse Peripherie oder Zentrum bietet keine vollständige Erklärung für die Präsenz von Akteursgemeinschaften in den Medien. Die politischen Parteien treten trotz professioneller Öffentlichkeitsarbeit und Zugehörigkeit zum Zentrum des politischen Systems mit ihrem Anteil an Sprechäußerungen hinter den Verbänden und der Verwaltung zurück. Es fehlt ihnen an Motivation zur Beteiligung an der Thematik Wald, so lange das Thema nicht von einem großen öffentlichen Interesse ist. Daraus lässt sich ableiten, dass das Interesse an der Diskursteilnahme für den Nachrichteninput ebenso wichtig ist wie die Ressourcenausstattung und der Status eines Akteurs. Für die Akteure des Politikfeldes Wald ist es bedeutend, dass sie ihre Sichtweise der Probleme des Waldes in der Medienöffentlichkeit relativ unkompliziert vorstellen können, so lange das Thema nicht von speziellem öffentlichen Interesse ist.

Dass bei Interesse an der Diskursteilnahme professionelle Öffentlichkeitsarbeit, z.B. durch gezieltes Ereignismanagement, einen großen Beitrag zur Medienaufmerksamkeit leistet, wird durch die Ergebnisse der empirischen Erhebung der Fallstudie Waldgipfel deutlich. Werden die Möglichkeiten einer durch die Inszenierung steigenden Problemdeutungsmacht konsequent genutzt, kann die politische Position des „Ereignisverursachers" gestärkt werden. Mit der zunehmenden Orientierung an den Regeln der Medien, durch Mediatisierung und Inszenierung von Ereignissen geht jedoch auch eine Verringerung des Bemühens um konkrete Problemlösungen einher. Statt Sachlösungen, regulativer oder ökonomischer Instrumente wird der Einsatz informationeller Instrumente gefordert.

5.2.2 Nachrichtenfaktoren

Der an die Medien gelieferte Input an Informationen wird durch Journalisten und Redakteure selektiert. Nachrichtenfaktoren dienen in dieser Phase als ein Selektionskriterium, denn durch Faktoren wie z.B. Prominenz oder Nähe steigt der Nachrichtenwert. Damit erhöht sich die Chance, dass die Nachricht zur Veröffentlichung ausgewählt wird. Die Faktoren sind den berichteten Ereignissen jedoch nur begrenzt zu eigen, sie können erzeugt und instrumentalisiert werden. Erkenntnisse über die Nachrichtenfaktoren, die als Selektionskriterium dienen, können durch vielfache medienwissenschaftliche Betrachtungen als gesichert angenommen werden. Die empirische Untersuchung dieser Arbeit zeigt die für die Waldberichterstattung charakteristischen Faktoren.

Negativität und *Kontrovers* zählen zu den häufigsten Nachrichtenfaktoren in der Waldberichterstattung. Unter *Negativität* summieren sich Aussagen über Waldschäden, Waldflächenabbau oder Waldbrände. Der Faktor *Kontrovers* resultiert aus der Darstellung des Konflikts zwischen den Sektoren Forstwirtschaft und Naturschutz, aber auch aus anderen publizistischen Konflikten, wie z.B. dem

Ausbau des Frankfurter Flughafens. Ebenfalls häufig in der Waldberichterstattung zu finden sind der Faktor *Kontinuität,* der anzeigt, dass einmal berichtete Ereignisse in der Folge häufig weitere Berichterstattungen nach sich ziehen, und im Falle von Lösungen der Waldprobleme der Faktor *Erfolg.* Andere Faktoren, wie *Prominenz*, *Personalisierung* oder *Überraschung* sind seltener ausschlaggebend für den Nachrichtenwert von Waldartikeln.

Dass über dreiviertel aller berichteten Ereignisse im Inland stattgefunden haben, macht die besondere Bedeutung des Faktors *Nähe* in der Waldberichterstattung deutlich. Häufigstes Merkmal von Berichten über ausländische Waldprobleme, deren Nachrichtenwert somit nicht unter dem Einfluss des Faktors *Nähe* stehen, sind, im Vergleich zu den berichteten deutschen Ereignissen, Anlässe, die mit dem Faktor Negativität behaftet sind. *Negativität, Nähe* aber auch *Kontrovers* sind damit die wesentlichen wertsteigernden Faktoren der Waldnachrichten.

5.2.3 Medienbias

Zusätzlich zum Input an Informationen und der Auswahl von Nachrichten auf Grund von Nachrichtenfaktoren ist die ideologische und institutionelle Verankerung der Medien ein Faktor, der die Nachrichtenberichterstattung bestimmen kann. Die empirischen Ergebnisse zeigen keinen eindeutigen Einfluss der redaktionellen Linie der Medien auf die Darstellung der Konfliktinteressen der Sektoren Forstwirtschaft und Naturschutz. Deutlich wird jedoch, dass die Frankfurter Rundschau als Zeitung, die politisch den linken Flügel der Spektrumszeitungen abdeckt, anteilig häufiger über Interessen des Forstsektors berichtet als über die Interessen des Sektors Naturschutz. Die verstärkte Berichterstattung über forstliche Interessen beinhaltet auch den im Vergleich zu den anderen Zeitungen größten Anteil negativer Bewertungen. Der deutliche geringere Anteil von Aussagen über Naturschutzinteressen hat dagegen von allen Zeitungen den größten Anteil positiver Bewertungen. Bei der Zeitung Die Welt, die die rechte Seite des politisch-publizistischen Spektrums der überregionalen Tageszeitungen begrenzt, verhält es sich genau entgegengesetzt. Aussagen zu Naturschutzinteressen überwiegen, aber der Anteil negativer Naturschutzbewertungen ist höher als in allen anderen untersuchten Zeitungen. Forstliche Interessen finden hingegen in der Welt die häufigste positive Bewertung. Die beiden mittleren Spektrumszeitungen FAZ und SZ weisen Analogien sowohl in der Verteilung von Aussagen zu den Sektorinteressen, als auch in der Verteilung der Bewertung der Interessen auf.

Der Zusammenhang zwischen redaktioneller Linie der Tageszeitung und der Darstellung von Forst- und Naturschutzinteressen ist nicht eindeutig. Eine Tendenz ist jedoch bei den beiden politisch am stärksten voneinander abweichenden Zeitungen zu erkennen. Interessen, die den Interessen der Medien politisch näher zu liegen scheinen, werden vermehrt positiv und gegnerische Interessen vermehrt negativ dargestellt.

5.3 Vergleich zwischen Medien- und Gesellschaftsmeinung

Das Wissen um Differenzen zwischen veröffentlichter Meinung und Bevölkerungsmeinung kann für die Positionierung im politischen Prozess von Bedeutung sein. Insbesondere bei der Austragung von Konflikten ist es für die Akteure hilfreich zu wissen, in welcher Teilöffentlichkeit sie am ehesten Unterstützung erwarten können. Der Vergleich von Ergebnissen der Medienanalysen mit den Ergebnissen der Bevölkerungsumfragen zeigt sowohl Analogien als auch Differenzen auf.

Die in der Medienberichterstattung verwendeten kollektiven Symbole des Waldes sind auch im Waldbild der Bevölkerung fest verankert. Dazu gehören Symbole kultureller Tradition, Symbole, die im eigenen Erfahrungsbereich der Bevölkerung liegen, wie z.B. Ruhe und Erholung, aber auch die Angst um den Zustand des Waldes. Auch die Bewertung des Waldzustandes in Deutschland und in den Tropen durch die Bevölkerung verhält sich in der Tendenz analog zur Valenz der berichteten deutschen und ausländischen Waldereignisse. Ebenso wie bei der Zufriedenheit mit der Waldbewirtschaftung durch die Forstwirtschaft und durch Naturschutzorganisationen fällt die Bewertung der Bevölkerungsmeinung hinsichtlich des Waldzustandes schlechter aus als die Mediendarstellung. Dass sich die Einstellung der Bevölkerung zum Wald und die Mediendarstellung des Waldes nicht analog verhalten, sondern dass deutliche Differenzen bestehen, lässt sich an den Interessenpositionen erkennen, die den Sektoren Forstwirtschaft und Naturschutz zugeschriebenen werden. Nach den Auswertungen der Medienberichte befindet sich der Forstsektor nicht zuletzt auf Grund seiner Problemdeutungsmacht in einer guten politischen Position. Nach Meinung der Bevölkerung gehen die meisten Informationen über den Wald jedoch nicht von Forstakteuren sondern von Akteuren des Naturschutzes aus. Zudem wird die Kompetenz der Forstwirtschaft in der Bevölkerung deutlich schlechter bewertet. Naturschutzakteure finden dahingegen mehr Rückhalt. Diese Ergebnisse machen deutlich, dass die Parallelen zwischen Medienberichterstattung und Gesellschaftsmeinung nur vordergründig sind. Die Einstellung der Bevölkerung lässt sich nicht durch die Medienberichterstattung erklären. Somit schlägt sich die gute politische Position des Sektors Forstwirtschaft im Politikfeld Wald nicht auf die Gesellschaftsmeinung nieder. Statt dessen wird die Position des Sektors Naturschutz gestärkt.

Dieses Ergebnis zeigt, dass eine Bevölkerungsbefragung zum Wald nicht ausreicht, um die Position eines Sektors im politischen Prozess hinreichend zu erklären. In der Forstpolitikwissenschaft wird das Augenmerk jedoch vornehmlich auf die Bevölkerungsmeinung gerichtet. Sie wird als der ausschlaggebende Faktor betrachtet, dem Bedeutung im politischen Prozess (Wild/Gasser 1998, Blum et al. 1996) und insbesondere im Konflikt zwischen Forstwirtschaft und Naturschutz (Essmann 1993) zukommt. Gleiches gilt für die forstliche Praxis, die sich durch Öffentlichkeitsarbeit eine Änderung der Gesellschaftsmeinung zu ihren Gunsten erhofft (z.B. Kirchhoff 1989; Redmann 1997). Sowohl von Seiten der Wissenschaft als auch von der Praxis werden die Medien dabei häufig nur als Mittel zum Zweck betrachtet (Leitenbacher 1995). Hierbei wird von einer Medienwirkung auf die Gesellschaftsmeinung ausgegangen, die in dieser Weise wissenschaftlich nicht nachgewiesen werden konnte und weithin umstritten ist. Der nach politiktheoretischen Erkenntnissen eigenständige, weit größere Einfluss der Medienöffentlichkeit auf die politischen Entscheidungsträger, unabhängig von der Gesellschaftsmeinung, hat bisher nur in wenigen Fällen Beachtung gefunden (Glück 1986).

Die Ergebnisse des Vergleichs zeigen jedoch, dass die Forstwirtschaft im Vergleich zum Naturschutz durch die Medienöffentlichkeit eine weit stärkere Unterstützung erfährt als in der Bevölkerungsmeinung. Für die forstpolitische Praxis kann eine Konzentration auf die Darstellung in den Medien eine Möglichkeit zur Verbesserung der politischen Situation bedeuten. Für die Forstpolitikwissenschaft ist die Einbeziehung dieser Teilöffentlichkeit zur Rekonstruktion politischer Prozesse von großer Relevanz.

6 Zusammenfassung

Die Interessen der Sektoren Forstwirtschaft und Naturschutz im Politikfeld Wald lassen sich nicht vollständig miteinander vereinbaren. Der daraus entstehende Konflikt trägt dazu bei, dass beide Sektoren versuchen, mit Hilfe der Medien ihre Interessen in der Öffentlichkeit zu legitimieren und damit ihre Position im politischen Prozess zu stärken. Die vorliegende Arbeit beschäftigt sich im ersten Teil mit den Auswirkungen der Waldberichterstattung auf die Positionen der Sektoren Forstwirtschaft und Naturschutz im Politikfeld Wald. Da die Medien ein eigenständiger Akteur sind, dessen spezifische Interessen die Berichterstattung beeinflussen, sind die Faktoren, die den Selektionsprozess der Medien in der Waldberichterstattung mitbestimmen, Gegenstand des zweiten Teils der Fragestellung. Im Streben nach Legitimation wird von den beteiligten Akteuren die Öffentlichkeit häufig gleichgesetzt mit der Gesellschaftsmeinung, die durch die Medien positiv beeinflusst werden soll. Ob Medienöffentlichkeit und Gesellschaftsmeinung in der Waldberichterstattung übereinstimmen, gilt es daher im letzten Teil der leitenden Fragestellung zu beantworten.

Die Fragestellung der Arbeit wird durch die Einbindung in politik- und medienwissenschaftliche Theorien abgegrenzt, spezifiziert und operationalisiert. Aus der Politikfeldanalyse werden Faktoren abgeleitet, die einen Einfluss auf die Position eines Sektors im politischen Prozess haben. Zu diesen Faktoren gehören Akteursgemeinschaften, Interessenpositionen, Konfliktinteressen, kollektive Symbole als Strategie zur Akzeptanzsteigerung der Programme und Instrumente. Faktoren, die den Prozess der Nachrichtenauswahl der Medien steuern, werden den drei medienwissenschaftlichen Selektionstheorien Input-Ansatz, Nachrichtenwerttheorie und Medienbias-Ansatz entnommen. Der Frage nach Analogien und Differenzen zwischen Medienberichterstattung und Gesellschaftsmeinung liegt die Agenda-Setting Theorie zu Grunde.

Nach der theoretischen Einbindung wird die Fragestellung anhand empirischer Erhebungen überprüft. Dazu werden die vier überregionalen deutschen Tageszeitungen Frankfurter Allgemeine Zeitung, Frankfurter Rundschau, Die Welt und die Süddeutsche Zeitung ausgewählt, da sie als sogenannte Spektrumszeitungen das gesamte politisch-publizistische Spektrum der deutschen Qualitätsmedien abdecken. Die Grundgesamtheit bilden Artikel, die zwischen 1994 und 1998 in den genannten Zeitungen erschienen sind und sich in mindestens einem Absatz mit dem Thema Wald beschäftigen. Die inhaltsanalytische Vollerhebung der 2492 Artikel mit 2935 Aussagen gründet auf einem aus der Theorie abgeleiteten Kategoriensystem. Zum Vergleich von Medienöffentlichkeit und Gesellschaftsmeinung werden Ergebnisse bereits durchgeführter Bevölkerungsbefragungen herangezogen. Des weiteren werden in dieser Arbeit zwei Fallstudien untersucht. Um eine allgemeinere Einordnung des Themas Wald in Medien zu ermöglichen werden zum einen alle Artikel der FAZ von 1994 bis 1998 analysiert, die das Wort Wald beinhalten. Gegenstand der zweiten Fallstudie sind alle Artikel, die im Zuge des 1. Deutschen Waldgipfels veröffentlicht wurden. Anhand dieser Daten werden die Auswirkungen von gezieltem Ereignismanagement auf die Medienberichterstattung untersucht.

Ergebnis des ersten Teils der Fragestellung ist ein dominierender Anteil an Sprechäußerungen von forstlichen Akteuren in der Waldberichterstattung, die damit die politische Position der Forstwirtschaft stärken. Ausnahmen bilden einzig die von den Akteursgemeinschaften des Sektors eingenommenen Interessenpositionen des Opfers und des Verursachers, die nicht ausnahmslos zur Legitimationssteigerung beitragen. Sowohl durch den vergleichsweise geringen Anteil an der Waldberichterstattung, als auch durch den relativ begrenzten Einsatz von kollektiven Symbolen und durch die Darstellung der politischen Instrumente zur Lösung der Waldprobleme bleibt die positive Wirkung der Berichterstattung für den Sektor Naturschutz hinter der des Sektors Forstwirtschaft zurück. Die Auswertung der FAZ Fallstudie zeigt, dass die Forstwirtschaft nur einen geringen Anteil am Kontext der Waldbenennunge hat, die sich insgesamt zwischen den Polen Heimat und Angst bewegen. Viele dieser kontextualen Erwähnungen liegen in der kulturellen Bedeutung des Waldes begründet.

Auswertungen zum zweiten Teil der Fragestellung belegen, dass beim Input von Nachrichten zum Thema Wald, so lange dieses nicht von speziellem öffentlichen Interesse ist, gezieltes Ereignismanagement, eine gute Ressourcenausstattung für Öffentlichkeitsarbeit, die Zugehörigkeit zum Zentrum des politischen Systems und die Motivation an der Diskursteilnahme zusammenspielen. Ergebnisse der Fallstudie Waldgipfel zeigen, dass die Inszenierung von Ereignissen jedoch nicht nur die Präsenz in den Medien sichert, sondern auch Faktoren beeinflusst, die zu einer verbesserten Position im politischen Prozess führen können. Dabei geht mit einer zunehmenden Orientierung an den Medienregeln häufig eine Abwendung von konkreten Problemlösungen einher.

Über dreiviertel aller berichteten Ereignisse haben im Inland stattgefunden. Dieses Ergebnis zeigt, dass der Nachrichtenfaktor *Nähe* in der Waldberichterstattung von besonderer Bedeutung ist. Berichte, die Waldereignisse zum Thema haben, die im Ausland angesiedelt sind und damit nicht durch den Faktor *Nähe* den Nachrichtenwert steigern, sind insbesondere durch den Faktor *Negativität* beeinflusst. *Kontorvers* ist ein weiterer Nachrichtenfaktor, der speziell in der Waldberichterstattung von Bedeutung ist. Deutlich wird dies in den berichteten Konflikten zwischen Forstwirtschaft und Naturschutz aber auch in anderen Auseinandersetzungen wie z.B. der Flughafenerweiterung in Frankfurt.

Der Zusammenhang zwischen der redaktionellen Linie der Tageszeitung und der Darstellung von Forst- und Naturschutzinteressen ist nicht eindeutig. Bei den beiden politisch am stärksten von einander abweichenden Zeitungen Die Welt und Frankfurter Rundschau ist jedoch die Tendenz zu erkennen, dass die Interessen, die der Zeitung politisch näher liegen, vermehrt positiv und gegnerische Interessen vermehrt negativ dargestellt werden. Der Sektor Forstwirtschaft hat dem zur Folge eine größere Chance auf eine positive Berichterstattung in der Zeitung Die Welt und der Sektor Naturschutz hingegen in der Frankfurter Rundschau.

Auswertungen zum dritten Teil der Fragestellung lassen eine tendenzielle Übereinstimmung zwischen Medienöffentlichkeit und Gesellschaftsmeinung in den assoziierten kollektiven Symbolen mit dem Wald und der Einschätzung des Waldzustandes erkennen. Doch bereits im letzteren Punkt wird deutlich, dass die Gesellschaft die Waldsituation schlechter einschätzt, als sie in den Medien dargestellt wird. Die Interessen der Sektoren Forstwirtschaft und Naturschutz werden von der Bevölkerung ebenfalls hauptsächlich positiv beurteilt, die Beurteilung ist jedoch insgesamt kritischer als in den Medien. Deutliche Unterschiede zwischen Medienöffentlichkeit und Gesellschaftsmeinung werden bei der Kompetenzverteilung deutlich. In den Medien wird die Position des Sektors Forstwirtschaft deutlich gestärkt, in der Meinung der Bevölkerung hingegen wird dem Naturschutzsektor mehr Kompetenz zugetraut.

Die Arbeit hat die eigenständige Bedeutung der Medien im Politikfeld Wald und ihre Auswirkungen auf die politischen Positionen der Sektoren Forstwirtschaft und Naturschutz aufgezeigt. Für die Praxis bedeutet das, dass für den politischen Erfolg von Forstwirtschaft oder Naturschutz sowohl die Gesellschaftsmeinung als auch die Medien zu beachten sind, da diese beiden Bereiche die Sektoren unterschiedlich stützen können.

7 Literatur

Abromeit, H. (1993): Interessenvermittlung zwischen Konkurrenz und Konkordanz. Studienbuch zur Vergleichenden Lehre politischer Systeme. Leske +Budrich. Opladen.

Agrarbericht der Bundesregierung der Jahre 1998 bis 2003.

Alemann, U.v. (1994): Grundlagen der Politikwissenschaft. Ein Wegweiser. Leske + Budrich. Opladen.

Alemann, U.v. (1997): Parteien und Medien. In: Gabriel, O.W./Niedermayer, O./Stöss, R. (Hrsg.): Parteiendemokratie in Deutschland. Bundeszentrale für politische Bildung. Bonn. S. 478-494.

Atteslander, P. (1995): Methoden der empirischen Sozialforschung. 8. Aufl. de Gruyter. Berlin/NewYork.

Atwater, T./Salwen, M.B./Anderson, R.B. (1985): Media-Agenda Setting with Environmental Issues. In: Journalism Quarterly 62. S. 393-397.

Baerns, B. (1987): Macht der Öffentlichkeit und Macht der Medien. In: U. Sarcinelli (Hrsg.): Politikvermittlung. Beiträge zur politischen Kommunikationskultur. Bundeszentrale für politische Bildung. Bonn. S. 147-160.

Bahrdt, H.P. (1974): Umwelterfahrung: soziologische Betrachtungen über den Beitrag des Subjekts zur Konstitution von Umwelt. Nymphenburger Verl.. München.

Beck, U. (1996): Weltrisikogesellschaft, Weltöffentlichkeit und globale Subpolitik. Ökologische Fragen im Bezugsrahmen fabrizierter Unsicherheiten. In: Diekmann, A. /Jaeger, C. (Hrsg.): Umweltsoziologie. Kölner Zeitschrift für Soziologie und Sozialpsychologie. Westdt. Verl. Opladen. S. 119-147.

Benton, M./Frazier, P.J. (1976): The Agenda-Setting Function of the Mass Media at three levels of information holding. In: Communication Research 5. S. 437-453.

Berelson, B. (1952): Content Analysis in Communication Research. Free Press. Glencoe.

Beyme, K.v. (1994): Die Massenmedien und die politische Agenda des parlamentarischen Systems . In: Neidhardt, F. (Hrsg.): Öffentlichkeit, öffentliche Meinung, soziale Bewegung. KSfSS, Sonderheft 34. Opladen. S. 320-336.

Biere, B.U./Liebert W.A. (1997): Metaphern in Wissenschaft und Wissenschaftsvermittlung. In: Biere, B:U./Liebert, W.A (Hrsg.): Metaphern, Medien und Wissenschaft. Zur Vermittlung der AIDS-Forschung in Presse und Rundfunk. Westdt. Verl. Opladen.

Blum, A. et al. (1996): Wirkungen des Waldes und Leistungen der Forstwirtschaft. In: AFZ Der Wald 1. S. 22-26.

Brand, K.W. (1995): Der ökologische Diskurs. In: de Haan, G. (Hrsg.): Umweltbewusstsein und Massenmedien. Perspektiven ökologischer Kommunikation. Akademie. Berlin. S. 47-62.

Brand, K.W./Fürst, V. (2002): Sondierungsstudie. Voraussetzungen und Probleme einer Politik der Nachhaltigkeit – Eine Exploration des Forschungsfelds. In. Brand, K.W. (Hrsg.): Politik der Nachhaltigkeit: Voraussetzungen, Probleme, Chancen – eine kritische Diskussion. Ed. Sigma. Berlin. S. 15-109.

Braun, A. (1999): Wahrnehmung von Wald und Natur. Leske und Budrich. Freiburg i.B.

Brettschneider, F (1994): Agenda Setting. Forschungsstand und politische Konsequenzen. In: Jäckel, M. /Winterhoff-Spurk, P. (Hrsg.): Politik und Medien: Analysen zur Entwicklung der politischen Kommunikation. Vistas Verl. Berlin. S.211-229.

Brettschneider, F. (1995): Öffentliche Meinung und Politik. Eine empirische Studie zur Responsivität des Deutschen Bundestages. Westdt. Verl. Opladen.

Brosius, H.B. (1990): Vermittlung von Informationen durch Fernsehnachrichten. Einfluss von Gestaltungsmerkmalen und Nachrichteninhalt. In: Böhme-Dürr, K./Emig, J./Seel, N.M. (Hrsg.): Wissensveränderung durch Medien. Saur. München.

Bürg, J./Ottitsch, A./Pregernig, M. (1999): Die Wiener und ihre Wälder. Zusammenfassende Analyse soziökonomischer Erhebungen über die Beziehung der Wiener Stadtbevölkerung zu Wald und Walderholung. Schriftenreihe des Instituts für Sozioökonomik der Forst- und Holzwirtschaft Bd. 37. Wien.

Bürger-Arndt, R. (1998): Studienunterlagen zur Landespflege. Unveröffentlicht.

Cook, F.L. et al. (1983): Media and Agenda Setting : Effects on the Public ; interest Group Leaders, Policy Makers and Policy. In: Public Opinion Quarterly 47. S. 16-35

Dahrendorf, R. (1972): Konflikt und Freiheit. Auf dem Weg zur Dienstklassengesellschaft. Piper. München.

De Haan, G. (1995) : Umweltbewußtsein und Massenmedien. Der Stand der Debatte. In: de Haan, G. (Hrsg.): Umweltbewusstsein und Massenmedien. Perspektiven ökologischer Kommunikation. Akad. Verl. Berlin. 17-34.

DFWR (2001): Konzeptpapier zum 1. Deutschen Waldgipfel (Stand 28.03.2001). unveröffentlicht.

Donsbach, W. (1991): Medienwirkung trotz Selektion. Einflußfaktoren auf die Zuwendung zu Zeitungsinhalten. Böhlau. Köln.

Downs, A. (1972): The Issue-Attention Cycle and he Political Economy of Improving our Environment. In: Downs, A. et al. (Hrsg.): The political

economy of environmental Control. University of California. Berkeley. S. 9-34.
Downs, A. (1986): An economic theory of democracy. Harper&Row. New York.
Düker, A. (2002): Medienanalyse 1. Deutscher Waldgipfel. Eine Inhaltsanalyse der Berichterstattung in den Printmedien. Masterarbeit. Göttingen.

Edelmann, M. (1990): Politik als Ritual. Die symbolische Funktion staatlicher Institutionen und politischen Handelns. Campus Verl. Frankfurt a.M./New York.
Eichhorn, W. (1995): Agenda-Setting-Prozesse: eine theoretische Analyse individueller und gesellschaftlicher Themenstrukturierung. Fischer. München.
Eilders, C./Wirth, W. (1999): Die Nachrichtenwertforschung auf dem Wege zum Publikum: Eine experimentelle Überprüfung des Einflusses von Nachrichtenfaktoren bei der Rezeption. In: Publizistik 1, 44. Jg. S. 35-57.
Erbring, L. (1989): Nachrichten zwischen Professionalität und Manipulation. Journalistische Berufsnormen und politische Kultur. In: M. Kaase/Schulz, W. (Hrsg.): Massenkommunikation. Theorien, Methoden, Befunde. Sonderheft 30 der Kölner Zeitschrift für Soziologie und Sozialpsychologie. Opladen. S. 301-313.
Eser, U. (1999): Der Naturschutz und das Fremde: ökologische und normative Grundlagen der Umweltethik. Campus. Frankfurt a.M./New York.
Essmann, H. (1993): Forstwirtschaft und Naturschutz. Unterschiede und Übereinstimmung in Theorie und Praxis. In: AFZ 11. S. 522-525.

Friedrichs, J. (1973): Methoden empirischer Sozialforschung. Rowohlt. Reinbek.
Früh, W. (1989): Inhaltsanalyse. In: Endruweit, G. /Trommsdorf, G. (Hrsg.): Wörterbuch der Soziologie. Enke. Stuttgart. S. 301-305.
Früh, W. (1994): Realitätsvermittlung durch Massenmedien: die permanente Transformation der Wirklichkeit. Westdt. Verl. Opladen.
Frühauf, W. (1995): Grenzüberschreitende ökologische Kommunikation. In: de Haan, G. (Hrsg.): Umweltbewusstsein und Massenmedien. Perspektiven ökologischer Kommunikation. Akademie. Berlin. S. 211-225.

Galtung, J./Ruge, M.H. (1965): The structure of Foreign News: The presentation of the Congo, Cuba and Cyprus Crisis in Four Foreign Newspapers. In: Journal of Peace Research 2. S.64-91.
Gerhards, J. (1993): Neue Konfliktlinien in der Mobilisierung öffentlicher Meinung: eine Fallstudie. Westdt. Verl. Opladen.
Gerhards, J. (1995): Welchen Einfluss haben die Massenmedien auf die Demokratie in der Bundesrepublik in Deutschland?. In: Göhler, G. (Hrsg.):

Macht der Öffentlichkeit – Öffentlichkeit der Macht. Nomos Verl. Baden-Baden. S. 149-177.

Gerhards, J./Neidhardt F. (1991): Aspekte moderner Öffentlichkeit. Strukturen und Funktionen moderner Öffentlichkeit: Fragestellung und Ansätze. In: Müller-Dohm, S. /Neumann-Braun, K. (Hrsg.): Öffentlichkeit, Kultur, Massenkommunikation. Bis-Verl. Oldenburg. S. 31-89.

Gerhards, J./Neidhardt, F./Rucht, D. (1998): Zwischen Palaver und Diskurs: Strukturen und öffentliche Meinungsbildung am Beispiel der deutschen Diskussion zur Abtreibung. Westdt. Verl. Opladen.

Glück, P. (1982): Das Elend der Kielwassertheorie. In: Internationaler Holzmarkt, 73. Jhg. Heft 5. S. 15-18.

Glück, P. (1986): Das Seminar „Waldsterben und Öffentlichkeitsarbeit". In: Allgemeine Forstzeitung, 12. S. 360-364.

Glück, P. (1987): Das Wertsystem der Forstleute. In: Centralblatt für das gesamte Forstwesen 104. S. 44-51.

Gormley, W.T. (1975): Newspaper Agendas und Political Elites. In: Journalism Quarterly 52. S. 304-308.

Habermas, J. (1989): Volkssouveränität als Verfahren. In: Merkur 43. S. 463-477.

Habermas, J. (1997): Faktizität und Geltung. Beiträge zur Diskurstheorie des Rechts und des demokratischen Rechtsstaats. 5. Auflage. Suhrkamp. Frankfurt a.M.

Hagen, L.M. (1992): Die opportunen Zeugen. Konstruktionsmechanismen von Bias in der Zeitungsberichterstattung über die Volkszählungsdiskussion. In: Publizistik 32. S. 444-460.

Hansen, J. (1995): Wie man die Umwelt selbst erlebt und wie in den Medien. In: de Haan, G. (Hrsg.): Umweltbewusstsein und Massenmedien. Perspektiven ökologischer Kommunikation. Akademie. Berlin. S. 103-113.

Heiliger, C. (1997): Die Befragung in Deutschland. In: Weiss, E. (Hrsg.) Komar und Melamid. The most wanted – the most unwanted painting. Cantz Verl. Ostfildern. S. 12-24.

Helbing, H. (1993): Die Jagd. Mythos, Metapher, Motiv. Insel. Frankfurt a.M./Leipzig.

Hellström, E. /Welp, M. (1996). Environmental Forest Conflicts in Germany. From National to International Concern. Working Paper 11. European Forest Institute. Joensuu.

Herzog, D. et al. (1990): Abgeordnete und Bürger. Ergebnisse einer Befragung der Mitglieder des 11. Deutschen Bundestages und der Bevölkerung. Westdt. Verl. Opladen.

Hofmeister, H. (1997): Lebensraum Wald. 4. Aufl. Parey. Berlin.

Holsti, O.R. (1969): Content Analysis of the Social Science and humanities. Reading. Addison-Wesley.

Holzberger, R. (1995): Das sogenannte Waldsterben: zur Karriere eines Klischees: das Thema im journalistischen Diskurs. Eppe. Bergatreute.

Howlett, M./Ramesh, M. (1995): Studying Public Policy: Policy Cycles and Policy Subsystems. Oxford Univ. Press. Toronto..

Hübner, E./Oberreuter, H. (1977): Parlament und Regierung. Ein Vergleich dreier Regierungssysteme. Ehrenwirth. München.

Hunziker, P. (1996): Medien, Kommunikation und Gesellschaft. 2. Aufl. Wiss. Buchges. Darmstadt.

Hütte, G. (1999): Nachhaltigkeit im europäischen Naturschutz- und Forstfachlichen Diskurs. Cuvillier. Göttingen.

Inglehardt, R. (1989): Kultureller Umbruch: Wertewandel in der westlichen Welt. Aus dem englischen von Mäurer, U. Campus verl. Frankfurt a.M.

Iyengar, S./Kinder, D.R. (1987): News that matters. Television and American Opinion. Univ. of Chicago Press.Chicago/London.

Jänicke, M./Kunig, P./Stitzel, M. (1999): Umweltpolitik. Dietz. Bonn.

Jarren, O./Donges, P./Weßler, H. (1994): Medien und politischer Prozess. Eine Einleitung. In: Jarren, O./Donges, P./Weßler, H. (Hrsg.): Medien und politischer Prozess. Westdt. Verl. Opladen. S. 9-37.

Johler, R. (2000): Wald, Kultur, Nation. Ein deutsch-italienischer Vergleich. In: Lehmann, A./Schriewer, K. (Hrsg.): Der Wald – Ein deutscher Mythos. Perspektiven eines Kulturthemas. Reimer. Bonn. S.83-96.

Kaase, M. (1998): Demokratisches system und die Mediatisierung von Politik. In: Sarcinelli, U. (Hrsg.): Politikvermittlung und Demokratie in der Mediengesellschaft. Bundeszentrale für politische Bildung. Bd. 352. Bonn. S. 24- 51.

Kaul, R./Leefken, G. (2001): Der Forstliche Betriebsvergleich Westfalen-Lippe. In: 30 Jahre Forstlicher Betriebsvergleich. Ministerium für Umwelt und Naturschutz, Landwirtschaft und Verbraucherschutz des Landes NRW. Düsseldorf. S. 5-14.

Kepplinger, H.M. (1985): Die aktuelle Berichterstattung des Hörfunks. Eine Inhaltsanalyse der Abendnachrichten und politischen Magazine. Alber. Freiburg/München.

Kepplinger, H.M. (1989): Instrumentelle Aktualisierung. Grundlagen einer Theorie publizistischer Konflikte. In: Kasse, M./Schulz, W. (Hrsg.): Massenkommunikation. Theorien, Methoden, Befunde. KZfSS. Sonderheft 30. Opladen. S. 199-220.

Kepplinger, H.M. (1992): Ereignismanagement. Wirklichkeit und Massenmedien. Fromm. Osnabrück..

Kepplinger, H.M. (1994): Publizistische Konflikte. Begriffe, Ansätze, Ergebnisse. In: Neidhardt, F. (Hrsg.): Öffentlichkeit, öffentliche Meinung, soziale Bewegung. KSfSS, Sonderheft 34. Opladen. S. 214-233.

Kepplinger, H.M. (1998): Die Demontage der Politik in der Informationsgesellschaft. Alber. Freiburg/München.

Kepplinger, H.M. (1998a): Der Nachrichtenwert der Nachrichtenfaktoren. In: C. Holtz-Bacha (Hrsg.): Wie die Medien die Welt erschaffen und wie die Menschen darin leben. Westdt. Verlag. Opladen. S. 19-37.

Kepplinger, H.M. (2000): Der prognostische Gehalt der Nachrichtenwert-Theorie. In: Publizistik 4. 45. Jahrgang. S. 462-475.

Kepplinger, H.M. (2001): Der Ereignisbegriff in der Publizistikwissenschaft. In: Publizistik Heft2/46.Jg. Westdt. Verlag. S. 117-139.

Kepplinger, H.M./Roth, H. (1978): Kommunikation in der Ölkrise des Winters 1973/74. Ein Paradigma für Wirkungsstudien. In: Publizistik 23. S. 537-556.

Kepplinger, H.M. et. al. (1989): Instrumentelle Aktualisierung. Grundlage einer publizistischen Theorie. In: M. Kaase/Schulz, W. (Hrsg.): Massenkommunikation. Theorien, Methoden, Befunde. Sonderheft 30 der Kölner Zeitschrift für Soziologie und Sozialpsychologie. Opladen. S. 199-220.

Kepplinger, H.M./Weißbecker, H. (1992): Negativität als Nachrichtenideologie. In: Publizistik 36. S. 330-342.

Kepplinger, H.M./Weißbecker, H. (1999): Negativität als Nachrichtenideologie: Publizistik 36. S. 247-279.

Kirchhoff, J.-F. (1989): Forstliche Öffentlichkeitsarbeit in der Bundesrepublik Deutschland. In: AFZ 28. S. 746-748.

Klein, J. (1991): Kann man „Begriffe besetzen"? Zur linguistischen Differenzierung einer plakativen politischen Metapher. In: Liedtke, F./Wengeler, M./Böke, K. (Hrsg.): Begriffe besetzen. Strategien des Sprachgebrauchs in der Politik. Westdt. Verl. Opladen. S. 44-69.

Kleinsteuber, H.J. (1994):Nationale und internationale Mediensysteme. In: Merten, K./Schmidt, S.J./Weischenberg, S. (Hrsg.): Die Wirklichkeit der Medien. Eine Einführung in die Kommunikationswissenschaft. Westdt. Verl. Opladen. S. 544-569.

Klingemann, H.-D./Wattenberg, M.P. (1990): Zerfall und Entwicklung von Parteisystemen. Ein Vergleich der Vorstellungsbilder von den politischen Parteien in den Vereinigten Staaten und der Bundesrepublik Deutschland. In: Kaase, M./Klingemann, H.-D. (Hrsg.): Wahlen und Wähler. Analysen aus Anlass der Bundestagswahl 1987. Westdt. Verl. Opladen. S. 325-344.

Krämer, P./Suda, M. (1987): Das Waldsterben in den Massenmedien. Untersuchungsergebnisse und Folgerungen. In: AFZ 49. S.1291-1294.

Kriener, M./Meckel, M. (1996): Internationale Kommunikation. Begriffe, Probleme, Referenzen. In: Kriener, M./Meckel, M. (Hrsg.): Internationale Kommunikation . eine Einführung. Westdt. Verl. Opladen. S. 11-18.

Krippendorff, K. (1998): Content Analysis. An introduction to its Methodology. Sage. Newbury Park.

Kromrey, H. (1994): Empirische Sozialforschung. Modelle und Methoden der Datenerhebung und der Datenauswertung. 6. Auflage. Leske + Budrich.. Opladen.

Krott, M. (1987): Waldsterben zwischen Mythos und Medien. In: Forstarchiv 1, 58. Jahrgang. S. 6-10.

Krott, M. (1988): Forstwirtschaft in Ökozeiten. In: Forstarchiv. 59. Jhg. Heft 1. S. 3-8.

Krott, M. (1989): Forstpolitik-Ausbildung zum erfolgreichen Absolventen. In: Forstarchiv 60. S. 163-167.

Krott, M. (1990): Öffentliche Verwaltung im Umweltschutz. Ergebnisse einer behördenorientierten Policy-Analyse am Beispiel Waldschutz. Braumüller. Wien.

Krott, M. (1994): Naturschutz im Wald. Wettlauf zwischen Staat und Markt. In: Schneeberger, W./ Wytrzens, H.K. (Hrsg.): Naturschutz und Landschaftspflege als Agrar- und Forstpolitische Herausforderung. Dokumentation der 3. ÖGA Jahrestagung an der Universität für Bodenkultur. Wien. S. 39-54.

Krott, M. (1994): Strategien für die Öffentlichkeitsarbeit der Staatsforstverwaltung. In : Krott, M. /Tutka, J. (Hrsg.): Öffentlichkeitsarbeit der Staatsforstverwaltung. Vergleich europäischer Staaten. Europaforum Forstverwaltung. Zvolen. S. 127-152.

Krott, M. (2001): Politikfeldanalyse Forstwirtschaft. Eine Einführung für Studium und Praxis. Parey. Berlin.

Krumland, D. (2000): Communication of Forest Restoration by Newspapers. An Austrian Case Study. In: Hasenauer, H. (Hrsg.): International Conference on Forest Ecosystem Restoration. Proceedings. Wien. S. 167-174.

Krumland, D./Beerboom, C. (2000): Nachrichtenfaktoren in der forstlichen Pressearbeit. In: AFZ Der Wald 24. S. 1275-1277.

Kuckartz, U. (1995): Umweltwissen, Umweltbewusstsein, Umweltverhalten. In: de Haan, G. (Hrsg.): Umweltbewusstsein und Massenmedien. Perspektiven ökologischer Kommunikation. Akademie. Berlin. S. 73-85.

Kunczik, M. (1989): Public Relations für Staaten. In: Kaase, M./Schulz, W. (Hrsg.): Massenkommunikation. Theorien, Methoden, Befunde. KZfSS. Sonderheft 30. S. 163-184.

Lehmann, A. (1999): Von Menschen und Bäumen. Die Deutschen und ihr Wald. Rowohlt. Reinbek.

Lehmann, A./Schriewer, K. (1999): Oh, du schöner deutscher Wald. In: Forschung 3-4. S.20-23.

Lehmann, A./Schriewer, K. (2000): Der Wald – Ein deutscher Mythos. Perspektiven eines Kulturthemas. Reimer. Bonn.

Leitenbacher, A. (1995): Öffentlichkeitsarbeit der bayerischen Staatsforstverwaltung. In: AFZ 1. S. 8-10.

Linsky, M. (1986): Impact: How the Press Affects Federal Policy Making. Norton. New York.

Lipset, S.M./ Trow,M./ Coleman J. (1962): Union Democracy. The International Politics of International Typographical Union. Freepress Glencoe.

Luhmann, N. (1970): Öffentliche Meinung. In: Politische Vierteljahresschrift . 11.jg. S. 2-28.

Luhmann, N. (1986): Ökologische Kommunikation. Kann die moderne Gesellschaft sich auf die ökologische Gefährdung einstellen? Westdt. Verl. Opladen.

Luhmann, N. (1993): Legitimation durch Verfahren. 3. Aufl. Suhrkamp. Frankfurt a.M.

Manheim, J.B. (1997): Strategische Kommunikation und eine Strategie für die Kommunikationsforschung. In: Publizistik 49, 1. S. 62-72.

Mann, S. (1998): Konflikte in der deutschen Forstwirtschaft. Konflikttheoretische Analyse der forstpolitischen Diskussion über die Krise der Forstwirtschaft. Shaker. Aachen.

Martin, B. (2002): Einfluss einer Partei auf die Forstpolitik am Beispiel der SPD in Hessen. Kolloquiumsbeitrag. Unveröffentlicht.

Mathes, R. (1989): Medienwirkung und Konfliktdynamik in der Auseinandersetzung um die Entlassung von General Kiessling. In: Kaase, M./Schulz, W. (Hrsg.): Massenkommunikation. Theorien, Methoden, Befunde. KZfSS, Sonderheft 30. Westdt. Verlag. Opladen. S. 441-458.

Meier, W.A. (1993): Berichterstattung über Umwelt-Risiken. Eine Meta-Analyse publizistikwissenschaftlicher Forschung. In: Bonfadelli, H./Meier, A. (Hrsg.): Krieg, Aids, Katastrophen. Gegenwartsprobleme als Herausforderung für die Publizistikwissenschaft. Univ.-Verl. Konstanz. S. 213-238.

Meier, W.A./Schanne, M. (1992): Risiko-Kommunikation. Ergebnisse aus kommunikationswissenschaftlichen Analysen journalistischer Umwelt- und Umwelt-Risiken-Berichterstattung. In: Rundfunk und Fernsehen, 40. S. 264-290.

Merten, K. (1995): Inhaltsanalyse. Einführung in Theorie, Methode und Praxis. Westdt. Verl. Opladen.

Meyer, T. (1994): Die Transformation des Politischen. Suhrkamp. Frankfurt a.M.

Meyn, H. (1996): Massenmedien in der Bundesrepublik Deutschland. Ed. Colloquium. Berlin.

Möhring, B. (1994): Über ökonomische Kalküle für forstliche Nutzungsentscheidungen. Sauerländer. Frankfurt a.M.

Müther, J. (2002): Der Wald im Spiegel. Eine Medienanalyse 1994-1998. Masterarbeit. Göttingen.

Nelkin, D. (1987): Selling Science: How the Press covers Science and Technology. Freemna and Company. New York.

Neuberger, C. (1996): Journalismus als Problembearbeitung. Objektivität und Relevanz in der öffentlichen Kommunikation. UVK Medien. Konstanz.

Niederhauser, J. (1999): Kaum präsente Linguistik. Zur Behandlung von Sprachfragen und sprachbezogenen Themen in der Öffentlichkeit. In: Becker-Mrotzek, M./Doppler, C. (Hrsg.): Medium Sprache im Beruf. Eine Aufgabe für die Linguistik. Gunter Narr Verl. Tübingen. S. 37-52.

Nießlein, E. (1985a): Forstpolitik. Ein Grundriß sektoraler Politik. Parey. Hamburg/Berlin.

Nießlein, E. (1985b): Die politischen Konsequenzen des Waldsterbens. In: Holz-Zentralblatt 103. S. 1461-1462.

Noelle-Neumann, E. (1973): Kumulation, Konsonanz und Öffentlichkeitseffekt. Ein neuer Ansatz zur Analyse der Wirkung der Massenmedien. In: Publizistik 18. S. 26-55.

Nohlen, D. (1989):Vergleichende Methode. In: Nohlen, D./Schultze, R.-O. (Hrsg.): Politikwissenschaft. Theorien, Methoden, Begriffe. Piper. München. S. 1079-1085.

Nusser, R. (1994): Zeitungsberichterstattung über Walderhaltungskonflikte. Fallstudie Hainburg. Dissertation. Wien.

Pansegrau, P. (2000): „Klimaszenarien, die einem apokalyptischen Bilderbogen gleichen“ oder „Leck im Raumschiff Erde“. Eine Untersuchung der kommunikativen und kognitiven Funktion von Metaphorik im Wissenschaftsjournalismus anhand der Spiegelberichterstattung zum „Anthropogenen Klimawandel“. Dissertation. Bielefeld.

Parsons, T. (1951): The social System. Free press. Glencoe.

Pauli, B. (2000): Wald und Forstwirtschaft im Meinungsbild der Gesellschaft. In Mitteilungen aus der Bayerischen Staatsforstverwaltung. Heft 50. München.

Persitzky, C. (1997): Umweltberichterstattung im deutschen Fernsehen. Eine inhaltsanalytische Untersuchung. Forschungsbericht. Berlin.

Plachter, H. (1991): Naturschutz. Fischer. Stuttgart.

Prätorius, R. (1995): Konflikt/Konflikttheorie. In: Nohlen, D. (Hrsg.): Wörterbuch Staat und Politik. Bundeszentrale für politische Bildung. Bonn. S. 337-340.

Pregernig, M. (1999): Die Akzeptanz wissenschaftlicher Erkenntnisse. Lang. Frankfurt a.M.

Prittwitz, V.v. (1990): Das Katastrophenparadox: Elemente einer Theorie der Umweltpolitik. Leske + Budrich. Opladen.

Prittwitz, V. v. (1994): Politikfeldanalyse. Leske + Budrich. Opladen.
Puhe, H./Würzberg, H.G. (1989): Lust und Frust. Das Informationsverhalten des Deutschen Abgeordneten. Informedia. Köln.

Rametsteiner, E. (2000): Die Österreicher und ihr Wald. Das Bild der Österreicher von Wald, nachhaltiger Waldbewirtschaftung und Zertifizierung im internationalen Vergleich. 2. Auflage. Schriftenreihe des Instituts für Sozioökonomik der Forst- und Holzwirtschaft. Wien.
Redmann, M. (1997): Mehr Öffentlichkeit für den Wald. In: Forstliche Mitteilungen 10. S. 292-294.
Rogers, E.M./Dearing, J.W./Chang, S. (1991): AIDS in the 1980s: The Agenda-Setting Process for a Public Issue. In: Journalism Monographs 126.
Roloff, M.E. (1987): Communication and Conflict. In: Berger, C.R./Chaffee, S.H. (Hrsg.): Handbook of Communication Science. Sage. Newsbury Park/Beverly Hills/London/New Delhi. S. 484-534.
Ronning, H. (1999): The unholy Alliance. International Media and the NGOs. In: International Public Relations Review. March. S. 4-35.
Roppel, U. (1979): Ökonomische Theorie der Bürokratie. Beiträge zu einer Theorie des Angebotsverhaltens staatlicher Bürokratien in Demokratien. Haufe. Freiburg.
Rossmann, T. (1993): Öffentlichkeitsarbeit und ihr Einfluss auf die Medien. Das Beispiel Greenpeace. In: Media Perspektiven 2. S. 85-94.
Russ-Mohl, S. (1981): Reformkonjunkturen und politisches Krisenmanagement. Westdt. Verl. Opladen.
Rust, H. (1980): Struktur und Bedeutung. Studien zur quantitativen Inhaltsanalyse. Spiess. Berlin.

Sagl, W. (1993): Betriebswirtschaftliche Aspekte zur „Naturnahen Waldwirtschaft“. In: Österreichische Forstzeitung 4. S. 8-11.
Sarcinelli, U. (1987): Politikvermittlung und demokratische Kommunikationskultur. In: Sarcinelli, U. (Hrsg.): Politikvermittlung. Beiträge zur politischen Kommunikationskultur. Bundeszentrale für politische Bildung. Bonn. S. 19-45.
Sarcinelli, U. (1994): Mediale Politikdarstellung und politisches Handeln. Analytische Anmerkungen zu einer notwendigerweise spannungsreichen Beziehung. In: Jarren, O. (Hrsg.): Politische Kommunikation un Hörfunk und Fernsehen. Opladen. S. 355-50.
Scharpf, F.W. (2000): Interaktionsformen Akteurszentrierter Institutionalismus in der Politikforschung. Leske + Budrich. Opladen.
Schenk, B. (1987): Die Struktur des Internationalen Nachrichtenflusses. Analyse der empirischen Studien. In: Rundfunk und Fernsehen 35. S. 36-54.
Schiller, T. (1995): Politische Soziologie. In: Mohr, A. (Hrsg.): Grundzüge der Politikwissenschaften. Oldenbourg Verl. M. S. 413-485.

Schmitt-Beck (1990): Über die Bedeutung der Massenmedien für soziale Bewegungen. In: Kölner Zeitschrift für Soziologie und Sozialpsychologie 42. S. 642-662.

Schmitt-Beck, R./Pfetsch, B. (1994): Politische Akteure und die Medien der Massenkommunikation. Zur Generierung von Öffentlichkeit in Wahlkämpfen. In: Neidhardt, F. (Hrsg.): Öffentlichkeit, öffentliche Meinung und soziale Bewegung. KfZSS. Sonderheft 34. Opladen. S. 106-138.

Schönbach, K. (1977): Trennung von Nachricht und Meinung. Empirische Untersuchung eines journalistischen Qualitätskriteriums. Alber. Freiburg/München.

Schulz, W. (1976): Die Konstruktion von Realität in den Nachrichtenmedien. Analyse der aktuellen Berichterstattung. Alber. Freiburg i.B.

Schulz, W. (1984): „Agenda Setting“ und andere Erklärungen. Zur Theorie der Medienwirkung. In: Rundfunk und Fernsehen 32, Heft 2. S. 206-213.

Schulz, W. (1989): Massenmedien und Realität. Die „ptolemäische“ und die „kopernikanische“ Auffassung. In: M. Kaase/Schulz, W. (Hrsg.): Massenkommunikation. Theorien, Methoden, Befunde. Sonderheft 30 der Kölner Zeitschrift für Soziologie und Sozialpsychologie. Opladen. S. 135-149.

Sohns, V. (2002): Forstverwaltung in lokalen, regionalen und nationalen Netzwerken. Beziehungen der Forstverwaltung als Grundlage forstpolitischer Gestaltung. Cuvillier. Göttingen.

Spitzer, H. (1995): Einführung in die räumliche Planung. Ulmer. Stuttgart.

Staab, J.F. (1990): Nachrichtenwert-Theorie. Formale Struktur und empirischer Gehalt. Alber. Freiburg/München.

Stamm (1995-1999): Leitfaden durch Presse und Werbung; Verzeichnis und Beschreibung periodischer Publikationen, Rundfunkanstalten und Werbemöglichkeiten in Deutschland. Stamm Verl. Essen.

Statistisches Bundesamt (2002): Schriftliche Darstellung der Beschäftigten in Forst und Naturschutz in Bund, Länder und Kommunen im Jahr 2000.

Suda, M./Klins, U. (1996): Greenpeace-Thesen aus der Sicht der Forstpolitikwissenschaft. In: AFZ /Der Wald 21. S. 1179-1181.

Volz, K.-R. (1992): Zum Leitbild der Forstwirtschaft im ausgehenden 20. Jahrhundert. In: Der Wald, Berlin 42. S. 200-203.

Volz, K.-R. (1997): Waldnutzungskonzepte und ihre forstpolitische Bewertung. In: Forstwissenschaftliches Centralblatt. S. 291–300.

Volz, K.-R. (1998): Ökopunkte zur Bewertung gesellschaftlicher Qualitätsanforderungen in der Forstwirtschaft. In: Glück, P./Nießlein, E. (Hrsg.): Wer zahlt für die esellschaftlichen Leistungen des Waldes? Universität für Bodenkultur. Wien. S. 37-41.

Volz, K.-R. (2000): Kommunnikation als Ansatz zur Konfliktlösung – Schlusswort zum seminar „Wald und Schalenwild". In: Freiburger Forstliche Forschung 17. S. 173-177.

Voss, G. (1990): Die veröffentlichte Umweltpolitik. Ein sozio-ökologisches Lehrstück. Kölner Univ. Verl. Köln.

Voss, G. (1995): Umweltschutz in den Printmedien. In: de Haan, G. (Hrsg.): Umweltbewusstsein und Massenmedien. Perspektiven ökologischer Kommunikation. Akademie. Berlin. S. 123-129.

Wagner, S./Jönsson, A. (2001): Einschränkungen der Waldbewirtschaftung durch Naturschutzauflagen am Beispiel des europäischen Schutzgebietssystem Natura 2000. Rechtsfragen und monetäre Bewertung. Gutachten im Auftrag der Arbeitsgemeinschaft Deutscher Waldbesitzerverbände e.V. Augsburg/Göttingen.

Weber, J. (1981): Die Interessengruppen im politischen System der Bundesrepublik Deutschland. Kohlhammer. Stuttgart.

Weber, N. (1997): Forstpolitische Aktivitäten von Umweltverbänden im Internet. In: AFZ/Der Wald 20. S. 1095-1098.

Weingart, P. (1983): Verwissenschaftlichung der Gesellschaft – Politisierung der Wissenschaft. In: Zeitschrift für Soziologie 12 (3). S. 225-241.

Weischenberg, S./Löffelholz, M./Scholl, A. (1994): Journalismus in Deutschland II. Merkmale und Einstellungen von Journalisten. In: Media Perspektiven 4. S. 154-167.

Weiß, H.-J. (1989): Öffentliche Streitfragen und massenmediale Argumentationsstrukturen. Ein Ansatz zur Analyse der inhaltlichen Dimension im Agenda-Setting Prozeß. In: Kaase, M./Schulz, W. (Hrsg.): Massenkommunikation, Theorien, Methoden, Befunde. KfZSS. Sonderheft 30. S. 437-489.

Weßler, H. (1999): Öffentlichkeit als Prozeß. Deutungsstrukturen und Deutungswandel in der deutschen Drogenberichterstattung. Westdt. Verl. Opladen.

Wild, S./Gasser, G. (1998): La portée des enquêtes dans la domaine de la politique forestière. In: Schweiz. Z. Forstwesen 149, 4. S. 245-262.

Wilke, J. (1998): Politikvermittlung durch Printmedien. In: Sarcinelli, U. (Hrsg.): Politikvermittlung und Demokratie in der Mediengesellschaft. Bundeszentrale für politische Bildung. Bonn. S. 146-164.

Wilke. J. (1999): Leitmedien und Zielgruppenorgane. In: Wilke, J. (Hrsg.): Mediengeschichte der Bundesrepublik Deutschland. Bundeszentrale für politische Bildung. Bonn. S. 302-329.

Wilke, J./Rosenberger, B. (1991): Die Nachrichten-Macher. Zu Strukturen und Arbeitsweisen von Nachrichtenagenturen am Beispiel von AP und dpa. Böhlau. Köln.

Wilke, J./Schenk, B. (1987): Nachrichtenwerte in der Auslandsberichterstattung: Historische Erfahrungenund analytische Perspektiven. In: Wilke, J/Quandt, S. (Hrsg.): Deutschland und Lateinamerika. Imagebildung und Informationslage. Frankfurt a.M. S. 16-31.

Wittkämper, G.W. et al. (1992): Pressewirkungen und außenpolitische Entscheidungsprozesse. Methodologische Probleme der Analyse. In: Wittkämper, G. W. (Hrsg.): Medien und Politik. Wissenschaftl. Buchgesellschaft. Darmstadt. S. 150-168.

Zierhofer, W. (1998): Umweltforschung und Öffentlichkeit: Das Waldsterben und die kommunikativen Leistungen von Wissenschaft und Medien. Westdt. Verlag. Opladen/Wiesbaden.

Zucker, H.G. (1978): The Variable Nature of News Media Influence. In: Ruben, B.D. (Hrsg.): Communication Yearbook 2. New Brunswick. New Jersey. S. 225-240.

8 Tabellarischer Anhang

Anhang 1

Kategoriensystem der FAZ Fallstudie

Nr.	Kategorien-gruppe	Kategorie	Definition und Beispiele
1	Artikelnummer		Fortlaufende Nummer für jeden zu analysierenden Artikel
2	Datum		Datum des erschienen Artikels
3	Ressort	**301** Deutschland und die Welt **302** Politik **303** Natur + Wissenschaft **304** Sport **305** Briefe an die Herausgeber **306** Zeitgeschehen **307** Feuilleton **308** Wirtschaft **309** Technik und Motor **310** Reiseblatt **311** Jugend schreibt **312** Literatur **313** Immobilienmarkt **314** Geisteswissenschaften **315** Ereignisse + Gestalten **316** Bilder und Zeiten **317** Neue Sachbücher **318** Politische Bücher	Ressort unter dem der Artikel erschienen ist
4	Kontext	**401** Teil der Landschaft	Der Wald als Teil der Landschaft oder Landschaftsästhetik. Beschreibungen wie „Feld, Wald und Wiesen“ oder „hinter dem Dorf lag ein Wald“
		402 Opfer Wald	**40201** Waldsterben: durch sauren Regen verursachtes Waldsterben **40202** Waldvernichtung durch den Menschen: Rodungen, Waldschäden durch Emissionen **40203** Waldvernichtung durch die Umwelt: Feuer, Kalamitäten, Stürme
		403 Objekt der Kultur	Wald in Filmen, Literatur, Musik, Bildern oder Theater
		404 Ort der Freizeitgestaltung	**40401** Wald als Ort der Erholung **40402** Wald als Ort des Sports **40403** Wald als Ort des Spielens **40404** Urlaubsort Wald
		405 Ort des Verbrechens	**40501** Wald als Ort an dem Verbre-

Nr.	Kategoriengruppe	Kategorie	Definition und Beispiele
			chen verübt werden **40502** Wald als Versteck für Verbecher **40503** Wald als Versteck für Opfer **40504** Wald als Ort eines Unglücks: z.B. Flugzeugabsturz
		406 Heimat	Wald als prägender Teil der Heimat
		407 Forstwirtschaft	Forstwirtschaftlicher Kontext des Waldes: z.B. Bewirtschaftung, Durchforstung, Aufforstung
		408 Waldassoziationen	**40801** Dunkel: „der dunkle Wald" **40802** Deutsch: „der deutsche Wald" **40802** Romantik **40803** Stille: „die Stille des Waldes" **40804** Grün: der grüne Wald **40805** Leben: „im Wald herrscht Leben"
		409 Schutz des Waldes	Der Wald schütz die Menschen vor Erosionen, vor Klimaveränderungen, CO2 Senke etc.
		410 Synonym	z.B. ein Wald von Schloten
		411 Sprichwort	z.B. „das Pfeifen im Walde" oder „wie man in den Wald hinein ruft..."
		412 Geldanlage	Waldeigentum als Geldanlage (nicht forstwirtschaftliche Nutzung), z.B. „zu den Besitztümern gehörten Wald..."
		413 Märchen	Der Wald in Märchen und Mythen, wie z.B. Hänsel und Gretel, Kobolde im Wald
		414 Jagd	Wald in dem Jagd betrieben wird
		415 Ort des Kriegs	Versteck von Kriegsopfern oder Kriegskämpfern (Guerilla)
		416 Sonstiges	Andere Benennungen von Wald, die nicht in die vorhergehenden Kategorien einzuordnen sind

Anhang 2

Kategoriensystem der Hauptuntersuchung der Waldberichterstattung

Kategoriengruppe	Nr.	Kategorie	Untergruppe	Definition und Beispiele
Formal	1	Artikelnummer		Fortlaufende Nummer für jeden zu analysierenden Artikel
	2	Casenummer		Fortlaufende Nummer für jeden zu analysierenden Case
	3	Zeitung	**301** Frankfurter Allgemeine Zeitung **302** Süddeutsche Zeitung **303** Frankfurter Rundschau **304** Die Welt	Zeitung in dem der zu analysierende Artikel veröffentlicht wurde
	4	Datum		Datum des erschienen Artikels
	5	Ressort	**501** Deutschland und die Welt **502** Politik **503** Natur + Wissenschaft **504** Sport **505** Leserbriefe **506** Zeitgeschehen **507** Feuilleton **508** Wirtschaft **509** Technik und Motor **510** Reiseblatt **511** Jugend schreibt **512** Literatur **513** Immobilienmarkt **514** Geisteswissenschaften **515** Ereignisse + Gestalten **516** Bilder und Zeiten **517** Neue Sachbücher **518** Politische Bücher **519** Sonstige	Ressort dem der zu analysierende Artikel zuzuordnen ist
	6	Seite		Seite auf der der Artikel er-

Kate-gorien-gruppe	Nr.	Kategorie	Untergruppe	Definition und Beispiele
				schienen ist
	7	Stilform	**701** Bericht	Eine um Objektivität bemühte Mitteilung eines Sachverhalts , der größer als die Kurznachricht ist und Zusammenhänge, Vorgeschichte und andere Aspekte eines Themas berücksichtigen kann.
			702 Kurznachricht	Eine um Objektivität bemühte Mitteilung eines Sachverhalts mit weniger als 16 Zeilen
			703 Ankündigungen	Ankündigung einer Veranstaltung
			704 Kritik	Unter Kritik ist die persönliche Meinung zu einem kürzlich in Fernsehen oder Kino veröffentlichtem Buch oder Film zu verstehen
			705 Kommentar	Aktuelle Ereignisse und Meinungsäußerungen werden interpretiert und bewertet.
			706 Reportage	Ein Tatsachen betonter, aber persönlich gefärbter Erlebnisbericht. Die Reportage bezieht sich auf Ereignisse, die als Erlebnisse vermittelt werden.
			707 Leserbrief	Meinungsäußerung einer Person, die nicht zur Redaktion gehört und auf einen kürzlich erschienenen Artikel Bezug nimmt.
			708 Interview	Verschriftliches Gespräch zur Ergründung der Haltung einer bestimmten Person zu bestimmten Sachfragen oder zur Darstellung der Person.
	8	Autor/Quelle		Autor, der den Text geschrieben hat oder Nachrichtenagentur, auf die diese Nachricht gründet
Interessenposition	9	**Problemdefinierer:** Person oder Akteursgemeinschaft, die das Problem in direkter oder indirekter Rede anspricht	Verwaltung Naturschutz	Bundes-, Landes- oder Kommunalbehörden aus dem Bereich Natur- und Umweltschutz, z.B. Mitarbeiter des Umweltbundesamtes

Kate-gorien-gruppe	Nr.	Kategorie	Untergruppe	Definition und Beispiele
			Verwaltung Forst	Bundes-, Landes- oder Kommunalbehörden aus dem Bereich Forstwirtschaft, z.B. Mitarbeiter der Abteilung Forst des Bundesministerium für Ernährung, Landwirtschaft und Forsten; Forstamtsleiter oder Revierförster
			Verwaltung Sonstige	Bundes-, Landes- oder Kommunalbehörden aus allen Bereichen, die nicht Forst oder Natur- und Umweltschutz sind
			Politik Naturschutz	Personen politischer Ämter oder Mandatsträger auf Bundes-, Landes- oder Kommunalebene im Bereich Natur- und Umweltschutz, z.B. Bundesumweltminister
			Politik Forst	Personen politischer Ämter oder Mandatsträger auf Bundes-, Landes- oder Kommunalebene im Bereich Forstwirtschaft, z.B. Bundesminister für Ernährung, Landwirtschaft und Forsten
			Politik Sonstige	Personen politischer Ämter oder Mandatsträger auf Bundes-, Landes- oder Kommunalebene die nicht Forst oder Natur- und Umweltschutz sind
			Verbände Naturschutz	Verbände und soziale Bewegungen auf Bundes-, Landes- oder Kommunalebene im Bereich Natur- und Umweltschutz, z.B. Greenpeace, WWF, BUND
			Verbände Forst	Verbände und soziale Bewegungen auf Bundes-, Landes- oder Kommunalebene im Bereich Forstwirtschaft, z.B. DFWR, ANW, BDF
			Schutzgemeinschaft Deutscher Wald	Verband Schutzgemeinschaft Deutscher Wald
			Verbände Sonstige	Verbände und soziale Bewegungen auf Bundes-, Landes- oder Kommunalebene die nicht Forst oder Natur- und Umweltschutz sind
			Wissenschaft Natur-	Universitäre und andere For-

Kategoriengruppe	Nr.	Kategorie	Untergruppe	Definition und Beispiele
			schutz	schungseinrichtungen im Bereich Natur- und Umweltschutz, z.B. Institut für Naturschutz
			Wissenschaft Forst	Universitäre und andere Forschungseinrichtungen im Bereich Forstwirtschaft, z.B. Fakultät für Forstwissenschaften
			Wissenschaft Sonstige	Universitäre und andere Forschungseinrichtungen die nicht Forst oder Natur- und Umweltschutz sind
			Förster nicht näher definiert	Forstakteure, die nicht in die vorgenannten Gruppen einzuordnen sind
			Medien	Aussagen des Journalisten oder Zitate anderer Medien
			Wirtschaft	Wirtschafts- und Industrieunternehmen
			Einzelperson	Personen, die nicht einer Akteursgemeinschaft angehören
			Sonstige Akteursgemeinschaften	Akteursgemeinschaften, die nicht zu den vorgenannten gehören
	10	**Problemverursacher:** ziehen Ihren Nutzen aus einer Ressourcen belastenden bzw. vernichtenden Tätigkeit	Verwaltung Naturschutz	s.o.
			Verwaltung Forst	s.o.
			Verwaltung Sonstige	s.o.
			Politik Naturschutz	s.o.
			Politik Forst	s.o.
			Politik Sonstige	s.o.
			Verbände Naturschutz	s.o.
			Verbände Forst	s.o.
			Schutzgemeinschaft Deutscher Wald	s.o.
			Verbände Sonstige	s.o.
			Wissenschaft Naturschutz	s.o.
			Wissenschaft Forst	s.o.
			Wissenschaft Sonstige	s.o.

Kategoriengruppe	Nr.	Kategorie	Untergruppe	Definition und Beispiele
			Förster nicht näher definiert	s.o.
			Medien	s.o.
			Wirtschaft	s.o.
			Einzelperson	s.o.
			Sonstige Akteursgemeinschaften	s.o.
			Natur	Die Natur oder der Wald an sich
			Gesellschaft	Die Gesellschaft allgemein, auch die Menschheit
			Keine	Keine Benennung
	11	**Problemhelfer:** Bereitschaft an der Problemlösung mitzuwirken	Verwaltung Naturschutz	s.o.
			Verwaltung Forst	s.o.
			Verwaltung Sonstige	s.o.
			Politik Naturschutz	s.o.
			Politik Forst	s.o.
			Politik Sonstige	s.o.
			Verbände Naturschutz	s.o.
			Verbände Forst	s.o.
			Schutzgemeinschaft Deutscher Wald	s.o.
			Verbände Sonstige	s.o.
			Wissenschaft Naturschutz	s.o.
			Wissenschaft Forst	s.o.
			Wissenschaft Sonstige	s.o.
			Förster nicht näher definiert	s.o.
			Medien	s.o.
			Wirtschaft	s.o.
			Einzelperson	s.o.
			Sonstige Akteursgemeinschaften	s.o.
			Natur	s.o.
			Gesellschaft	s.o.
			Keine	s.o.
	12	**Problemopfer:** von dem Problem negativ betroffene, geschädigte	Verwaltung Naturschutz	s.o.
			Verwaltung Forst	s.o.

Kate-gorien-gruppe	Nr.	Kategorie	Untergruppe	Definition und Beispiele
			Verwaltung Sonstige	s.o.
			Politik Naturschutz	s.o.
			Politik Forst	s.o.
			Politik Sonstige	s.o.
			Verbände Natur-schutz	s.o.
			Verbände Forst	s.o.
			Schutzgemeinschaft Deutscher Wald	s.o.
			Verbände Sonstige	s.o.
			Wissenschaft Natur-schutz	s.o.
			Wissenschaft Forst	s.o.
			Wissenschaft Sons-tige	s.o.
			Förster nicht näher definiert	s.o.
			Medien	s.o.
			Wirtschaft	s.o.
			Einzelperson	s.o.
			Sonstige Akteurs-gemeinschaften	s.o.
			Natur	s.o.
			Gesellschaft	s.o.
			Keine	s.o.
Inter-essen-konflikt	13	**Forstinteressen** - 50% stand-ortgemäße Baumarten ausreichend - ordnungs-gemäße Be-wirtschaftung, alte Wirt-schaftsformen nur exem-plarisch - wirtschaftliche Nutzung, z.B. durch den Ein-satz von Vol-lerntern - Kahlschlag-vermeidung - Einsatz von Insektiziden	Positiv	Positive Bewertung der auf-geführten Interessen, oder der Forstinteressen im Gegensatz zu den Naturschutzinteressen im allgemeinen

Kate-gorien-gruppe	Nr.	Kategorie	Untergruppe	Definition und Beispiele
		- Kalkung ertragsschwacher Standorte - PEFC Zertifizierung		
			Negativ	Negative Bewertung der aufgeführten Interessen, oder der Forstinteressen im Gegensatz zu den Naturschutzinteressen im allgemeinen
			Ambivalent	Keine Bewertung der aufgeführten Interessen
	14	**Naturschutz**: - Baumartenwahl nach der potentiell natürlichen Vegetation - Gastbaumarten und Exoten nicht als bestandesbildende Baumarten - Aufrechterhalten alter Wirtschaftsformen, wie z.B. Hutewälder - Energiesparsame Eingriffe, Rücken mit Pferden, sozialverträgliche Nutzung - Kahlschlagverbot - Kein Einsatz von Insektiziden - Kein Einsatz von Kalkung - FSC Zertifizierung	Positiv	Positive Bewertung der aufgeführten Interessen, oder der Naturschutzinteressen im Gegensatz zu den Forstinteressen im allgemeinen
			Negativ	Negative Bewertung der aufgeführten Interessen, oder der Na-

Kategoriengruppe	Nr.	Kategorie	Untergruppe	Definition und Beispiele
				turschutzinteressen im Gegensatz zu den Forstinteressen im allgemeinen
			Ambivalent	Keine Bewertung der aufgeführten Interessen
Instrumente	15	Informationelle Instrumente		Politische Regelungseingriffe durch Information
	16	Regulative Instrumente		Politische Regelungseingriffe durch verbindliche Regeln
	17	Ökonomische Instrumente		Politische Regelungseingriffe durch den Austausch finanzieller Werte außer Dienstleistungen und Sachspenden
	18	Planerische Instrumente		Vorausschauende Darstellung und Gestaltung zur Lösung raumbezogener Probleme
	19	Sachinstrumente		Politische Regelungseingriffe durch den Austausch von Dienstleistungen und Sachspenden
	20	Sonstige Instrumente		Andere Instrumente, die sich nicht in den vorhergehenden Kategorien einordnen lassen
	21	Keine Instrumente		Es werden keine Instrumente zur Problemlösung benannt
Kollektive Assoziationen	22	Erholung		Wald als Ort der Erholung, als Ort des Sports, als Ort des Spielens oder als Urlaubsort
	23	Waldsterben		Durch sauren Regen verursachtes Waldsterben, Waldvernichtung durch den Menschen, wie z.B. Rodungen, Waldschäden durch Emissionen und Waldvernichtung durch die Umwelt: Feuer, Kalamitäten, Stürme
	24	Jagd		Erlegung von Tieren durch Jäger
	25	Ökosystem		Benennung des Waldes als Ökosystem
	26	Deutsch		„der deutsche Wald"
	27	Grün		„der grüne Wald"
	28	Heimat		Wald als prägender Teil der Heimat
	29	Märchen + Mythen		Der Wald in Märchen und Mythen, wie z.B. Hänsel und Gre-

Kate-gorien-gruppe	Nr.	Kategorie	Untergruppe	Definition und Beispiele
				tel, Kobolde im Wald
	30	Globalisierung		Betrachtung der weltweiten Bedeutung und Vernetzung, Benennung der Globalisierung
	31	Ruhe		„die Stille des Waldes“ oder die „Ruhe des Waldes“
	32	Dunkel		„der dunkle Wald“
	33	Leben		Der Wald als Ort des Lebens, z.B. für Pflanzen und Tiere oder Menschen (wenn nicht Heimat)
	34	Ort des Verbrechens		Wald als Ort an dem Verbrechen verübt werden oder an dem Unglücke geschehen: z.B. Flugzeugabsturz
	35	Ort der Zuflucht		Wald als Versteck für Verbecher oder für Opfer, bzw. eine Zufluchtsort für Personen mit Problemen
	36	Modernisierung		Technologisierung, Modernisierung, Einsatz neuer Arbeitstechniken und Methoden
	37	Freiheit		„Ort der Freiheit“ oder Ungebundenheit, ohne Regeln
	38	Sonstige		Andere kollektive Assoziationen, die hier nicht aufgeführt wurden
Ereignisursache	39	Genuin	**3901** definitiv genuin **3902** eher genuin	Ereignisse, die vollkommen unabhängig von der Berichterstattung der Medien entstehen
	40	Mediatisiert	**4001** eher mediatisiert **4002** definitiv mediatisiert **4003** eher mediatisiert	Ereignisse, die auch ohne die Berichterstattung geschehen wären, aufgrund der erwarteten Berichterstattung jedoch einen spezifischen, mediengerechten Charakter erhalten
	41	Inszeniert	**4101** eher inszeniert **4102** defintiv inszeniert	Ereignisse, die einzig zum Zweck der Berichterstattung herbeigeführt werden und ohne die zu erwartende Berichterstattung nie stattgefunden hätten
Nachrichtenfaktoren	42	Negativität		Ein negatives Ereignis, das auf Aggression, Zerstörung, Verlust, Tod, Schäden usw. bezogen ist
	43	Kontroverse		Ein Ereignis, das aus unterschiedlichen Sichtweisen unter-

Kategoriengruppe	Nr.	Kategorie	Untergruppe	Definition und Beispiele
				schiedliche Bewertungen und Schlüsse zuläßt, Konflikte, Auseinandersetzungen etc.
	44	Kontinuität		Berichte über Folgegeschehen. Ein Ereignis, das bereits vorher als Nachricht in dem Medien beschrieben wurde.
	45	Erfolg		Ereignis mit einem Erfolg, mit positivem Ausgang und guten Zukunftserwartungen
	46	Prominenz		Ereignis wird mit prominenten Persönlichkeiten dargestellt oder ein Ereignis, das prominente Persönlichkeiten betrifft
	47	Personalisierung		Das Ereignis wird mit nicht prominenten Personen lebendig gemacht, Darstellung vom Handeln und Schicksal einer Person
	48	Selbstreferentialität		Medien berichten über sich selbst
	49	Reichweite		Es werden Ereignisse betrachtet, die eine große Menge von Menschen betreffen (über den regionalen Charakter hinaus)
	50	Überraschung		Ein seltenes, außergewöhnliches, nicht erwartetes Ereignis
	51	Kein Nachrichtenfaktor		
Ereignisort	**52**	Inland		Ereignisse, die innerhalb von Deutschland stattgefunden haben
	53	Ausland	**5301** Europa	Ereignisse, die innerhalb Europas, aber nicht in Deutschland stattgefunden haben
			5302 International	Ereignisse, die von internationaler Bedeutung sind und keinem Land direkt zugeordnet werden können
			5303 Nordamerika	Ereignisse, die innerhalb Nordamerikas stattgefunden haben
			5304 Südamerika	Ereignisse, die innerhalb Südamerikas stattgefunden haben
			5305 Afrika	Ereignisse, die innerhalb Afrikas stattgefunden haben
			5306 Asien	Ereignisse, die innerhalb Asiens stattgefunden haben

Kategorien-gruppe	**Nr.**	**Kategorie**	**Untergruppe**	**Definition und Beispiele**
			5307 Australien	Ereignisse, die innerhalb Australiens oder Neuseeland stattgefunden haben
			5308 Mittelamerika	Ereignisse, die innerhalb Mittelamerikas stattgefunden haben
	54	Nicht erkennbar		
Ereignis-valenz	**55**		Positiv	Positive Ereignisse sind Geschehnisse, die die vermutete Mehrheit der Bevölkerung als Erfolg betrachtet . Nicht relevant ist in diesem Zusammenhang die Haltung von Außenseitern und Minderheiten.
			Negativ	Negative Ereignisse sind Geschehnisse, die die vermutete Mehrheit der Bevölkerung als Misserfolg betrachtet
			Ambivalent	Ambivalente Ereignisse sind Geschehnisse, die von einem Teil der Bevölkerung als positiv und von einem anderen Teil als negativ betrachtet werden. Es besteht keine Einigkeit über die Wertigkeit solcher Ereignisse. Zweifelsfälle

Anhang 3

Kategoriensystem der Fallstudie Waldgipfel

Kategorien-gruppe	Nr.	Kategorie	Untergruppe	Definition und Beispiele
Formal	1	Artikelnummer		Fortlaufende Nummer für jeden zu analysierenden Artikel
	2	Casenummer		Fortlaufende Nummer für jeden zu analysierenden Case
	3	Zeitungstyp	**301** Zeitung regional/lokal **302** Zeitung überregional **303** Fachzeitung	
	4	Zeitung	Siehe Anhang 4	
	5	Datum		Datum des erschienen Artikels
	6	Ressort	**601** Deutschland und die Welt **602** Politik **603** Natur + Wissenschaft **604** Sport **605** Leserbriefe **606** Zeitgeschehen **607** Feuilleton **608** Wirtschaft **609** Technik und Motor **610** Reiseblatt **611** Jugend schreibt **612** Literatur **613** Immobilienmarkt **614** Geisteswissenschaften **615** Ereignisse + Gestalten **616** Bilder und Zeiten **617** Neue Sachbücher **618** Politische Bücher **619** Sonstige	Ressort dem der zu analysierende Artikel zuzuordnen ist
	7	Seite		Seite auf der der Artikel erschienen ist

Katego-rien-gruppe	Nr.	Kategorie	Untergruppe	Definition und Beispiele
	8	Stilform	**801** Bericht	Eine um Objektivität bemühte Mitteilung eines Sachverhalts , der größer als die Kurznachricht ist und Zusammenhänge, Vorgeschichte und andere Aspekte eines Themas berücksichtigen kann.
			802 Kurznachricht	Eine um Objektivität bemühte Mitteilung eines Sachverhalts mit weniger als 16 Zeilen
			803 Ankündigungen	Ankündigung einer Veranstaltung
			804 Kritik	Unter Kritik ist die persönliche Meinung zu einem kürzlich in Fernsehen oder Kino veröffentlichtem Buch oder Film zu verstehen
			805 Kommentar	Aktuelle Ereignisse und Meinungsäußerungen werden interpretiert und bewertet.
			806 Reportage	Ein Tatsachen betonter, aber persönlich gefärbter Erlebnisbericht. Die Reportage bezieht sich auf Ereignisse, die als Erlebnisse vermittelt werden.
			807 Leserbrief	Meinungsäußerung einer Person, die nicht zur Redaktion gehört und auf einen kürzlich erschienenen Artikel Bezug nimmt.
			808 Interview	Verschriftliches Gespräch zur Ergründung der Haltung einer bestimmten Person zu bestimmten Sachfragen oder zur Darstellung der Person.
	9	Autor/Quelle		Autor, der den Text geschrieben hat oder Nachrichtenagentur, auf die diese Nachricht gründet
Interessen-position	10	**Problem-definierer:** Person oder Akteurgemeinschaft, die das Problem in direkter oder indirekter Rede anspricht	Verwaltung Naturschutz	Bundes-, Landes- oder Kommunalbehörden aus dem Bereich Natur- und Umweltschutz, z.B. Mitarbeiter des Umweltbundesamtes
			Verwaltung Forst	Bundes-, Landes- oder Kommu-

Kategoriengruppe	Nr.	Kategorie	Untergruppe	Definition und Beispiele
				nalbehörden aus dem Bereich Forstwirtschaft, z.B. Mitarbeiter der Abteilung Forst des Bundesministerium für Ernährung, Landwirtschaft und Forsten; Forstamtsleiter oder Revierförster
			Verwaltung Sonstige	Bundes-, Landes- oder Kommunalbehörden aus allen Bereichen, die nicht Forst oder Natur- und Umweltschutz sind
			Politik Naturschutz	Personen politischer Ämter oder Mandatsträger auf Bundes-, Landes- oder Kommunalebene im Bereich Natur- und Umweltschutz, z.B. Bundesumweltminister
			Politik Forst	Personen politischer Ämter oder Mandatsträger auf Bundes-, Landes- oder Kommunalebene im Bereich Forstwirtschaft, z.B. Bundesminister für Ernährung, Landwirtschaft und Forsten
			Politik Sonstige	Personen politischer Ämter oder Mandatsträger auf Bundes-, Landes- oder Kommunalebene die nicht Forst oder Natur- und Umweltschutz sind
			Verbände Naturschutz	Verbände und soziale Bewegungen auf Bundes-, Landes- oder Kommunalebene im Bereich Natur- und Umweltschutz, z.B. Greenpeace, WWF, BUND
			Verbände Forst	Verbände und soziale Bewegungen auf Bundes-, Landes- oder Kommunalebene im Bereich Forstwirtschaft, z.B. DFWR, ANW, BDF
			Schutzgemeinschaft Deutscher Wald	Verband Schutzgemeinschaft Deutscher Wald
			Verbände Sonstige	Verbände und soziale Bewegungen auf Bundes-, Landes- oder Kommunalebene die nicht Forst oder Natur- und Umweltschutz sind
			Wissenschaft Naturschutz	Universitäre und andere Forschungseinrichtungen im Be-

Kategorien-gruppe	Nr.	Kategorie	Untergruppe	Definition und Beispiele
				reich Natur- und Umweltschutz, z.B. Institut für Naturschutz
			Wissenschaft Forst	Universitäre und andere Forschungseinrichtungen im Bereich Forstwirtschaft, z.B. Fakultät für Forstwissenschaften
			Wissenschaft Sonstige	Universitäre und andere Forschungseinrichtungen die nicht Forst oder Natur- und Umweltschutz sind
			Förster nicht näher definiert	Forstakteure, die nicht in die vorgenannten Gruppen einzuordnen sind
			Medien	Aussagen des Journalisten oder Zitate anderer Medien
			Wirtschaft	Wirtschafts- und Industrieunternehmen
			Einzelperson	Personen, die nicht einer Akteursgemeinschaft angehören
			Sonstige Akteursgemeinschaften	Akteursgemeinschaften, die nicht zu den vorgenannten gehören
	11	**Problemverursacher:** ziehen Ihren Nutzen aus einer Ressourcen belastenden beziehungsweise vernichtenden Tätigkeit	Verwaltung Naturschutz	s.o.
			Verwaltung Forst	s.o.
			Verwaltung Sonstige	s.o.
			Politik Naturschutz	s.o.
			Politik Forst	s.o.
			Politik Sonstige	s.o.
			Verbände Naturschutz	s.o.
			Verbände Forst	s.o.
			Schutzgemeinschaft Deutscher Wald	s.o.
			Verbände Sonstige	s.o.
			Wissenschaft Naturschutz	s.o.
			Wissenschaft Forst	s.o.
			Wissenschaft Sonstige	s.o.

Kategoriengruppe	Nr.	Kategorie	Untergruppe	Definition und Beispiele
			Förster nicht näher definiert	s.o.
			Medien	s.o.
			Wirtschaft	s.o.
			Einzelperson	s.o.
			Sonstige Akteursgemeinschaften	s.o.
			Natur	Die Natur oder der Wald an sich
			Gesellschaft	Die Gesellschaft allgemein, auch die Menschheit
			Keine	Keine Benennung
	12	**Problemhelfer:** Bereitschaft an der Problemlösung mitzuwirken	Verwaltung Naturschutz	s.o.
			Verwaltung Forst	s.o.
			Verwaltung Sonstige	s.o.
			Politik Naturschutz	s.o.
			Politik Forst	s.o.
			Politik Sonstige	s.o.
			Verbände Naturschutz	s.o.
			Verbände Forst	s.o.
			Schutzgemeinschaft Deutscher Wald	s.o.
			Verbände Sonstige	s.o.
			Wissenschaft Naturschutz	s.o.
			Wissenschaft Forst	s.o.
			Wissenschaft Sonstige	s.o.
			Förster nicht näher definiert	s.o.
			Medien	s.o.
			Wirtschaft	s.o.
			Einzelperson	s.o.
			Sonstige Akteursgemeinschaften	s.o.
			Natur	s.o.
			Gesellschaft	s.o.
			Keine	s.o.
	13	**Problemopfer:** von dem Problem negativ betroffene, geschädigte	Verwaltung Naturschutz	s.o.
			Verwaltung Forst	s.o.

Katego-rien-gruppe	Nr.	Kategorie	Untergruppe	Definition und Beispiele
			Verwaltung Sonstige	s.o.
			Politik Naturschutz	s.o.
			Politik Forst	s.o.
			Politik Sonstige	s.o.
			Verbände Natur-schutz	s.o.
			Verbände Forst	s.o.
			Schutzgemeinschaft Deutscher Wald	s.o.
			Verbände Sonstige	s.o.
			Wissenschaft Natur-schutz	s.o.
			Wissenschaft Forst	s.o.
			Wissenschaft Sons-tige	s.o.
			Förster nicht näher definiert	s.o.
			Medien	s.o.
			Wirtschaft	s.o.
			Einzelperson	s.o.
			Sonstige Akteurs-gemeinschaften	s.o.
			Natur	s.o.
			Gesellschaft	s.o.
			Keine	s.o.
Interes-sen-konflikt	**14**	**Forstinteressen:** - 50% standort-gemäße Baumarten ausreichend - ordnungsge-mäße Bewirt-schaftung, alte Wirtschafts-formen nur ex-emplarisch - wirtschaftliche Nutzung, z.B. durch den Ein-satz von Vol-lerntern - Kahlschlag-vermeidung - Einsatz von Insektiziden - Kalkung er-	Positiv	Positive Bewertung der aufge-führten Interessen, oder der Forstinteressen im Gegensatz zu den Naturschutzinteressen im allgemeinen

Kategorien-gruppe	Nr.	Kategorie	Untergruppe	Definition und Beispiele
		tragsschwacher Standorte - PEFC Zertifizierung		
			Negativ	Negative Bewertung der aufgeführten Interessen, oder der Forstinteressen im Gegensatz zu den Naturschutzinteressen im allgemeinen
			Ambivalent	Keine Bewertung der aufgeführten Interessen
	15	**Naturschutz**: - Baumartenwahl nach der potentiell natürlichen Vegetation - Gastbaumarten und Exoten nicht als bestandesbildende Baumarten - Aufrechterhalten alter Wirtschaftsformen, wie z.B. Hutewälder - Energiesparsame Eingriffe, Rücken mit Pferden, sozialverträgliche Nutzung - Kahlschlagverbot - Kein Einsatz von Insektiziden - Kein Einsatz von Kalkung - FSC Zertifizierung	Positiv	Positive Bewertung der aufgeführten Interessen, oder der Naturschutzinteressen im Gegensatz zu den Forstinteressen im allgemeinen
			Negativ	Negative Bewertung der aufgeführten Interessen, oder der Naturschutzinteressen im Gegen-

Kategoriengruppe	Nr.	Kategorie	Untergruppe	Definition und Beispiele
				satz zu den Forstinteressen im allgemeinen
			Ambivalent	Keine Bewertung der aufgeführten Interessen
Instrumente	**16**	Informationelle Instrumente		Politische Regelungseingriffe durch Information
	17	Regulative Instrumente		Politische Regelungseingriffe durch verbindliche Regeln
	18	Ökonomische Instrumente		Politische Regelungseingriffe durch den Austausch finanzieller Werte außer Dienstleistungen und Sachspenden
	19	Planerische Instrumente		Vorausschauende Darstellung und Gestaltung zur Lösung raumbezogener Probleme
	20	Sachinstrumente		Politische Regelungseingriffe durch den Austausch von Dienstleistungen und Sachspenden
	21	Sonstige Instrumente		Andere Instrumente, die sich nicht in den vorhergehenden Kategorien einordnen lassen
	22	Keine Instrumente		Es werden keine Instrumente zur Problemlösung benannt
Kollektive Assoziationen	**23**	Erholung		Wald als Ort der Erholung, als Ort des Sports, als Ort des Spielens oder als Urlaubsort
	24	Waldsterben		Durch sauren Regen verursachtes Waldsterben, Waldvernichtung durch den Menschen, wie z.B. Rodungen, Waldschäden durch Emissionen und Waldvernichtung durch die Umwelt: Feuer, Kalamitäten, Stürme
	25	Jagd		Erlegung von Tieren durch Jäger
	26	Ökosystem		Benennung des Waldes als Ökosystem
	27	Deutsch		„der deutsche Wald“
	28	Grün		„der grüne Wald“
	29	Heimat		Wald als prägender Teil der Heimat
	30	Märchen + Mythen		Der Wald in Märchen und Mythen, wie z.B. Hänsel und Gretel, Kobolde im Wald

Kategoriengruppe	Nr.	Kategorie	Untergruppe	Definition und Beispiele
	31	Globalisierung		Betrachtung der weltweiten Bedeutung und Vernetzung, Benennung der Globalisierung
	32	Ruhe		„die Stille des Waldes“ oder die „Ruhe des Waldes“
	33	Dunkel		„der dunkle Wald“
	34	Leben		Der Wald als Ort des Lebens, z.B. für Pflanzen und Tiere oder Menschen (wenn nicht Heimat)
	35	Ort des Verbrechens		Wald als Ort an dem Verbrechen verübt werden oder an dem Unglücke geschehen: z.B. Flugzeugabsturz
	36	Ort der Zuflucht		Wald als Versteck für Verbecher oder für Opfer, bzw. eine Zufluchtsort für Personen mit Problemen
	37	Modernisierung		Technologisierung, Modernisierung, Einsatz neuer Arbeitstechniken und Methoden
	38	Freiheit		„Ort der Freiheit“ oder Ungebundenheit, ohne Regeln
	39	Sonstige		Andere kollektive Assoziationen, die hier nicht aufgeführt wurden
Nachrichtenfaktoren	**40**	Negativität		Ein negatives Ereignis, das auf Aggression, Zerstörung, Verlust, Tod, Schäden usw. bezogen ist
	41	Kontroverse		Ein Ereignis, das aus unterschiedlichen Sichtweisen unterschiedliche Bewertungen und Schlüsse zuläßt, Konflikte, Auseinandersetzungen etc.
	42	Kontinuität		Berichte über Folgegeschehen. Ein Ereignis, das bereits vorher als Nachricht in dem Medien beschrieben wurde.
	43	Erfolg		Ereignis mit einem Erfolg, mit positivem Ausgang und guten Zukunftserwartungen
	44	Prominenz		Ereignis wird mit prominenten Persönlichkeiten dargestellt oder ein Ereignis, das prominente Persönlichkeiten betrifft

Katego-rien-gruppe	Nr.	Kategorie	Untergruppe	Definition und Beispiele
	45	Personalisierung		Das Ereignis wird mit nicht prominenten Personen lebendig gemacht, Darstellung vom Handeln und Schicksal einer Person
	46	Selbstreferentialität		Medien berichten über sich selbst
	47	Reichweite		Es werden Ereignisse betrachtet, die eine große Menge von Menschen betreffen (über den regionalen Charakter hinaus)
	48	Überraschung		Ein seltenes, außergewöhnliches, nicht erwartetes Ereignis
	59	Kein Nachrichtenfaktor		
Ereignisvalenz	**50**		Positiv	Positive Ereignisse sind Geschehnisse, die die vermutete Mehrheit der Bevölkerung als Erfolg betrachtet . Nicht relevant ist in diesem Zusammenhang die Haltung von Außenseitern und Minderheiten.
			Negativ	Negative Ereignisse sind Geschehnisse, die die vermutete Mehrheit der Bevölkerung als Misserfolg betrachtet
			Ambivalent	Ambivalente Ereignisse sind Geschehnisse, die von einem Teil der Bevölkerung als positiv und von einem anderen Teil als negativ betrachtet werden. Es besteht keine Einigkeit über die Wertigkeit solcher Ereignisse. Zweifelsfälle

Anhang 4

Liste der untersuchten Zeitungen in der Fallstudie Waldgipfel (Kategoriengruppe 4)

Regional/lokal	**Überregional**	**Fachzeitungen**
Stuttgarter Zeitungen	Die Welt	AFZ/Der Wald
Kölner Stadtanzeiger	Süddeutsche Zeitung	Holz-Zentralblatt
Nassauische Neue Presse	Frankfurter Rundschau	Forst und Holz
Generalanzeiger	FAZ	BDF Aktuell
Emder Zeitungen		DFV Journal
Westfälische Nachrichten		Forstzeitung
Siegener Zeitungen		Unser Wald
Oberbadisches Volksblatt		KWF Forsttechnische Information
Schwarzwälder Bote		Stiftung Wald in Not aktuell
Badische Zeitung		Der Waldwirt
Ostsee-Zeitung Rostock		Marketing Forst und Holz
Neues Deutschland		Brandenburgische Forstnachrichten
Berliner Zeitung		Waldbauernverband
Südwest Presse		Ländlicher Raum
Fränkischer Tag		Landwirtschaftl. Wochenblatt Westfalen-Lippe
Thüringer Allgemeine		Landwirtschaftliche Zeitung Rheinland
Rhein- Zeitung (Koblenz)		AGRA Europe
Aachener Nachrichten		DNR Deutschland Rundbrief
Schweriner Volkszeitungen		Der Rabe Ralf
Schwäbische Post		UMWELT kommunale ökologische Briefe
Lausitzer Rundschau		Der Grundstein (IG BAU)
Ostthüringische Zeitung		Stadt und Gemeinde
Tagesspiegel		Gemeinde- u- Städtebund Rheinland-Pfalz (GStb)
Honnefer Volkszeitungen		VDI Nachrichten
Rundblick im Rhein-Sieg Kreis		
Schaufenster Wochenblatt für Bonn		
BBZ		
RH. Zeitung		
Lbg. Zeitung		
TZ		

Umweltbildung, Umweltkommunikation und Nachhaltigkeit
Environmental Education, Communication and Sustainability

Herausgegeben von/Edited by Walter Leal Filho

Band 1 Walter Leal Filho (Hrsg.): Umweltschutz und Nachhaltigkeit an Hochschulen. Konzepte-Umsetzung. 1998.

Band 2 Walter Leal Filho / Farrukh Tahir (Eds.): Distance Education and Environmental Education. 1998.

Band 3 Walter Leal Filho (ed.): Environmental Engineering: International Perspectives. 1998.

Band 4 Walter Leal Filho / Mauri Ahlberg (Eds.): Environmental Education for Sustainability: Good Environment, Good Life. 1998.

Band 5 Walter Leal Filho (ed.): Sustainability and University Life. 1999. 2nd, revised ed. 2000.

Band 6 Wout van den Bor / Peter Holen / Arjen Wals / Walter Leal Filho (eds.): Integration Concepts of Sustainability into Education for Agriculture and Rural Development. 2000.

Band 7 Manfred Oepen / Winfried Hamacher (Eds.): Communicating the Environment. Environmental Communication for Sustainable Development. 2000.

Band 8 Walter Leal Filho (ed.): Communicating Sustainability. 2000.

Band 9 Walter Leal Filho (ed.): Environmental Careers, Environmental Employment and Environmental Training. International Approaches and Contexts. 2001.

Band 10 Rolf Jucker: Our Common Illiteracy. Education as if the Earth and People Mattered. 2002.

Band 11 Walter Leal Filho (ed.): Teaching Sustainability at Universities. Towards curriculum greening. 2002.

Band 12 Walter Leal Filho (ed.): International Experiences on Sustainability. 2002.

Band 13 Lars Wohlers (Hrsg.): Methoden informeller Umweltbildung. 2003.

Band 14 Ulisses Azeiteiro / Fernando Conçalves / Walter Leal Filho / Fernando Morgado / Mário Pereira (eds.): World Trends in Environmental Education. 2004.

Band 15 Walter Leal Filho / Arnolds Ubelis (eds.): Integrative approaches towards sustainability in the Baltic Sea Region. 2004.

Band 16 Walter Leal Filho / Michael Littledyke (eds.): International Perspectives in Environmental Education. 2004.

Band 17 Daniela Krumland: Beitrag der Medien zum politischen Erfolg. Forstwirtschaft und Naturschutz im Politikfeld Wald. 2004.

www.peterlang.de

Winfried Lenders (Hrsg.)

Medienwissenschaft

Eine Herausforderung für die Geisteswissenschaft

Frankfurt am Main, Berlin, Bern, Bruxelles, New York, Oxford, Wien, 2004.
224 S., zahlr. Abb.
Bonner Beiträge zur Medienwissenschaft. Herausgegeben von Caja Thimm.
Bd. 2
ISBN 3-631-51226-0 · br. € 39.00*

An zahlreichen deutschen Universitäten sind in den letzten Jahren Studiengänge mit der Bezeichnung „Medienwissenschaft" entstanden. Man will damit der Tatsache Rechnung tragen, dass die Entwicklung der Medien in allen Wissenschaften und in den korrespondierenden Berufsfeldern einen tiefgreifenden Wandel bewirkt hat. Dieser Sammelband spiegelt wider, wie durch die Einrichtung des Bonner Studiengangs „Medienwissenschaft" dieser Herausforderung begegnet worden ist. Er erhebt darüber hinaus den Anspruch, zentrale Gegenstände und Methoden einer modernen geisteswissenschaftlichen Medienwissenschaft zu beschreiben.

Aus dem Inhalt: Sprache und Sprechen in den Medien · Medien und Gesellschaft · Medien und Ästhetische Kommunikation · Mensch-Maschine-Kommunikation

FSC
www.fsc.org
MIX
Papier | Fördert gute Waldnutzung
FSC® C083411

Kolibri 360 GmbH
Ferdinand-Jühlke-Straße 7
99095 Erfurt, Deutschland
produktsicherheit@kolibri360.de

Druck:
CPI Druckdienstleistungen GmbH
im Auftrag der
Kolibri 360 GmbH
Ferdinand-Jühlke-Str. 7
99095 Erfurt